电力电子技术实训教程

陈 因 主 编
刘泉海 副主编

U0191071

重庆大学出版社

内 容 提 要

本书是为电力电子技术课程的实训实践教学环节而编写的。本书从电力电子技术应用的实际出发,强调工程概念,并特别注意了理论与实际相结合,注重实用性,内容较为丰富,涉及器件认识与使用、电路设计、设备调试与故障检测等方面。

本书大体由三部分组成。第一部分为电力电子装置常用器件:包括常用电力电子半导体器件,控制触发驱动电路以及常用配套元件,简明介绍各类器件的工作原理、性能、特点、结构、主要参数、图表和简单测试等;第二部分为电力电子技术实验和课程设计,包括:电力电子技术实验,电力电子电路的计算机仿真实验,电力电子技术课程设计以及电力电子装置用变压器和电抗器的设计计算;第三部分为电力电子装置的认识实习和调试:包括成套电力电子装置的认识实习,电力电子装置的调试与故障诊断,以及变流装置的定相调试技术。

本书简明扼要,深入浅出,便于自学,可作为高等工科院校电气工程类、自动控制类以及机电工程类相关专业和电子信息工程专业的实训教材,也可作为有关从事电力电子技术工作的工程技术人员的参考书。

图书在版编目(CIP)数据

电力电子技术实训教程/陈因主编 . —重庆:重庆大学出版社,2007.10(2021.8 重印)
(高职高专电子技术系列教材)
ISBN 978-7-5624-3840-3

Ⅰ.电…   Ⅱ.陈…   Ⅲ.电力电子学—高等学校:
技术学校—教材   Ⅳ.TM1

中国版本图书馆 CIP 数据核字(2007)第 141009 号

电力电子技术实训教程

陈 因 主 编
刘泉海 副主编

责任编辑:周 立 钟嘉勇   版式设计:周 立
责任校对:夏 宇   责任印制:张 策

*

重庆大学出版社出版发行
出版人:饶帮华
社址:重庆市沙坪坝区大学城西路 21 号
邮编:401331
电话:(023) 88617190   88617185(中小学)
传真:(023) 88617186   88617166
网址:http://www.cqup.com.cn
邮箱:fxk@ cqup.com.cn (营销中心)
全国新华书店经销
POD:重庆圣立印刷有限公司

*

开本:787mm×1092mm   1/16   印张:16.75   字数:424 千
2007 年 10 月第 1 版   2021 年 8 月第 4 次印刷
ISBN 978-7-5624-3840-3   定价:48.00 元

前 言

　　本书为高职高专电子技术系列教材之一,是根据教育部提出"以应用为目的"的高等工程技术应用型人才的培养目标的指导思想为编写原则,遵循主动适应社会发展的需要,突出应用性和实用性,加强实践能力培养和零适应期的原则。在保证本学科知识内容体系完整的前提下,既紧跟电力电子技术发展的脉搏,反映本学科的先进技术,又遵循高等工程技术应用型人才的培养模式,使教材内容更具有实用性,符合培养高等工程技术应用型人才的要求。本书的特点是:集器件特性与使用、实验与仿真、设计与实习、设备调试与故障检测、技能训练与应用能力培养为一体,体系新颖,内容可选择性强。本书力求概念清晰,结构严谨,深入浅出,内容新颖,理论联系实际。

　　电力电子技术是一门以电力为处理对象的实用性很强的技术,它能对电网的功率、电流、电压、频率和相位等基本参数进行精确控制和高效处理,是电力、电子和控制三大电气工程技术领域之间的交叉学科。随着科学技术的发展,电力电子技术又与现代控制理论、材料科学、电机工程、微电子技术等许多领域密切相关,目前电力电子技术已逐步发展成为一门多学科相互渗透的综合性技术学科。"十一五"计划中明确提出要建设节约型和创新型社会,电力电子技术最突出的特点就是节能,从1988年开始就被国家科委列为国家重点发展项目。目前,在一些先进国家约60%的电能都要经过电力电子技术的转换和处理,而美国政府更把它看做是一种战略技术领域,我国也已将电力电子技术列为国家重点发展的高新技术之一。另外,随着电力电子技术的飞速发展和应用领域不断扩展,电力电子技术已成为了信息产业和传统产业之间的重要桥梁,成为支持多项高新技术发展的基础技术。因此,电力电子技术及其相关产业的发展,必将为大幅度节约电能,降低材料消耗,提高生产效率,实现产品设备的小型化、轻量化、"绿色化"提供重要的技术手段,同时也为现代化生产和现代化生活带来深远的影响。随着电力电子技术在国民经济各个领域中的广泛应用,电力电子设备的数量急剧增加,生产一线迫切需要大量具有一定理论基础和实际操作技能的工程技术人员。因此,有真才实学的电力电子技术人才在社会上供不应求,如何才能成为有真才实学的电力电子技术人才? 首先,应该学好电力电子技

1

术的基本理论,掌握电力电子电路的基本分析方法;其次,要熟悉常用电力电子器件的特性和主要电力电子电路的基本性能和特点;第三,还要理论联系实际,在实践中加强读图训练和产品分析,以及动手能力培养,提高分析问题和解决问题的能力。

本书共10章,分为3篇。第1篇为电力电子装置常用器件,包括3章,第1章为常用电力电子半导体器件,介绍常用不控、半控和全控电力电子器件的性能、参数及应用;第2章为常用控制触发驱动器件,介绍常用触发和驱动集成电路的参数及应用;第3章为电力电子配套元件,介绍电力电子装置中各种常用器件的性能、参数。第2篇为电力电子技术实验与课程设计,包括4章,第1章为电力电子技术实验,安排了半控器件和全控器件的电力电子电路实验;第2章为电力电子电路的计算机仿真实验,介绍了Multisim和MATLAB两种功能强大的仿真软件在电力电子技术仿真中的应用,对学生更好地掌握电力电子技术,提高设计和实践能力具有重要的作用,对提高教学效果起到事半功倍的作用;第3章为电力电子技术课程设计,介绍了课程设计的设计方法和设计实例;第4章为整流变压器、脉冲变压器和平波电抗器参数计算。第3篇为电力电子装置的认识实习与调试,包括3章,第1章为成套电力电子装置的认识实习,介绍了5种成套电力电子装置的电路、参数和性能;第2章为电力电子装置的调试与故障诊断,介绍电力电子装置的调试原则及方法,以及电力电子电路的故障诊断与处理原则;第3章为变流装置的定相技术,介绍定相技术的设计和调试方法。

本书由山西大学工程学院陈因担任主编,陕西工业职业技术学院刘泉海担任副主编,河南工业大学电气工程学院于心俊,长春工业大学王冬梅为参编。第3篇第3章、第2篇第4章4.3节由刘泉海编写,第2篇第3章3.4、3.5节、第2篇第4章4.1、4.2节、第3篇第1章1.1、1.2节、第2章2.3、2.4节由于心俊编写,第2篇第1章由刘泉海和于心俊共同编写,第2篇第2章2.2~2.5节、第3章3.1~3.3节、第3篇第2章2.1节由王冬梅编写,第1篇第1、2、3章、第2篇第2章2.1节、第3篇第1章1.3~1.5节、第2章2.2节由陈因编写,陈因负责全书的统稿。

在全书的编写过程中,参考了许多同行、专家的论著文献,另外还得到了河南工业大学王黎老师的大力支持和帮助,在此谨向他们和提供资料的有关单位致以衷心的感谢。由于作者的水平有限,错误和不妥之处在所难免,希望广大同行和读者批评指正。

作　者

2007年3月

目录

第1篇　电力电子装置常用器件

第 1 篇
电力电子装置常用器件

第**1**章
常用电力电子半导体器件

1.1　不控型电力电子器件

不控型电力电子半导体器件主要包括:普通功率二极管、快恢复二极管和肖特基功率二极管。它们的共同特点是:都具有单向导电的特性,但其结构和功率特性有所不同。

1.1.1　普通功率二极管

(1)结构特点

从内部结构上看,普通功率二极管是一个具有 P 型及 N 型两层半导体,一个 PN 结和阳极 A、阴极 K 的两层一结两端半导体器件,其电路符号如图 1.1.1(a)所示。

功率二极管的外部形状有螺栓型、平板型和模块型等多种,如图 1.1.1(b)、(c)、(d)所示。一般 200 A 以下的管芯采用螺栓型,200 A 以上则多用平板型。其冷却方式有自冷、风冷和水冷三种方式,这是由于二极管工作时管芯要通过强大的电流,而 PN 结又有一定的正向电阻,管芯要因损耗而发热。为了管芯的冷却,必须配备相应的散热器。

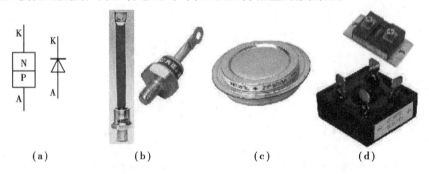

(a)　　　　　(b)　　　　　(c)　　　　　(d)

图 1.1.1　功率二极管的符号与外部结构

普通功率二极管多用于 1 kHz 以下的整流电路中,由于恢复特性慢,工作频率低,反向恢复时间一般为 25 μs 左右,在参数表中甚至不列出这一参数,但电流和电压定额却很高,电流定额 1 ~ 6 000 A,电压等级 50 ~ 6 000 V,多用作转换速度要求不高的整流器,如电力牵引、蓄电池充电、电镀、电源、焊接和不间断电源等。

（2）**工作原理**

功率二极管的工作原理和一般二极管一样，是基于 PN 结的单向导电性，即加上正向阳极电压时，PN 结正向偏置，二极管导通，呈现较小的正向电阻；加上反向阳极电压时，PN 结反向偏置，二极管阻断，呈现极大的反向电阻。

（3）**功率二极管的伏安特性**

二极管阳极和阴极间电压 U_{AK} 与阳极电流 I_A 间的关系称为伏安特性，如图 1.1.2 所示。

第 Ⅰ 象限为正向特性，表现为正向导通状态。当 $U_{AK} < 0.5$ V 时，二极管只流过微小的正向电流。当 $U_{AK} > 0.5$ V 时，正向电流急剧增加，此时 I_A 的大小完全由外电路决定，二极管只承担很小的管压降，$U_F = 0.4 \sim 1.2$ V。

第 Ⅲ 象限为反向特性，表现为反向阻断状态。施加反向电压时，只有少数载流子引起的微小且数

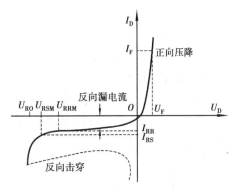

图 1.1.2　功率二极管的伏安特性

值几乎恒定的反向漏电流。但当反向电压增大至一定程度，则会造成反向击穿，反向电流开始急剧增加，此时必须对反向电压加以限制，否则二极管将因反向电压过大而击穿损坏。

（4）**主要参数**

整流管的主要电参数有正向电流、正向压降、反向漏电流、反向电压，其中正向电流和反向电压是整流二极管的功能参数，而正向压降和反向漏电流则是整流管能正常、可靠工作的参数，是质量优劣的标志。

1）额定正向平均电流（额定电流 I_F）：指在规定 +40 ℃ 的环境温度和标准散热条件下，元件结温达额定且稳定时，允许长时间连续流过工频正弦半波电流的平均值。将此电流整化到等于或小于规定的电流等级，则为该二极管的额定电流。

由此定额方法可知，正向电流是按发热条件定义的，故在应用中应按有效值相等的条件来选取二极管定额。对应额定电流的有效值定额为 $1.57I_F$。

2）反向重复峰值电压（额定电压 U_{RRM}）：指在管子反向所能施加的最高峰值电压，规定为反向不重复峰值电压 U_{RSM} 的 80%。使用时，通常按电路中二极管可能承受的最高峰值电压的 2 倍来选取二极管定额。

常用的国产普通功率二极管为 ZP 系列，其典型参数如表 1.1.1 所示。

表 1.1.1　ZP5 ~ 500 型硅整流二极管参数表

型　号	额定正向平均电流 I_F/A	反向重复峰值电压 U_{RRM}/V	反向不重复平均电流 I_{RS}/mA	正向平均电压 U_F/V	额定结温 /℃	额定结温升/℃	正向峰值浪涌电流 I_{PSM}/A	结构型式	冷却方式	散热器外形尺寸/mm
ZP5	5	100 ~ 300	<1	从0.4 ~	140	100	130	螺栓	风冷	45 × 25 × 25
ZP20	20	100 ~ 300	<2	1.2 分 A，	140	100	570			85 × 45 × 53
ZP50	50	100 ~ 300	<4	B,C,D，	140	100	1 260			70 × 70 × 90
ZP100	100	100 ~ 300	<6	E,F,G，	140	100	2 200			80 × 80 × 105
ZP200	200	100 ~ 300	<8	H,I 9个	140	100	4 080			95 × 95 × 100
ZP500	500	100 ~ 300	<15	级别	140	100	9 420	平板	水冷	120 × 80 × 50

(5)功率二极管的型号

根据一机部标准 JB 1144—75 规定,普通功率二极管型号命名方法如下所示:

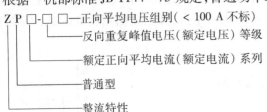

(6)器件的测试

普通二极管的伏安特性及参数可用晶体管特性图示仪进行测试,限于篇幅,不再赘述。用万用表对功率二极管进行简单测试的方法如图 1.1.3 所示,其正、反向阻值的差距反映了二极管的好坏,见表 1.1.2。

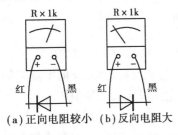

图 1.1.3　万用表测量二极管

表 1.1.2　二极管的好坏与正反向电阻

正　向	反　向	管子好坏
4～12 k 左右	∞	好
0	0	击穿、短路、损坏
∞	∞	断路损坏
正反向电阻比较接近		失效

1.1.2　快恢复二极管

(1)结构特点及特性

快恢复二极管的结构与普通功率二极管类似,也是两层一结两端器件,只不过采用了掺金或铂工艺来控制少子寿命,其反向恢复很快,反向恢复时间通常小于 5 μs,多用于高频电力电子电路中。

目前有 PN 和 PIN 型两种结构的快恢复二极管,在同等容量下,PIN 型结构具有开通压降低,反向快速恢复性能好的优点,但不足之处是具有硬恢复特性;而 PN 型结构则具有软的恢复特性。实际使用时可根据应用条件而进行选择。

(2)主要参数

1)反向阻断电压 U_{RRM}:是快恢复二极管在最大允许反向漏电流下的反向峰值耐压。使用中,U_{RRM} 应为所承受峰值电压的 2～3 倍。

2)正向工作电流 I_F:是在最大功耗下允许的长期工作电流。

3)反向恢复时间 t_{rr}:指从正向导通状态到承受反向电压而关断,其流过电流由零变负,再由反向最大值变为零这整个时间。

4)最大反向恢复电流 I_{RM}:指恢复过程中流过的反向电流最大值。

国产 ZK 系列硅快速整流管的主要参数如表 1.1.3 所示。

表 1.1.3　ZK5～500 型硅快速整流二极管参数表

型　号	额定正向平均电流 I_F/A	反向重复峰值电压 U_{RRM}/V	反向重复平均电流 I_{RR}/A	正向平均电压 U_F/V	反向恢复时间 t_{rr}/μs	额定结温 T_{jm}/℃	正向峰值浪涌电流 I_{FS}/A	结构型式	冷却方式	散热器尺寸 /mm
ZK5	5	100～1 200	<1	<0.65	<2(适于频率 20 kHz)	100	180	螺栓	风冷	45×25×25
ZK50	50		<4	<0.7		100	1 260	螺栓	风冷	70×70×90
ZK100	100		<6	<0.7		100	2 200	螺栓	风冷	80×80×105
ZK200	200		<8	<0.75	<5(适于频率 10 kHz)	100	4 080	螺栓	风冷	95×95×100
ZK300	300		<10	<0.75		100	5 650	平板	风冷	140×100×55
ZK500	500		<15	<0.75		100	9 420	平板	水冷	120×80×50

美国 MOTOROLA 公司生产的电流为 50 A 的快恢复二极管系列和超快恢复二极管的参数如表 1.1.4 所示。

表 1.1.4　快恢复二极管、超快恢复二极管和肖特基二极管参数表

类　型	型　号	额定正向平均电流 I_F/A	反向重复峰值电压 U_{RRM}/V	不重复峰值浪涌电流 I_{FSM}/A	正向重复峰值电流 I_{FRM}/A	反向电流 I_R/μA	正向平均电压 U_F/V	反向恢复时间 t_{rr}/ns	工作结温 T_J/℃	热阻 R_{Qjc}/ (℃·W^{-1})
快恢复功率二极管	MR870	50	50	400		25～50	1.1～1.4	<400	−65～160	0.8
	MR871	50	100	400		25～50	1.1～1.4	<400	−65～160	0.8
	MR872	50	200	400		25～50	1.1～1.4	<400	−65～160	0.8
超快恢复二极管	MUR10010CT	50	100	400	100	25	1.1	<50	−65～175	1.0
	MUR10015CT	50	150	400	100	25	1.1	<50	−65～175	1.0
	MUR10020CT	50	200	400	100	25	1.1	<50	−65～175	1.0
肖特基二极管	MBR30045CT	150	45	2 500	300	0.8	0.78		−65～175	0.4
	反向重复峰值电流 I_{RRM} = 2 A 电压变化率 du/dt = 1 000 V/μs									

(3)器件测试

各项指标参数需用专用仪器测试,限于篇幅,不再赘述。用万用表进行简单测试同普通二极管。

1.1.3　肖特基功率二极管

肖特基二极管也属于快恢复二极管,这种二极管是利用金属层沉积在 N 型硅的薄外延层上,在金属和半导体之间形成接触势垒(肖特基势垒)而获得单向导电作用的,接触势垒类似于 PN 结。肖特基二极管的整流作用仅取决于多数载流子,没有多余的少数载流子复合问题,因而恢复时间仅是势垒电容的充放电时间,故其反向恢复时间远小于相同定额的结型二极管,而且与反向 di/dt 无关。

肖特基二极管正向压降比结型二极管小,典型值为 0.55 V,但其漏电流比结型二极管高。它的电流定额为 1～300 A,电压定额最高为 100 V。反向耐压不能做得太高的原因完全是由于结构所致。

美国 MOTOROLA 公司生产的 MBR30045CT 肖特基二极管如表 1.1.4 所示。

1.2 半控型电力电子器件

半控型电力电子半导体器件主要包括:普通晶闸管及其主要派生器件,有双向晶闸管、逆导晶闸管、快速晶闸管和光控晶闸管。它们的共同特点是:都具有可控导通和不可控关断的特性,但由于结构不同,各种晶闸管的性能也有所不同。

1.2.1 普通晶闸管

(1)结构

普通晶闸管是一种具有四层,三结,三极(阳极 A,阴极 K,门极 G)的,由单个硅片做成的半导体器件,其内部结构示意图和电路符号如图 1.1.4(a)、(b)所示。

普通晶闸管的外部形状有平板型、螺栓型、模块型、塑封型和集成封装五种形式,一般 200 A 以下的采用螺栓型结构,200 A 以上的则多采用平板型结构,塑封和集成封装多用于几十安培以内小容量晶闸管。图 1.1.4(c)、(d)、(e)、(f)、(g)为其中的五种封装形式。其冷却方式也有自冷、风冷和水冷三种形式。

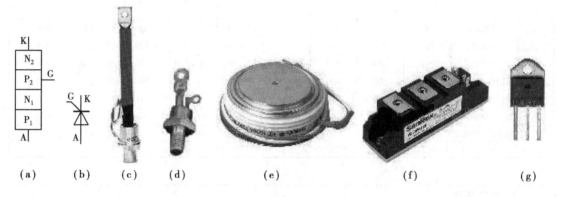

| (a) | (b) | (c) | (d) | (e) | (f) | (g) |

图 1.1.4 普通晶闸管的结构、符号及外形

(2)晶闸管的导通与关断条件

晶闸管具有可控单向导电的特性。

晶闸管的导通条件:必须同时满足 $U_{AK}>0$ 和 $U_{GK}>0$(只起触发作用)。

晶闸管的关断条件:$U_{AK}=0$ 或 $U_{AK}<0$,或降低阳极电流到 $I_A<I_H$,这三个条件只需满足其中一条即可使晶闸管关断。

晶闸管的工作特点:具有可控的单向导电特性,但门极只起触发导通的作用。

(3)晶闸管的基本特性和主要参数

晶闸管相当于一个可以控制的单向导电开关,它的外特性常用的有:阳极伏安特性和门极伏安特性。

晶闸管的阳极伏安特性是指晶闸管阳极与阴极间电压 U_{AK} 与阳极电流 I_A 之间的关系曲线,如图 1.1.5(a)所示。其第 Ⅰ 象限为正向特性区,又可分为正向阻断高阻区、负阻区和正向导通低阻区。在 $I_G=0$ 条件下,靠增大 $U_{AK}=U_{BO}$ 使晶闸管"硬导通"是不可控的,多次硬导通将会损坏晶闸管。实际使用时,是用 I_G 来触发晶闸管导通的,I_G 越大,相应的转折电压越低。

导通后的晶闸管压降很小,约为 1 V 左右。其第Ⅲ象限为反向特性区,又可分为反向阻断高阻区和击穿区,与二极管反向特性相似。

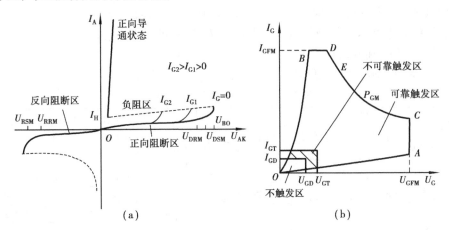

图 1.1.5　晶闸管的阳极伏安特性与门极伏安特性

由晶闸管的阳极伏安特性可知,由于正向阻断和反向阻断时晶闸管的电阻不是无穷大,因此断态时有漏电流;正向导通时的电阻不是零,故通态时有管压降。晶闸管在实际使用时,应使电压不超过其转折电压 U_{BO},电流不超过允许值。

晶闸管的门极伏安特性是指门极电压与电流的关系,如图 1.1.5(b)所示,是一个由高阻特性曲线,低阻特性曲线,I_{GFM}、U_{GFM} 和 P_{GM} 围成的区域。在这个区域中分为不能触发区、不可靠触发区和可靠触发区三个区域。实际使用时,必须使触发电流和触发电压落在可靠触发区内,触发电压的范围为几伏到几十伏,触发电流的范围为几毫安到几百毫安。

晶闸管的主要参数有:

1)断态重复峰值电压 U_{DRM}:指门极开路,器件额定结温时,允许 50 次/秒,每次持续时间 <10 ms,重复加在器件上的正向峰值电压。规定为断态不重复峰值电压 U_{DSM} 的 80% 。

2)反向重复峰值电压 U_{RRM}:指门极断路,器件额定结温时,允许重复加在器件上的反向峰值电压。规定为反向不重复电压的 80% 。

3)额定电压:通常将 U_{DRM} 和 U_{RRM} 中较小的那个数值取整后作为晶闸管的额定电压。实际应用中,额定电压应为正常工作峰值电压的 2 ~ 3 倍作为安全裕量。

4)通态峰值电压 U_{TM}:指晶闸管通以 π 倍(或规定倍数)的额定通态平均电流时的瞬态峰值电压。

5)通态平均电流 $I_{T(AV)}$:在环境温度为 +40 ℃ 和规定冷却条件下,器件在导通角大于 170° 的电阻性负载电路中,在额定结温时所允许通过的工频正弦半波电流的平均值。选用时,$I_{T(AV)}$ 应为其正常电流平均值的 1.5 ~ 2 倍作为安全裕量。

6)维持电流 I_H:在室温和门极开路时,能使晶闸管维持通态所必需的最小阳极电流。

7)擎住电流 I_L:是晶闸管刚从断态转入通态并移除触发信号后,能维持通态所必需的最小阳极电流。

8)断态重复峰值电流 I_{DRM} 和反向重复峰值电流 I_{RRM}:在额定结温和门极开路时,对应于断态重复峰值电压和反向重复峰值电压下的峰值电流。

9)浪涌电流 I_{TSM}:在规定条件下,工频正弦半周期内所允许的最大过载峰值电流。

10)门极触发电流 I_{GT}:在室温且 $U_{AK}=6\text{ V}$ 时,使晶闸管从阻断到完全开通所必需的最小门极直流电流。

11)门极触发电压 U_{GT}:对应于门极触发电流时的门极触发电压。

使用时,触发电路送给门极的电流 I_G 及电压 U_G 应满足,$I_{GT}<I_G<I_{FGM}$,$U_{GT}<U_G<U_{FGM}$,此外,门极平均功率 P_G 和峰值功率 P_{GM} 也不应超过规定值。

国产 KP 系列晶闸管的主要参数如表 1.1.5、表 1.1.6 所示。

表 1.1.5　普通晶闸管的主要参数

系　　列	通态平均电流 $I_{T(AV)}/A$	断态反向重复峰值电压 U_{RRM}/V	断态反向重复峰值电流 I_{RRM}/mA	维持电流 I_H/mA	通态峰值电压 U_{TM}/V	工作结温 $T_j/℃$	断态电压临界上升率 du/dt /(V·μs^{-1})	通态电流临界上升率 di/dt /(A·μs^{-1})	浪涌电流 I_{TSM}/kA	
									下限	上限
KP5	5	100~2 000	≤8	≤60	≤2.2	−40~+100	A,B,C,D,E,F		0.064	0.09
KP20	20								0.24	0.38
KP50	50			≤200			A,B		0.64	0.94
KP200	200						B,C,D,E		2.5	3.8
KP500	500		≤60	≤400					6.4	9.4
KP800	800		≤80	≤500					10	15
KP1000	1 000		≤120						13	19

级　　别	A	B	C	D	E	F	G
du/dt	25	50	100	200	500	800	1 000
di/dt	25	50	100	150	200	300	500

表 1.1.6　普通晶闸管的门极参数

系　　列	门极触发电流 I_{GT}/mA	门极触发电压 U_{GT}/V	门极不触发电流 I_{GD}/mA	门极正向峰值电流 I_{FGM}/A	门极反向峰值电压 U_{RGM}/V	门极正向峰值电压 U_{FGM}/V	门极平均功率 $P_{G(AV)}/W$	门极峰值功率 P_{GM}/W
KP5	≤60	≤3.0	≥0.2		5	10		
KP20	≤100	≤3.0	≥0.2		5	10		
KP50	≤200	≤3.0	≥0.2	1	5	10	0.5	4
KP200	≤250	≤3.5		3		3		5
KP500	≤350	≤4.0		4		16	4	20
KP800	≤450	≤4.0		4		16	4	20
KP1000	≤450	≤4.0		4		16	4	20

(4)晶闸管的型号

根据国家有关部门的规定,晶闸管的型号及含义如下:

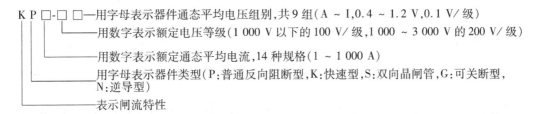

KP□-□ □——用字母表示器件通态平均电压组别,共9组(A～I,0.4～1.2 V,0.1 V/级)
　　　　　　用数字表示额定电压等级(1 000 V以下的100 V/级,1 000～3 000 V的200 V/级)
　　　　　　用数字表示额定通态平均电流,14种规格(1～1 000 A)
　　　　　　用字母表示器件类型(P:普通反向阻断型,K:快速型,S:双向晶闸管,G:可关断型,
　　　　　　N:逆导型)
　　　　　　表示闸流特性

例如:KP100-12G 表示额定电流为100 A,额定电压为1 200 V,通态平均压降为1 V的普通晶闸管。

(5)器件的测试

普通晶闸管的伏安特性及参数,可用晶体管图示仪或专用仪器进行测试,不再陈述。这里介绍用万用表进行简单测试的方法。

1)判断电极:测量晶闸管任意两极间的正反向电阻(R×1 k),如测得其中两电极的电阻较小(几到几十千欧姆),而变换表笔后电阻较大(几十到几百千欧姆),以阻值较小的那次为准,黑表笔所接为门极,红表笔所接为阴极,剩余的为阳极。

2)判断好坏:

①测晶闸管A-K极间电阻(R×1 k):其正、反向电阻均应为∞或几百千欧姆以上,否则说明内部有击穿或短路;

②测A-G极间电阻(R×1 k):其正、反向电阻均应为∞或几百千欧姆以上;

③测G-K极间电阻(R×1):其正向电阻应为几十欧,但反向电阻要视晶闸管容量而定,小容量晶闸管反向电阻为∞,大容量晶闸管反向电阻较小,但应比正向电阻大些。

3)测试控制能力(R×1或R×10):黑表笔接A极,红表笔接K极,表针应为∞或几百千欧姆;合上开关S或将G-A短路,指示值应变小;断开S或撤除短路后,表针指示应不变,说明控制极的控制能力正常。如图

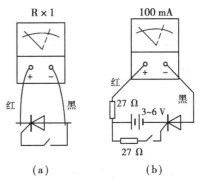

图1.1.6　单相晶闸管触发能力判断

1.1.6(a)所示。对于更大容量的晶闸管,由于门极触发电流I_{GT}要求较大,万用表电流有限,测试时应搭一个简单电路进行测试,如图1.1.6(b)所示。

1.2.2　快速晶闸管

快速晶闸管是指专为快速应用而设计的晶闸管,有常规的快速晶闸管(400 Hz以上)和工作频率更高(10 kHz)的高频晶闸管,它们主要在整流、斩波和中高频逆变等电路中使用。它的基本结构和伏安特性与普通晶闸管相同,但关断时间要快得多,普通晶闸管为数百微秒,快速晶闸管为数十微秒,而高频晶闸管为10 μs左右。另外,快速晶闸管还具有$du/dt,di/dt$较高,开关损耗小,允许使用频率范围广的特点。快速晶闸管国内统一型号为KK型,其型号的最后一位表示电路换向关断时间等级。如表1.1.7所示。

表 1.1.7　快速晶闸管换向关断时间等级

级　数	0.5	1	2	3	4	5	6
$t_q/\mu s$	≤5	≤10	≤20	≤30	≤40	≤50	≤60

快速晶闸管的主要参数如表 1.1.8 所示,高频晶闸管的主要参数如表 1.1.9 所示。

表 1.1.8　快速晶闸管主要参数

型　号	额定通态电流 I_T/A	重复峰值电压 U_{DRM}/V	重复平均电流 I_{DR}/mA	触发电流 I_{GT}/mA	触发电压 U_{GT}/V	关断电压 U_{GD}/V	峰值功率 P_{GM}/W	门极开通时间 $t_{gt}/\mu s$	换向关断时间 $t_g/\mu s$
KK5	5	100～2 000	1	5～70	3.5	0.3	5	3	10
KK20	20		2	5～100	3.5	0.3	5	4	20
KK50	50	50～2 000	2	8～150	3.5	0.2	5	8	80
KK200	200	100～2 000	5	10～250	4	0.3	16	6	40
KK500	500	300～2 000	8	40～250	3.5	0.4	20	8	60
3CTK1000	1 000	100～2 000	10	10～250					

表 1.1.9　KG5～50A 螺栓型高频晶闸管主要参数

型　号	U_{DRM} U_{RRM}/V	$I_{T(AV)}/A$	$t_q/\mu s$ 30 V	$t_{gt}/\mu s$	f_m kHz	$U_{TM}/I_{TM}/(V \cdot A^{-1})$	I_{GT}/mA	U_{GT}/V	I_H/mA	$T_{jm}/℃$	I_{TSM}/A	$du/dt/(V \cdot \mu s^{-1})$	$di/dt/(A \cdot \mu s^{-1})$	$R_{Qjc}/(℃ \cdot W^{-1})$
KG5-KL6	600～1 200	5	≤12	≤2.5	10	3.0/15	70	2.0	60	100	90	300	50	2.5
KG10-KL10		10			10	3.0/30	100	2.0	100	115	180	300	50	1.0
KG20-KL12		20			20	3.0/60	100	2.0	100	115	360	300	60	0.4
KG50-KL12		50			8	3.2/150	150	2.5	100	115	900	500	150	0.4

KK200～1 000 A 平板型快速晶闸管主要参数

型　号	V_{DRM} V_{RRM}/V	$I_{T(AV)}/A$	$t_q/\mu s$	$V_{TM}/I_{TM}/(V \cdot A^{-1})$	I_{GT}/mA	U_{GT}/V	I_{DRM} I_{RRM}/mA	I_H/mA	$T_{jm}/℃$	I_{TSM}/kA	$du/dt/(V \cdot \mu s^{-1})$	$di/dt/(A \cdot \mu s^{-1})$	$R_{Qjc}/(℃ \cdot W^{-1})$
KK200-30KA2	800～1 600	200	15～30	2.9/600	40～200	0.9～2.2	20	20～400	115	2.5	300	200	0.065
KK500-40KA4		500	15～30	3.1/1 500			30			6.3	500		0.032
KK600-45KA5		600	15～30	3.1/1 800	40～250		40			10	500		0.03
KK800-45KA6		800	15～35	3.1/2 400			40			10	500		0.03

1.2.3　双向晶闸管

双向晶闸管不论从结构上还是从特性方面来说,都可以把它看成是一对反向并联的普通晶闸管,它的电气符号、等效电路、外形图及伏安特性如图1.1.7所示。双向晶闸管有两个主电极 T_1 和 T_2,一个门极 G,这个门极具有短路发射极结构,使得主电极在正、反两个方向均可用交流或直流电流触发导通,所以双向晶闸管在第 I、III 象限具有对称的伏安特性。

双向晶闸管有四种门极触发方式,即 I_+,I_-,III_+,III_-,如图1.1.7(c)所示。图中已注明了两个主电极 T_1,T_2 和门极 G 与主电极 T_2 的相对电压极性。四种触发方式的灵敏度各不相同,在实际应用中,特别是在直流信号触发时,常采用 I_- 和 III_- 触发方式。

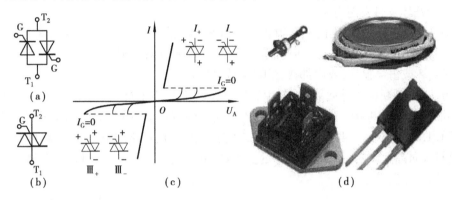

图1.1.7　双向晶闸管的电气符号、等效电路、伏安特性及外形

双向晶闸管多用于交流调压、灯光调节、温度控制、无触点交流开关电路以及交流电机调速、可逆直流调速等领域中,来代替两个反并联的普通晶闸管,可大大地简化电路。由于只有一个门极,而且正脉冲或负脉冲都能使它触发导通,所以其触发电路的设计比较灵活。

由于双向晶闸管多用于交流电路中,因此有两个参数与普通晶闸管不同,应引起重视:

1)额定通态电流(额定电流):是用有效值来表示的,而不是用平均值来表示。

2)换流电流临界下降率 $(di/dt)_c$ 及换向电压临界上升率 $(du/dt)_c$:是指元件由一个方向的通态转换到相反方向时,所允许的最大通态电流下降速率和反向电压上升速率,它们表示双向晶闸管的换向能力。

另外,由于双向晶闸管的关断时间 t_q 较长,其工作频率常限于工频左右。

双向晶闸管国内统一型号为 KS 型,其型号的最后二位分别表示断态电压临界上升率等级和换向电流临界下降率等级。双向晶闸管的主要参数如表1.1.10所示。

表 1.1.10　KS5 ~ 50A 螺栓型双向晶闸管的主要参数

型　号	V_{DRM} V_{RRM} /V	$I_{T(RMS)}$ /A	V_{TM}/I_{TM} /(V· A^{-1})	I_{GT} /mA	U_{GT} /V	I_{DRM} I_{RRM} /mA	I_H /mA	T_{jm} /℃	I_{TSM} /A	$(du/dt)_c$ /(V· μs^{-1})	du/dt /(V· μs^{-1})	di/dt /(A· μs^{-1})	R_{Qjc} /(℃· W^{-1})
KS5-KL6		5	2.0/15	70	2.0	≤5	60	100	40	3 ~ 10	100	50	2.5
KS10-KL10		10	3.0/30	100	2.0	≤8	100	115	80	3 ~ 10	100	50	1.0
KS20-KL10	600 ~ 1 600	20	2.0/60	100	2.0	≤8	100	115	160	3 ~ 10	100	50	0.4
KS50-KL12		50	2.0/150	150	2.5	≤20	100	115	400	3 ~ 10	100	50	0.2
KS100-KL16		100	2.0/150	150	2.5	≤20	100	115	800	5 ~ 50	100	50	0.15

双向晶闸管的简易测试:

1)判断极性

A. 先确定主电极 T_1：将万用表置于 $R\times 1$ k 挡。先假定任意一脚为 T_1，接黑表笔，用红表笔去分别触碰另外两个电极，如均为∞，则原先假定正确，否则重新再测。

B. 再区分控制极 G 和主电极 T_2：先假定两个电极中任一个为 T_2，另一个为 G，万用表置 $R\times 1$ 挡，黑表笔接 T_1，红表笔接 T_2，并将 G-T_1 短路一下再断开，如表针偏转并在较小值上停留，说明原先判断正确，否则原先判断错误。

2)判断好坏及触发能力

A. 方法一，测量极间电阻法：万用表置于 $R\times 1$ k 挡，测得 T_1-T_2，T_1-G 之间正反向电阻接近∞，$R\times 1$ 挡测得 T_2-G 之间正反向电阻在几十欧，说明双向晶闸管是好的。否则说明双向晶闸管性能变坏或击穿损坏，或内部接触不良，或开路损坏。

B. 方法二，判断触发导通能力：万用表置 $R\times 1$ 挡，黑表笔接 T_1，红表笔接 T_2，用短路线将 T_1-G 短路再断开，如果指针发生较大偏转并停在一固定位置，说明双向晶闸管的一部分是好的，如图 1.1.8(a)所示。再将红表笔接 T_1，黑表笔接 T_2，用短路线将 T_2-G 短路再断开，如结果同上，说明双向晶闸管的另一部分是好的。测试到此为止说明双向晶闸管整个都是好的，在两个方向上均能触发导通。

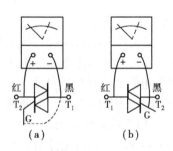

图 1.1.8　判断双向晶闸管的
触发导通能力

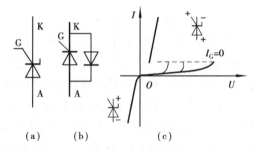

图 1.1.9　逆导晶闸管的电路符号、
等效电路和伏安特性

测试时请注意，在测量大功率双向晶闸管时应尽量使用低阻挡，不行还可以在万用表上串上一节或多节干电池，使测试更为可靠。

1.2.4　逆导晶闸管

逆导晶闸管是将晶闸管和整流管反并联制作在同一管芯上的集成元件，它具有反向导通能力，其电路符号、等效电路和伏安特性如图 1.1.9 所示。从伏安特性上看，正向特性为晶闸管特性，反向为二极管特性。

与普通晶闸管相比较，逆导晶闸管具有正向压降小，关断时间短，高温特性好，额定结温高等优点。实际使用时，可使器件数目减少，装置体积缩小，重量减轻，价格降低，配线简单，经济性好，特别是消除了整流管的配线电感，使晶闸管承受的反向偏置时间增加，有足够时间进行关断，使换相电路小型并轻量化。

逆导晶闸管按其性能特点可分为四类：

1)快速开关型(功率型)：主要特点是高压、大电流和快速工作频率，一般在 200～350 Hz，通常电流比为 3∶1，主要用于大功率直流开关电路中。

2)频率型：主要特点是快速，耐 $\mathrm{d}i/\mathrm{d}t$ 能力强，工作频率高(500～1 000 Hz)，电流比通常为

2∶1,主要用于电压型脉宽调制逆变器中。

3)高压型:主要特点是高压,主要用于高压直流输电及高压静止开关电路中。

4)可关断型:主要特点是晶闸管部分有自关断能力,可用于直流斩波,直、交流逆变电路中。

国产逆导晶闸管的主要参数如表 1.1.11 所示。

表 1.1.11　国产逆导晶闸管参数

型　号	通态平均电流 $I_{T(AV)}$ /A	反向平均电流 $I_{R(AV)}$ /A	正向断态峰值电压 U_{DRM}/V	正向平均漏电流 $I_{DS(AV)}$ /mA	正向平均通态电压 $U_{T(av)}$/V	正向浪涌电流 I_{FSM}/A	反向浪涌电流 I_{RSM}/A	正向电流临界上升率 di/dt/(A·μs^{-1})	断态电压临界上升率 du/dt/(V·μs^{-1})	开通时间 t_{on}/μs	关断时间 t_{off}/μs	门极触发电流 I_{GT}/mA	门极触发电压 U_{GT}/V
KN-200/70	200	70		≤10	≤1.0	3 500	1 255	≥100	≥700	≤6	15,30	≤300	≤4
KN-300/100	300	100	1 000 ~	≤12	≤1.1	5 250	1 750	≥150	≥700	≤6	30,50	≤350	≤4
KN-400/150	400	150	2 500	≤15	≤1.2	7 000	2 625	≥150	≥700	≤6	30,50	≤450	≤4
KN-600/200	600	200		≤20	≤1.2	10 500	3 500	≥200	≥700	≤6	30,50	≤450	≤4

值得注意的是,正反向平均电流比,是指正向额定平均电流与反向额定平均电流的比值,用于逆变器的电流比在 2∶1 ~ 1∶1 之间,用于斩波器的电流比为 3∶1。目前国内只生产了 3∶1 的逆导晶闸管。一般晶闸管电流列于分子,整流管电流列于分母,如 300/100。

1.2.5　光控晶闸管

光控晶闸管是一种以光信号代替电信号来进行触发导通的特殊触发型晶闸管,它的伏安特性曲线和普通晶闸管完全一样,只是触发方式不同。如图 1.1.10(c)所示。图 1.1.10(a),(b)还示出了光控晶闸管的电气符号和小功率光控晶闸管的外形图。小功率光控晶闸管只有两个电极(A 和 K),

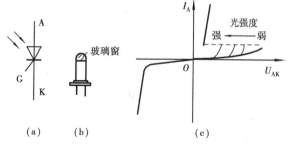

图 1.1.10　光控晶闸管的电路符号、外形和伏安特性

大功率光控晶闸管除有阴极和阳极外,还带有光缆,光缆上装有作为触发光源的发光二极管或半导体激光器。

光控晶闸管的参数与普通晶闸管类似,只是触发参数特殊。

1)触发光功率:指加有正向电压的光控晶闸管由阻断状态转变成导通状态所需的光功率。

2)光谱响应范围:光控晶闸管只对一定波长范围的光线敏感,超出波长范围,则无法使其开通。

光控晶闸管的特点:门极与阳极、阴极完全隔离,门极与阳极绝缘电压较高,且光触发电路重量轻、体积小、抗噪波干扰,主电路与控制电路高度绝缘,故大功率光控晶闸管适用于高压直流输电系统、高压核聚变装置、大电流脉冲装置中。

国产小功率光控晶闸管的主要参数如表 1.1.12 所示。

表 1.1.12　光控晶闸管主要参数

型　号	最大耗散功率 P_{DM}/mW	最高工作电压 U_{OP}/V	额定通态电流 I_T/mA	通态平均电压 U_T/V	断态漏电流 I_R/mA	导通光照度 E(LuX) min	导通光照度 E(LuX) max	峰值波长 λ_p/nm	光谱响应范围 λ/nm
GK-20B GK-20C	50	30 50	20	2.5	1	50	1 k	850	400~1 000
GK-50C	200	50	50	2.5	1	50	1 k	850	400~1 000
GK-100C	300	50	100	2.5	1	50	1 k	850	400~1 000

1.3　全控型电力电子器件

全控型电力电子半导体器件主要分为三大类型:①双极型器件:包括巨型双极晶体管(GTR)、达林顿晶体管(DT)、门极关断晶闸管(GTO)、静电感应晶闸管(SITH)和集成门极换向晶闸管(IGCT)等;②单极型器件:包括功率 MOSFET、静电感应晶体管(SIT)等;③混合型器件:是指由双极型器件和单极型器件混合而成的器件,包括绝缘栅双极晶体管(IGBT)、MOS 控制晶闸管(MCT)、注入增强栅晶体管(IEGT)、MOS 放大门极晶闸管(MAGT)、肖特基结 MOS 控制晶闸管(SINFET)以及功率集成电路(PIC)等。

根据控制信号的不同,全控型电力电子半导体器件还可分为两类:①电流控制型电力电子器件,包括 GTR,GTO 等,其特点是必须给器件体内注入或抽出电流才能控制器件的开通与关断,这类器件的控制极输入阻抗低,控制电流和功率较大,控制电路也比较复杂;②电压控制型电力电子器件,包括功率 MOSFET,MCT,SIT,SITH,IGBT 等,基本特点是利用场控原理控制器件的开通与关断,这类器件的控制极输入阻抗极高,控制功率小,控制电路比较简单。

全控型电力电子半导体器件的共同特点:都具有可控的开通与关断的特性,即可用控制信号通过控制极来控制器件的开通与关断。

1.3.1　门极关断晶闸管(GTO)

(1)结构及工作原理

GTO 的基本结构和基本工作原理与普通晶闸管大同小异,均属 PNPN 四层三端器件。不同之处在于,普通晶闸管是独立元件结构,采用阴极包围门极结构,导通时器件饱和深度较深($\alpha_1 + \alpha_2 \approx 1.15$),故不能用门极负信号使晶闸管关断。而 GTO 是集成元件结构,可视为许多小 GTO 元并联而成。GTO 是将阴极化整为零,采用门极包围阴极结构,导通时器件处于临界导通状态($\alpha_1 + \alpha_2 \approx 1.05$),这为用门极负信号关断 GTO 提供了有利条件,此外,在这种结构条件下,门极反偏压的作用能够影响到整个阴极区域,可以从 P_2 基区中抽取空穴,破坏正反馈条件来实现关断。

GTO 的结构、等效电路、电气符号及外形图如图 1.1.11 所示。GTO 的主要特点有:

1)除具有一般晶闸管的全部特性外,还具有控制极可关断的能力。在控制极加正向触发

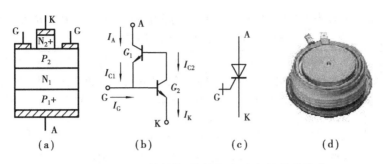

图 1.1.11　GTO 的结构、等效电路、电气符号及外形

脉冲时,元件导通,加反向触发脉冲时,元件关断。

2)控制灵敏度较低,因此需要用比控制一般晶闸管大的触发脉冲去进行控制。

3)维持电流大。

4)正向耐压高,反向耐压低,因此必要时要串联二极管使用。

(2)特性和主要参数

GTO 的阳极伏安特性与普通晶闸管相同,如图 1.1.12(a)所示。而门极伏安特性有较大差异,它反映了门极可关断的特殊性,如图 1.1.12(b)。元件阻断时($I_A \approx 0$),I_g 随正向门极电压增大而增大,当 $I_g = I_{GF}$(导通点)时,GTO 导通,V_g 发生跳变,跳变的大小与 I_A 有关。给门极加反向电压欲关断 GTO 时,工作点将根据不同的 I_A 沿不同的曲线下降,当门极反向电压电流达到一定值(关断点),GTO 关断。从门极伏安特性可见,I_A 越大,GTO 关断时所需的门极脉冲电流也越大,一般 $|-I_G| = (1/8 \sim 1/3) I_A$。

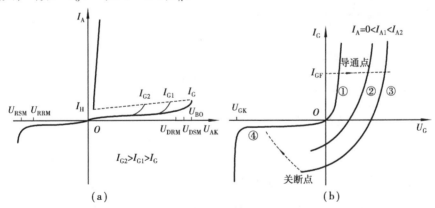

图 1.1.12　GTO 的阳极伏安特性和门极伏安特性

GTO 的许多参数和普通晶闸管相同,但有一些参数与普通晶闸管不同。

1)最大可关断阳极电流 I_{ATO}:指用门极电流可以重复关断的阳极峰值电流。

2)关断增益 β_{off}:指最大可关断阳极电流 I_{ATO} 与门极负电流最大值 $|-I_{GM}|$ 之比,$\beta_{off} = I_{ATO} / |-I_{GM}|$,一般 $\beta_{off} = 3 \sim 8$,它表征 GTO 的关断能力。

部分国产和国外 GTO 的主要参数如表 1.1.13 所示。

(3)特点与应用

由于 GTO 的耐压、电流容量均较大,开关频率远高于晶闸管,而且 GTO 具有可控关断特性,不需要庞大的电容、电感,也不需要辅助关断用晶闸管,线路可以比较简单。故 GTO 在斩波器领域有广阔的前景。

图 1.1.13 所示为具有 GTO 最典型工作状态的直流斩波电路。图中 R，L 是负载，VD 为续

表 1.1.13　可关断晶闸管主要参数

型　号	最大可关断电流 I_{ATO}/A	断态重复峰值电压 U_{DRM}/V	反向重复峰值电压 U_{RRM}/V	通态平均电流 $I_{T(AV)}$/A	通态峰值电压 U_{TM}/V	通态浪涌电流 I_{TSM}/A	门极触发电压 U_{GT}/V	门极触发电流 I_{GT}/mA	通态电流上升率 di/dt /(A·μs^{-1})	断态电压上升率 du/dt /(V·μs^{-1})	开通时间 t_{on}/μs	关断时间 t_{off}/μs
3CTG5J	5	900			2.5*		1.5	120			3	5
KG20	20	200~1 000			2*			1 000			5	6
KG50	50	200~1 000			2*			1 000			5	6
	1 000	1 600~2 500	1 600~2 500	304	4	4 000	<3.0	<1 500	100	1 000	<6	<10
FG2000A-90	2 000	4 500	4 500	1 400**	≤2.8	20 000	≤1.5	≤1 000	500	≥1 000	≤10	≤30
GFF200E12	200	1 200		70**	≤3.8	500	≤1.5	≤600	200	≥1 000	3	4.5
*——通态平均电压　　**——通态电流(总方均根值)												
KG200	200	100~1 600	<1 600	>65	≤3.0	1 000	≤1.5	≤1 000	100~200	≥200~1 000	≤10	≤15

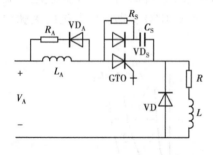

图 1.1.13　GTO 斩波器

流二极管，L_A 是 GTO 导通瞬间限制 di/dt 的电感，C_S，R_S 和 VD$_S$ 组成缓冲电路。其中缓冲电路的参数可按下式估算：

$$缓冲电感：L_A = \frac{V_E}{di/dt}$$

$$缓冲电容：C_S = \frac{I_A}{du/dt}$$

$$缓冲电阻：R_S \geq 2\sqrt{L_A/C_S}$$

$$P_{RS} = \left(\frac{1}{2}L_A I_A^2 + \frac{1}{2}C_S V_E^2 \right) \cdot f$$

$$阻尼电阻：R_A = \frac{1}{2\xi}\sqrt{L_A/C_S} \qquad （通常 R_A \ll R_S）$$

除正确选取缓冲电路的参数外，还应注意安装工艺和电路元件类型的选择：

1）C_S，R_S，VD$_S$ 必须尽量靠近 GTO 的阳极和阴极接线端安装，应最大限度地缩短连接导线，一般不应超过 10 cm，以减小分布电感和其他不良影响。

2）VD$_S$ 应选用快速导通和快速恢复二极管。

3）R_S 宜用无感电阻。

4）C_S 宜用无感电容。

5）R_S 工作时有一定温升，不应将 C_S 安装于 R_S 上方受热。

6）缓冲电路所有元件必须可靠连接，切忌虚焊，以免工作时因元件发热脱焊，意外的不可靠连接都将造成 GTO 损坏。

由于 GTO 具有高电压，大电流，可控关断等优良性能，故可方便地应用于电压型或电流型

逆变器系统中制作交流调速、变频电源、DC-DC 电源以及斩波调速、PWM 整流装置等。

1.3.2　电力晶体管(GTR)

(1)结构及工作原理

GTR 为三端三层器件,分为 NPN 和 PNP 型两种,大功率 GTR 多为 NPN 型。其基本结构、电气符号及外形如图 1.1.14 所示。

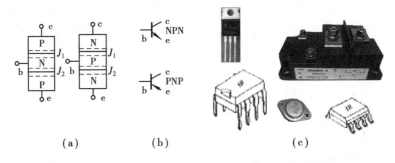

图 1.1.14　GTR 的基本结构,电器符号及外形封装

GTR 属于电流控制型器件,是用基极电流 I_B 控制集电极电流 I_c。其基本工作原理与小信号晶体管相同,不再赘述。在电力电子设备中,GTR 主要作为功率开关使用,常用开通与关断、导通与阻断来表示其不同的工作状态。导通与阻断是表示 GTR 导通与断开的两种稳态工作情况,开通与关断则表示 GTR 由断到通、由通到断的动态过程。使用中希望 GTR 的工作接近理想开关状态,即导通时压降要趋于零,阻断时电流要趋于零,而且要求两种状态之间转换要尽可能地快。

目前常用的 GTR 器件有单管、达林顿管和模块三大系列。

1)单管 GTR:其典型结构是 NPN 三重扩散台面型垂直结构。一般单管 GTR 的电流增益都很低,约 10 ~ 20,但其开关速度较快。

2)达林顿管 GTR:达林顿管 GTR 的电流增益可达几十到几千倍,但其饱和压降 V_{CES} 也较高,且关断速度较慢。这是因为在达林顿管结构中,驱动管可以饱和,而输出管却永远不会饱和,而且无论开通或是关断,总是先要驱动管动作,而后才是输出管动作的缘故。

3)GTR 模块:是将 GTR 管芯、稳定电阻、加速二极管以及续流二极管等组成一个单元,然后根据不同用途将几个单元电路组装在一个外壳内构成模块。目前 GTR 模块有两单元、四单元、六单元等多种形式,可很方便地组成各种应用电路。

(2)特性及主要参数

GTR 的基本特性有:共 e 极输出特性 $I_c = f(U_{ce})$,c-e 极击穿特性以及二次击穿特性与安全工作区,分别如图 1.1.15(a),(b),(c),(d)所示。

安全工作区可分为正偏安全工作区(FBSOA)和反偏安全工作区(RBSOA)。所谓正偏安全工作区是指 GTR 处于导通状态下(b 极正向偏置)最大 U_{CE} 和最大 I_c 的极限范围。使用中应根据 b 极驱动脉宽和集电极电压来确定最大 I_c 值。例如某型号 GTR,额定电流为 $I_c = 150$ A,在 $U_{CE} = 500$ V,基极脉宽为 1 ms 工作状态下,由正偏安全工作区可求得最大 I_c 为 7.5A。反偏安全工作区是指 GTR 由导通状态转化为关断状态时,最大集电极电压和电流的极限值,它是定义在 $-I_B$ 为某特定值条件下,GTR 能承受关断最大电流和电压的能力。不论是 FBSOA 还是

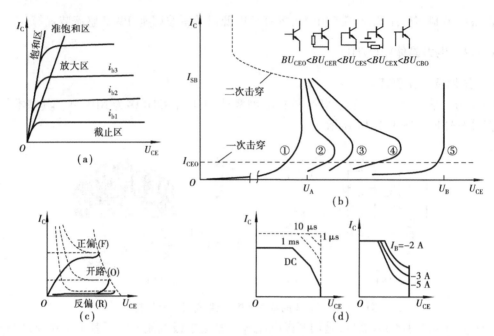

图 1.1.15　GTR 的基本特性

RBSOA,为了使 GTR 安全可靠工作,最大瞬时峰值电流(指故障状态下电流)均不应超过 $2I_C$,最大瞬时电压绝对不得超过 BV_{CEO}。

GTR 的主要参数有:

1)c-e 极间的击穿电压,有下列几种情况:

BV_{CEO}:基极开路时,c-e 极间的反向击穿电压;

BV_{CES}:b-e 极间短路时,c-e 极间的反向击穿电压;

BV_{CER}:b-e 极间接一电阻时,c-e 极间的反向击穿电压;

BV_{CEX}:b-e 极间接一电阻并串联反偏电压时,c-e 极间的反向击穿电压。

它们之间的大小关系为:

$$BV_{CBO} > BV_{CEX} > BV_{CES} > BV_{CER} > BV_{CEO}$$

2)b-e 反向耐压 BV_{EBO}:c 极开路时,e-b 极间的反向击穿电压。

3)最大工作电压 V_{CEM}:对于电阻负载时,V_{CEM} 可取为 BV_{CEO};对于电感负载时,$V_{CEM} < BV_{CEO}$。

4)集电极最大电流 I_{CM}:有两种规定方法,一种是 β 值下降到额定值的 $1/2 \sim 1/3$ 时的 I_C 定为 I_{CM};另一种是以结温和耗散功率为尺度来确定 I_{CM}。一般作为开关应用的 GTR,实际运行的工作电流 I_C 应为 I_{CM} 的 $1/3 \sim 1/5$。具体值取决于脉冲持续时间和占空比。

5)c-e 反向截止电流 I_{CEO}:b 极开路时,c-e 极间的反向截止电流。

6)c-e 饱和压降 U_{CES}:c-e 极间饱和压降,通常根据达林顿管级数不同在 $1.5 \sim 3.5$ V 之间。

7)直流电流放大倍数 h_{FE}:通常指在额定电流时,管子处于临界饱和时的电流放大倍数。

8)开通时间 t_{on}:为延迟时间和上升时间之和,一般以电阻性负载情况为准。

9)关断时间 t_{off}:为存储时间和下降时间之和。

部分国内外 GTR 主要参数如表 1.1.14 所示。

表 1.1.14　GTR 的特性参数

型　号	BV_{CBO} /V	BV_{CEO} BV_{CEX} /V	BV_{EBO} /V	I_{CM} /A	P_{CM} /W	h_{FE}	V_{CES} /V	V_{BES} /V	t_{on} /μs	t_s /μs	t_f /μs	R_{Qjc} /(℃·W^{-1})
WW2SD648		300		400	2 500	≥100	≤2	≤2.5	1	8	2	
MJ10048	300	250	8	100	250	≥75	≤2.0	≤3.0	≤4.25	≤20	≤8	0.5
BUV22	300	250	7	50		20~60	≤1.5	≤1.5	≤0.8	≤0.2	≤0.35	≤0.7
DT74-300		300*		600	2 000	8	1.5			5	1.5	0.075
DT74-350		350*		600	2 000	7	1			5	1.5	0.075
DT800-400		400*		1 000	3 000	7	1			7.5	2	0.04

（3）**命名与测试方法**

1）根据国家有关部门的规定，GTR 的型号及含义如下：

JA□-□□□—用数字表示器件序号
　　　　　—用字母表示特性参数或重要参数级别
　　　　　—用数字表示主电压级数
　　　　　—用数字表示主电流值
　　　　　—用字母表示器件类型（A：单级，B：二级复合，C：三级复合）
　　　　　—晶体管

2）GTR 的测试方法，可用晶体管图示仪或专用仪器进行测试，不再陈述。也可用万用表对 GTR 进行简单判断。

（4）**特点与应用**

GTR 的主要特点是：有自关断能力、开关时间短、饱和压降低、安全工作区宽等优点，可工作在中、高频领域，使变流装置结构大为简化，并提高可靠性，因此被广泛用于交流电机调速和各类电源装置中。

图 1.1.16 是 GTR 应用于电压源型交-直-交 SPWM 变频器的主电路，其中 $VT_1 \sim VT_6$ 组成三相逆变桥，$VD_1 \sim VD_6$ 为续流二极管。C_1 为直流滤波电容，R_1 为启动冲击电流限制电阻，VT_7 为无触点开关，R_2，VT_8 用以限制直流过压。

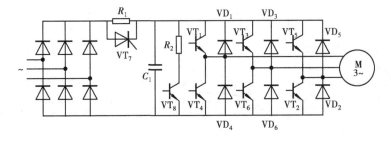

图 1.1.16　GTR 交直交 SPWM 变频器主电路

1.3.3　功率场效应晶体管

（1）**结构及工作原理**

功率场效应晶体管大多是 MOS 型的，也就是所谓绝缘栅型。功率 MOSFET 大多都是增强型的,即在栅极电压为零时,管子是不导通的,只有在源极和栅极间加上一定的电压后,管子才导通。功率 MOSFET 可分为 P 沟道和 N 沟道两种,前者要用负栅压才能使其导通,而后者则要用正栅压才能使其导通。对于高压大电流的管子,几乎都是 N 沟道型的,这是因为同等功率的管子,P 沟道的导通电阻要比 N 沟道大一些。

功率 MOSFET 按其结构形式可分为:VDMOS,VVMOS,LDMOS,双向 MOS 等,但最为常见的是 VVMOS 和 VDMOS,它们均采用垂直导电沟道。其中 VDMOS 结构在高集成度、高耐压、低反馈电容和高速性能方面不断进行改进提高,还出现了诸如 TMOS,HEXFET,SIP-MOS,π-MOS 等一大批结构各异的新器件,它们采用新的结构图把成千上万个单元 MOSFET 并联连接,实现了大电流化。图 1.1.17 所示为 VDMOS 单元结构、功率 MOSFET 电气符号以及外形结构。

VDMOS 的导通机理:当 G 极相对 S 极接正信号,且 $U_{GS} > U_T$ 时,靠近 SiO_2 附近的 P 型层表面将形成 N 型反型层,N 沟道出现,将 D 极和 S 极连接起来,若这时 $U_{DS} > 0$,将有电子流从 S 极区经 N 沟道流出,然后垂直流向 D 极。如图 1.1.17(a)所示。

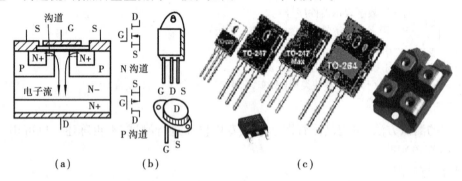

图 1.1.17　功率 MOSFET 的结构、符号及外形

(2)特性与主要参数

功率 MOSFET 的基本特性包括:输出特性、饱和特性、转移特性、开关特性和极间电容。图 1.1.18 示出了功率 MOSFET 的输出特性、饱和特性和 R_{on} 随温度变化的关系曲线。图 1.1.19所示为功率 MOSFET 的正偏安全工作区(FBSOA)、开关安全工作区(SSOA)和换流安全工作区(CSOA)。

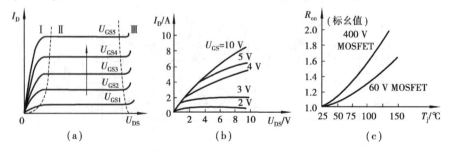

图 1.1.18　功率 MOSFET 的输出、饱和和 R_{on} 特性

功率 MOSFET 的主要参数有:

1)漏源击穿电压 BV_{DS}:它决定了功率 MOSFET 的最高工作电压。

2)栅源击穿电压 BV_{GS}:它表征了功率 MOSFET 栅源之间能承受的最高电压。

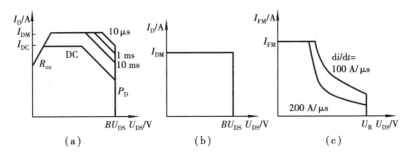

图 1.1.19　功率 MOSFET 的安全工作区

3）开启电压 $V_{GS(th)}$：又称阈值电压，指功率 MOSFET 流过一定量 I_D 时的最小栅源电压。

4）最大漏极电流 I_{DM}：它表征功率 MOSFET 的电流容量。

5）通态电阻 R_{on}：指在确定栅源电压下，功率 MOSFET 处于恒流区时的直流电阻。

6）跨导 g_m：反映转移特性的斜率，$g_m = \triangle I_D / \triangle V_{GS}$。

7）开关时间：包括开通时间 t_{on} 和关断时间 t_{off}。影响 t_{on} 的因素有：$V_{GS(th)}$、栅源电容 C_{GS}、栅漏电容 C_{GD} 以及信号源上升时间和内阻；影响 t_{off} 的因素有：C_{DS} 和 R_L。

常用功率 MOSFET 的型号与参数见表 1.1.15 所示。

表 1.1.15　常用功率 MOSFET 性能参数

型　　号	漏源击穿电压 BV_{DS}/V	栅源击穿电压 BV_{GS}/V	脉冲漏极电流 I_{DM}/A	连续漏极电流 I_D/A	最大功耗 P_{DM}/W	通态电阻 R_{DS}/Ω	通态压降 U_{DS}/V	跨导 g_m/s	输入电容 C_{iss}/pF	输出电容 C_{oss}/pF	开启电压 U_T/V	开通时间 t_{on}/ns	关断时间 t_{off}/ns	热阻 R_{Qjc} /(℃·W^{-1})
2SK902	250	±20	120	30	150	0.07		20.0	2 600	600	3.0	200	1 000	
MTP40N10E	≥100	±20	≤140		≤169	≤0.04	≤1.9	≥17	3 230	1 240	2.9	≤370	≤340	0.74
IRF840	≥500	±20	≤32		≤125	≤0.85		≥4.9	1 300	310	2~4	37	69	≤1
IRF150	100	±20	160	40	150	0.045		11	2 000	1 000	2~4	35	125	
IRF9140	−100	±20	−76	−19	125	0.15		7.0	1 100	500	−(2~4)	20	13	
2N6770	500	±20	25	12	150	0.3		12.0	2 000	400	2~4	≤35	≤150	

（3）命名与测试方法

目前国内市场上常见进口 VMOS 场效应管的表示方法都比较直观，如 10N45 表示 N 沟道 10 A，450 V 的元件，8P08 表示 8 A，80 V 的元件。但也有根据公司来编号，如 IRF840 表示美国国际整流器公司（IR 公司）制造的场效应管，BUZ357 表示欧洲生产的代号。模块结构的 VMOS 管命名方式和 GTR 相似，如 FBA75BA50 表示 75 A，500 V 的器件。

功率 MOSFET 的伏安特性及主要参数可用专用仪器或 JT-1 晶体管图示仪进行测试。

用 JT-1 晶体管图示仪测试功率 MOSFET 的方法如下：

1）首先仪器的电源插头，一定要采用三眼插头，并用万用表检查地线是否良好，地线与机壳是否接通。如是二眼插头，地线不良，地线与机壳不通，应停止对 MOSFET 的检测。

2）测量前先确定 D 极和 G 极的极性，以便选取各开关位置，调好阶梯零点和 X，Y 轴坐标零点。

3）根据 MOSFET 类型按表 1.1.16 选好极性，再调 X，Y 轴坐标点在左下角，然后进行基极阶梯信号调零。

表 1.1.16　JT-1 晶体管图示仪的各开关位置

MOSFET 类型	集电极扫描信号极性	基极阶梯信号极性
N 沟道耗尽型	+	−
N 沟道增强型	+	+
P 沟道耗尽型	−	+
P 沟道增强型	−	−

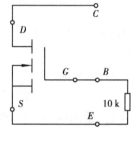

图 1.1.20　JT-1 测 MOS 管的测试线路

4）调整各旋钮:峰值电压范围:0～20 V(或 0～200 V);功耗电阻:1 kΩ;阶梯作用:重复;阶梯选择:0.1 mA/度;X 轴集电极电压:2 V/度;Y 轴集电极电流:0.2 mA/度。(后三者可根据具体情况适当改变)。

5）将 MOSFET 的三个电极按图 1.1.20 接入仪器,这里基极阶梯电流在 10 kΩ 电阻上产生 1 V/度的栅源阶梯电压,作为栅源输入信号。

6）从零逐渐增大集电极电压,可测得输出特性曲线及 I_{DSS}, g_m, V_P, BV_{DS} 等参数。

7）如将"X 轴作用"扳至"基极电流或基极源电压",可测得转移特性曲线。

8）注意:MOSFET 的三个电极未接入测试仪器前,不要施加电压,改换测试范围时,电压和电流都必须先恢复到零。尽量减少仪器使用时间,从快测试。

（4）**特点及应用**

功率 MOSFET 的主要特点有:是一种多子导电的单极型电压控制器件,不但有自关断能力,还有开关速度快,高频性能好,输入阻抗高,驱动功率小,热稳定性能优良,无二次击穿,安全工作区宽和跨导线性度高等特点。另外,还具有峰值电流容量大(短时过载电流为额定值的 4 倍)和通态压降高的特点。在中小功率的高性能开关电路中得到极为广泛的应用。

应用功率 MOSFET 时的注意事项:

1）使用前必须弄清管子的型号和导电极性,切不可盲目接入电路。

2）焊接管子时,电烙铁外壳应良好接地,或用电烙铁余热焊接。先焊栅极,后焊漏极与源极。电烙铁功率不应超过 25 W,最好用内热式烙铁,或用 12～24 V 低压烙铁,且前端接地。

3）测试时,仪器、仪表的外壳和线路板都必须良好接地。取管子时不得拿管脚,应拿管壳。存放管子时,应将各电极短接起来,保证栅、源极间为同电位。

4）由于输入阻抗很高,电极间或电路板上的灰尘、油污或受潮后都会使输入阻抗降低,影响管子性能,对此在维修中应特别注意清洁。

5）在操作现场,要尽量回避带电的绝缘体,特别是化纤和塑料,并使用导电工作服、导电性底板等,避免操作现场放置易产生静电的物质,并保证适当的湿度。

图 1.1.21 是美国 MOTOROLA 公司生产的 100 kHz,60 W 三片式开关直流稳压电源的原理框图,电路中的开关器件为功率 MOSFET(MTP5N40,4 A,400 V,1 Ω),MC34060 为 PWM 控制芯片,MC1723 为误差放大器芯片,4N27 为光耦合器,用来实现输出回路与控制回路间的隔离。

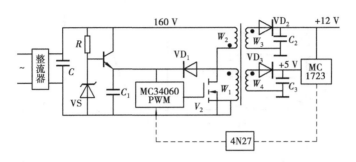

图 1.1.21 三片式开关电源原理框图

1.3.4 绝缘栅双极晶体管

(1)结构及工作原理

IGBT 的元胞结构如图 1.1.22(a)所示,由 N 沟道功率 MOSFET 与双极型晶体管组合而成,与图 1.1.17 对比,不难看出 IGBT 只比功率 MOSFET 多一层 P^+ 注入区,从而形成一个大面积的 P^+N 结 J_1,这样 IGBT 导通时,可由 P^+ 注入区向 N 基区发射少子空穴,对漂移区电导率进行调制,因而 IGBT 具有很强的电流控制能力,而且导通压降较小。

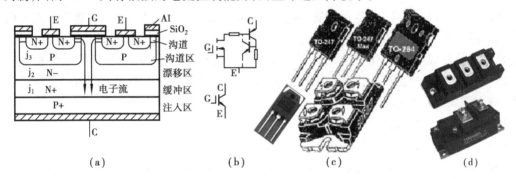

图 1.1.22 IGBT 结构、等效电路、符号及外形

有 N^+ 缓冲区的 IGBT 称为非对称 IGBT,其反向阻断能力弱,但正向压降低,关断时间短,关断时尾部电流小。无 N^+ 缓冲区的称为对称 IGBT,它具有正反向阻断能力,但其他性能却不及非对称性 IGBT。从结构图可见,IGBT 相当于一个由 MOSFET 驱动的厚基区 GTR,其等效电路如图 1.1.22(b)所示,图(c)、(d)为电气符号和外形图。

目前 IGBT 已走向第三代,其特征是进一步降低通态压降和提高工作速度。IGBT 的产品已基本上模块化,根据封装形式分为四类:单独的 IGBT、半桥 IGBT、全桥 IGBT 和三相 IGBT。

IGBT 的开通和关断是由栅极电压来控制的,栅极施以正电压时,MOSFET 内形成沟道,并为 PNP 晶体管提供基极电流,使 IGBT 导通。此时,P^+ 区注入到 N^- 区的空穴对 N^- 区进行电导调制,减少 N^- 区电阻 R_N,使高耐压的 IGBT 也具有低的通态压降。栅极施以负电压时,MOSFET 内沟道消失,PNP 管基极电流被切断,IGBT 关断。故 IGBT 是一种场控器件。

(2)特性及主要参数

IGBT 的静态特性:包括伏安特性、转移特性和开关特性。如图 1.1.23(a),(b),(c)所示,IGBT 的安全工作区如图 1.1.24(a)、(b)所示。

值得指出的是,IGBT 为四层结构,体内存在一个寄生晶闸管,其等效电路如图 1.1.22(b)

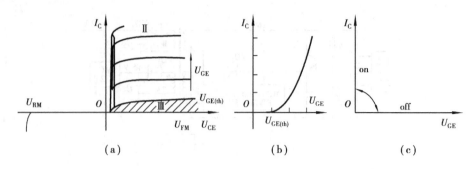

图 1.1.23　IGBT 的静态特性

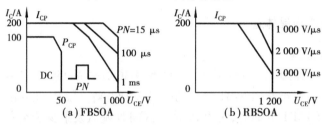

图 1.1.24　IGBT 的安全工作区

虚线所示。在正常情况下,寄生晶闸管不起作用(NPN 管不导通),IGBT 的开通与关断可由栅极控制。但当 I_C 大到一定程度时,寄生晶闸管开通(NPN 管导通),此时栅极失去控制作用,这就是所谓的擎住效应。IGBT 发生擎住效应后,I_C 增大,造成过高的功耗,导致器件损坏。因此,使用中必须防止 IGBT 发生擎住现象,为此可限制 I_{CM} 值,或加大栅极电阻 R_G,以延长关断时间,减少再加 dv/dt 值。

IGBT 的主要参数有:

1)V_{CES}:G-E 短路时,C-E 极间最大直流电压;

2)V_{GES}:G-E 极间的最高电压;

3)I_C:集电极最大电流;

4)I_{CP}:在一定脉冲宽度工作时,集电极允许的最大脉冲峰值电流,一般 $I_{CP} = 2I_C(\tau < 1\ ms)$;

5)P_C:集电极最大功耗;

6)$V_{GE(th)}$:G-E 极开通电压;

7)C_{iss}:输入电容;

8)t_{on},t_{off}:开关时间。

（3）**命名与测试方法**

IGBT 型号表示和 GTR 类似,如 6MBI30-60 表示六单元,30 A,600 V 的器件。但是 IXGP10N100A 又类似 VMOS 管的编号方式,表示 10 A,1 000 V 的 IGBT 的管子。但也有一些例外,如 GM150DY-20 表示 150 A,1 000 V,而不是 200 V 的管子;CM600HA-24 表示 600 A,1 200 V,而非 240 V 的管子。

（4）**特点与应用**

IGBT 将 MOSFET 和 GTR 的优点集于一身,具有电压型控制、输入阻抗高、驱动功率小、控制电路简单、开关损耗小、工作频率高、元件功率大、耐压高、承受电流大和通态压降小等特点。

IGBT 广泛应用于交流变频器、开关电源、伺服系统、牵引传动等领域。

表 1.1.17　常见 IGBT 的型号与参数

型　　号	V_{CES}/V	V_{GES}/V	I_C/A	I_{CP}/A	P_C/W	$V_{GE(th)}/V$	C_{iss}/pF	$t_{on}/\mu s$	$t_{off}/\mu s$	$V_{CE(sat)}/V$
BSM50GB120DN2	1 200	±20	78	156	400	4.5~6.5	3 300	0.1	0.45	2.5
CM75DY-24H	1 200	±20	75	150	600	4.5~7.5	≤15 000	≤0.5	≤0.6	2.5
GSA400AA60	600	±20	400	800	1 500	3~7	3 200	0.2	0.4	2.0
2CN0545	450	±20	0.32	2	0.6	1~3	96	0.15	0.3	
2CP0545	−450	±20	−0.32	−0.8	0.6	−(1~3.5)	120	0.15	0.35	
IRGPR40F	1 200		29		160					3.3
IRGRDN400M06	600		600		1 984					2.0

使用 IGBT 时也应注意：

1）由于 IGBT 结构上与功率 MOSFET 类似,故也应采取防静电措施。

2）当 IGBT C-E 间加有高电压(>100 V)时,严禁 G 极悬空开路,否则 IGBT 将炸毁。

3）严格按推荐的条件使用,过高的驱动电压会损坏 IGBT,不足的驱动电压会不正常地增大 IGBT 的导通压降,栅极电阻过高会增加 IGBT 和续流二极管的开关噪声。一般来说,开通时,栅极电压以 +10 ~ +15 V 范围为最佳;关断时,栅极负偏压应在 −5 ~ −15 V 范围内;栅极电阻可根据容量大小按表 1.1.18 中推荐值选取。

表 1.1.18　推荐的 R_G 值

额定电流/A	600 V	50	100	150	200	300	400	600	800
	1 200 V	25	50	75	100	150	200	300	400
R_G/Ω		51	25	15	12	8.2	5.1	3.3	2.2

4）接线时应注意:输入远离输出电路;栅极接线应采用双绞线或屏蔽线;采用低电感布线等措施。

图 1.1.25 所示为 30 kW/50 kHz 并联谐振感应加热电源的主电路,电路中采用三相桥式不控整流,加上由 IGBT($V_1 \sim V_4$)及 V_0 组成的斩波器构成直流电流源,具有保护动作速度快,以及由于高频斩波而使滤波器尺寸小等优点。逆变器输出电流为方波,输出电压近似为正弦波。

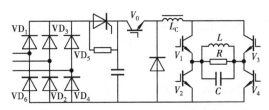

图 1.1.25　并联谐振感应加热电源的主电路

第 **2** 章
常用控制触发驱动器件

电力半导体器件分为不控型、半控型和全控型三类,其中后两类都需用触发信号来控制其导通(或关断)。晶闸管属半控型器件,它需触发脉冲来控制其导通,但无法用触发脉冲来关断。全控型器件又分为电压型和电流型两类,功率 MOSFET,IGBT,MCT 等属电压型全控器件,其共同特点是:对触发电压有一定要求,而对触发电流要求却较少,其中功率 MOSFET、IGBT 与 MCT 对触发信号的要求又有所不同,前者要求触发电压在器件导通期间一直加入,后者则只需触发电压脉冲将其触发导通就行。GTR、GTO 等属电流型全控器件,它们的共同特点是,对触发电流有一定要求,故要求触发电路输出功率较大,同样地,GTR 和 GTO 对触发信号也要求不同,GTR 要求在器件导通期间一直加入触发电流,而 GTO 则只需触发电流脉冲就可实行通断控制。

由于器件结构不同,对触发信号及器件的保护检测措施也有所不同,因而各类器件都有各自的专用控制触发驱动集成电路。

2.1　晶闸管移相触发控制专用集成电路

2.1.1　KJ004(KC04)晶闸管移相触发器集成电路

(1)特点及应用

KJ004 主要用于单相、三相全控桥式晶闸管电力电子设备中,作晶闸管的双路脉冲移相触发,它与国产的 KC04 晶闸管集成移相触发器引脚及性能完全相同,是目前国内晶闸管控制系统中广泛应用的集成电路之一。

KJ004 具有输出负载能力大,移相性能好,正负半周脉冲相位值均衡性好,移相范围宽,对同步电压要求小,有脉冲列调制输入端等特点。

(2)结构及工作原理

KJ004 为标准双列直插式 16 引脚集成电路,其引脚排列如图 1.2.1(a)所示,各引脚名称、功能及用法见表 1.2.1。图 1.2.1(b)为 KJ004 的内部电路原理图,该电路由同步检测、锯齿波形成、偏移电路、移相比较、脉冲形成及双路脉冲输出放大等环节组成。典型应用电路如

图 1.2.2(a)所示,各引脚波形如图 1.2.2(b)所示。

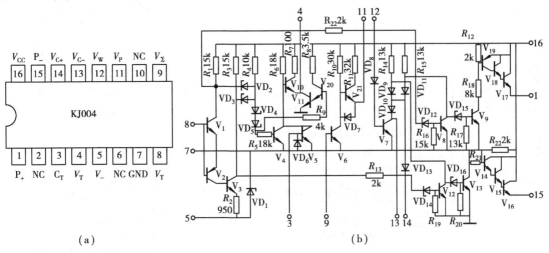

(a)　　　　　　　　　　　(b)

图 1.2.1　KJ004 引脚排列及内部电路原理图

表 1.2.1　KJ004 的引脚名称、功能和用法

引脚号	符号	名　　称	功能或用法
1	P_+	同相脉冲输出端	接正半周导通晶闸管的脉冲功率放大器及脉冲变压器
2	NC	空端	使用中,悬空
3	C_T	锯齿波电容连接端	通过电容接引脚4
4	V_T	同步锯齿波电压输出端	通过电阻接移相综合端(引脚9)
5	V_-	工作负电源输入端	接用户系统负电源
6	NC	空端	使用中,悬空
7	GND	地端	为整个电路的工作提供参考地端,使用中,接用户控制电源地端
8	V_T	同步电源信号输入端	使用中,通过一个电阻接用户同步变压器的 2 次侧,同步电压为 30 V
9	V_Σ	移相、偏置及同步信号综合端	使用中,分别通过 3 个等值电阻接锯齿波、偏置电压及移相电压
10	NC	空端	使用中,悬空
11	V_P	方波脉冲输出端	该端的输出信号反映了移相脉冲的相位,使用中,通过一个电容接引脚12
12	V_W	脉宽信号输入端	该端与引脚 11 所接电容的大小反映了输出脉冲的宽度,使用中,分别通过一个电阻和电容接正电源与引脚 11
13	V_{C-}	负脉冲调制及封锁控制端	通过该端输入信号的不同,可对负输出脉冲进行调制或封锁,使用中,接调制脉冲源输出或保护电路输出
14	V_{C+}	正脉冲调制及封锁控制端	通过该端输入信号的不同,可对正输出脉冲进行调制或封锁,使用中,接调制脉冲源输出或保护电路输出
15	P_-	反相脉冲输出端	接负半周应导通晶闸管的脉冲功率放大器及脉冲变压器
16	V_{CC}	系统工作正电源输入端	使用中,接控制电路电源

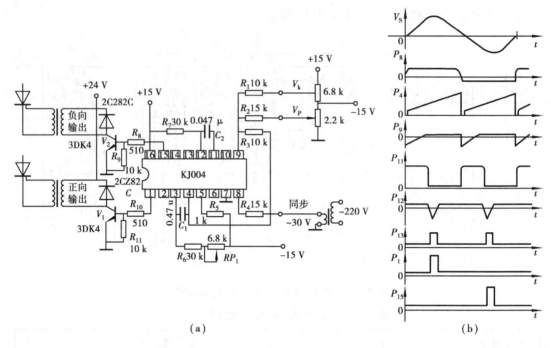

图 1.2.2　KJ004 的典型应用

工作原理:锯齿波的斜率决定于外接电阻 R_6,RP_1 及 C_1 的取值,对不同的移相控制电压 V_K,只要改变 R_1、R_2 的比例,调整相应的偏移电压 V_P,同时调整锯齿波斜率电位器 RP_1,可以在不同的移相控制电压时获得整个移相范围内的移相。触发电路为正极性型,即移相电压增加,导通角增大。改变 R_7、C_2 的值,可获得不同的脉宽输出。8 引脚的同步电压为任意值,同步串联电阻 R_4 选择按下式计算:

$$R_4 = 同步电压 \times 10^3/(2 \sim 3)(\Omega)$$

(3)KJ004 技术数据

1)电源电压:±15 V ±5% (±10% 时功能正常);

2)电源电流:正电流≤15 mA,负电流≤8 mA;

3)同步电压:交流 30 V(可任意);

4)同步输入端允许最大电流值:6 mA;

5)移相范围:≥170°(同步电压 30 V,同步输入电阻 30 kΩ);

6)锯齿波幅度:≥10 V;

7)输出脉宽:400 μs ~ 2 ms(可改变脉宽阻容元件);

8)输出脉宽幅度:≥13 V;

9)最大负载能力:100 mA;

10)正负半周脉冲相位不均衡:≤ ±3°;

11)允许使用环境温度:−10 ~ +70 ℃。

2.1.2　KJ787 高性能晶闸管三相移相触发器集成电路

KJ787/TC787 是采用独有先进集成电路工艺技术,并参照国外最新集成移相触发集成电路而设计的单片集成电路,是 TCA785 及 KJ(或 KC)系列移相触发集成电路的换代产品。

（1）结构及工作原理

KJ787/TC787 为标准双列直插 18 引脚的集成电路,其引脚排列如图 1.2.3(a)所示,各引脚名称、功能及用法见表 1.2.2。图 1.2.3(b)为 KJ787/TC787 的内部结构框图,该电路由三个过零和极性检测单元、三个锯齿波形成单元、三个比较器、一个脉冲发生器、一个抗干扰锁定电路和一个脉冲形成电路、一个脉冲分配及驱动电路组成。

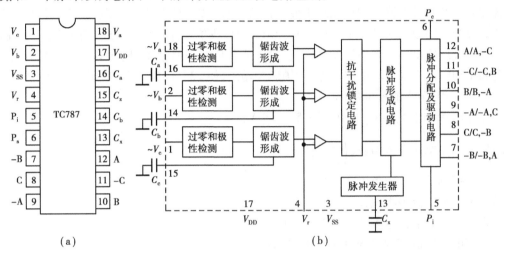

（a）　　　　　　　　　（b）

图 1.2.3　KJ787/TC787 引脚排列及内部结构框图

表 1.2.2　KJ787/TC787 的引脚名称、功能和用法

引脚号	符号	名　称	功能或用法
1 2 18	V_c V_b V_a	同步电压输入端	应用中分别接经输入滤波后的同步电压,同步电压峰峰值≤工作电源电压 V_{DD}
8 10 12	C B A	同相触发脉冲输出端(与同步电压正半周对应)	应用中,接脉冲功率放大环节的输入或脉冲变压器所驱动开关管的控制极,在全控双窄脉冲工作方式下,8 脚在 C 相正半周和 B 相负半周各发一脉冲,同理,12—A 正,C 负;10—B 正,A 负;11—C 负,B 正;9—A 负,C 正;7—B 负,A 正,也各发一脉冲
7 9 11	−B −A −C	反相触发脉冲输出端(与同步电压负半周对应)	
5	P_i	输出脉冲禁止端	高电平有效,应用中接保护电路输出,在故障时封锁脉冲输出
6	P_c	工作方式设置端	接高电平为双脉冲列输出;接低电平为单脉冲列输出
4	V_r	移相控制电压输入端	应用中接给定环节输出,电压最大幅值为工作电源电压 V_{DD}
13	C_X	输出脉宽控制端	应用中接电容 C_X,电容容量越大,脉冲宽度越宽
14 15 16	C_b C_c C_a	锯齿波电容连接端	连接的电容值大小决定移相锯齿波的斜率和幅值,应用中分别接相同容量的电容到地
3 17	V_{SS} V_{DD}	电源端	单电源工作时,3—地,17—V_{DD} = 8 ~ 18 V 双电源工作时,3—负电源(V_{SS} = −4 ~ −9 V),17—正电源(V_{DD} = 4 ~ 9 V)

KJ787/TC787 的工作原理:经滤波后的三相同步电压通过过零和极性检测单元检测出零点和极性后,作为内部三个恒流源的控制信号。三个恒流源给三个等值电容 C_a,C_b,C_c 恒流充电,形成良好的等斜率锯齿波。锯齿波与移相控制电压 V_r 比较后取得交相点,该交相点经抗干扰锁定电路锁定,保证交相唯一而稳定,使交相点以后的锯齿波或移相电压的波动不影响输出。该交相信号与脉冲发生器输出的脉冲(对 TC787 为调制信号,对 KJ787 为方波)信号经脉冲形成电路处理后,变为与三相输入同步信号相位对应,且与移相电压大小适应的脉冲信号,送到脉冲分配及驱动电路。如果系统未发生过流、过压或其他非正常情况,则 5 脚信号无效,此时脉冲分配电路根据 6 脚设定完成双脉冲($V_6 = H$)或单脉冲($V_6 = L$)的分配功能,并经驱动电路功率放大后输出。一旦系统发生过流、过压或其他非正常情况,则 5 脚禁止信号有效,脉冲分配和驱动电路内部逻辑电路动作,封锁脉冲输出,使 12,11,10,9,8,7 脚输出全为低电平。

（2）KJ787/TC787 的技术数据

1）工作电源电压 V_{DD}:8 ~ 18 V 或 ±5 ~ ±9 V;

2）输入同步电压有效值:$\leqslant \left(\dfrac{1}{2\sqrt{2}} \right) V_{DD}$;

3）输入控制信号电压范围:0 ~ V_{DD};

4）输出脉冲电流最大值:20 mA;

5）锯齿波电容取值范围:0.1 ~ 0.15 μF;

6）脉宽电容取值范围:3 300 pF ~ 0.01 μF;

7）移相范围:0° ~ 177°;

8）工作温度范围:0 ~ +55 ℃。

（3）应用

KJ787 主要适用于三相晶闸管移相触发和三相功率晶体管脉宽调制电路,以构成多种交流调速和变流装置。与 TCA785 等相比,具有功耗小,功能强,输入阻抗高,抗干扰性能好,移相范围宽,外接元件少等优点,而且装调简便,使用可靠,既可单电源工作,也可双电源工作。只需一个 KJ787 就可完成 3 个 TCA785、1 个 KJ041 及 1 个 KJ042 组合才能具有的三相移相功能。故被广泛应用于三相半控、三相全控、三相过零等电力电子、机电一体化产品的移相触发系统,以提高整机寿命,缩小体积,降低成本。TC787 适用于主功率器件为普通晶闸管、双向晶闸管、门极关断晶闸管、非对称晶闸管的三相全控桥及其他拓扑结构电路的电力电子设备中,作移相触发脉冲形成电路;而 KJ787 适用于以 GTR、功率 MOSFET、IGBT 或 MCT 为功率单元的三相全控桥,或其他结构电路的系统中作为脉宽调制波产生电路。TC787/KJ787 输出三相触发脉冲的触发控制角可在 0° ~ 180°范围内连续同步改变,可同时产生六路相序互差 60°的输出脉冲。并可方便地通过改变 C_x 值,改变输出脉宽,使输出脉冲为脉冲列或方波。还可方便地通过改变 6 脚电平高低,使输出脉冲为双脉冲或单脉冲列。电路具有输出禁止端,可在过流、过压时进行保护。TC787/KJ787 分别具有 A 型和 B 型两种器件,工频时选 A 型器件,中频 100 ~ 400 Hz 时选 B 型器件。

图 1.2.4 为单电源工作的典型接线,图 1.2.5 为双电源工作的典型接线。

2.1.3　EXB841 IGBT 厚膜驱动器电路

EXB 系列厚膜驱动集成电路是日本富士公司生产的 IGBT 驱动器,在国内电力电子行业

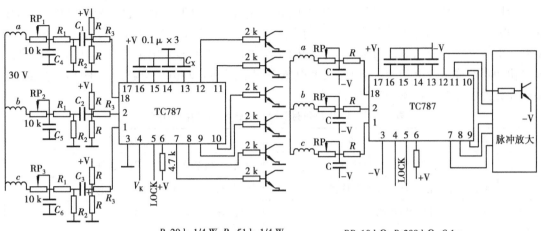

$C_1 C_2 C_3$　10 μ/25 V　$C_4 C_5 C_6$　1 μ　　R_2　15 k,1/4 W　R_3　200 k

R　20 k,1/4 W　R_1　51 k,1/4 W

RP　10 kΩ　R　200 kΩ　C　1 μ

图 1.2.4　需同步电平移位网络的单电源工作典型接线　　　图 1.2.5　双电源工作的典型接线

使用量较大。EXB 系列有 840、841、850 及 851 四个品种,其中 EXB850/851 为标准型(最大 10 kHz 运行),EXB840/841 为高速型(最大 40 kHz 运行)。EXB840/850 可驱动 150 A/600 V 或 75 A/1 200 V 以下的 IGBT 模块,EXB841/851 可驱动 400 A/600 V 或 300 A/1 200 V 以下的 IGBT 模块。

(1)结构及原理

它们采用了标准化设计,引脚排列、外形尺寸完全一样。EXB 系列为单列直插 15 脚厚膜集成电路,其引脚排列如图 1.2.6(a)所示,各引脚名称、功能和用法见表 1.2.3。图 1.2.6(b)为内部结构框图,图 1.2.7 为 EXB841 的内部电路原理图,该电路由放大部分、过电流保护部分及 5 V 基准电压等几部分组成,放大部分由光耦合器(TLP550)、V_2、V_4、V_5 和 R_1、C_1、R_2、R_9 组成,其中光耦起隔离作用,V_2 是中间级,V_4 和 V_5 组成推挽输出。过流保护部分由 V_1、V_3、VD_1、VS_1 和 C_2、R_3、R_4、R_5、R_6、C_3、R_7、R_8、C_4 等组成,它们实现过流检测和延时保护功能。EXB841 的 6 脚通过快速二极管 VD_2 接至 IGBT 的集电极,它是通过检测电压 U_{CE} 的高低来判断是否发生短路。5 V 电压基准部分由 R_{10}、VS_2 和 C_5 组成,既为驱动 IGBT 提供 -5 V 反偏压,同时也为光耦提供负电源。

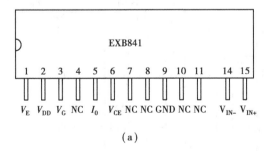

(a)

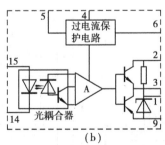

(b)

图 1.2.6　EXB 系列驱动器引脚排列及内部结构框图

工作原理:输入信号由内部光耦隔离,经 A 放大互补输出,最大延迟时间≤1 μs。驱动电路外加 +20 V 单电源供电,由内部电阻和稳压管分成 +15 V 和 -5 V 分别作正、负栅极电源。用负栅压能有效的防止关断时因 du_{CE}/dt 太大而引起的擎住现象。依据 IGBT 的管压降随 I_C

31

增加而增加的特性,采用集电极电压识别法:正常情况下,IGBT 导通时,V_{GE} 为高电位,导通压降 V_{CE} 很低;关断时,V_{GE} 为低电位,而 V_{CE} 为主回路高电压。若 V_{GE} 为高电位,V_{CE} 又为高电位,则说明主电路处于过流状态。过流时,切断 IGBT 集电极电流不能采用正常开关时的快速切断,因过快切断造成 di_c/dt 过大,主电路杂散电感引起的瞬态尖峰电压会超过 RBSOA。为此,常采用在允许短路时间内慢速切断的方法。

表 1.2.3　EXB 系列驱动器的引脚名称、功能和用法

引脚号	符号	名　称	功能或用法
1	V_E	驱动脉冲输出相对地端	使用中,接被驱动的 IGBT 发射极
2	V_{DD}	输出功率放大级电源连接端	使用中,接用户提供的 +20 V 电源
3	V_G	驱动脉冲输出端	接被驱动的 IGBT 的栅极
7,8,10,11	NC	空端	使用中,悬空
5	I_0	过电流保护动作信号输出端	接用户外接报警光耦合器一次侧二极管的阴极
6	V_{CE}	过电流保护取样信号连接端	通过一个快恢复二极管接被驱动的 IGBT 的集电极
9	GND	驱动输出级电源地端	接 +20 V 电源地端,该地应与引脚 14 与 15 脉冲的参考地端电位隔离
14	V_{IN-}	驱动信号输入连接负端	接用户脉冲形成部分的地(或脉冲形成部分的输出端)
15	V_{IN+}	驱动信号输入连接正端	通过一个电阻接用户脉冲形成部分的脉冲输出端(或脉冲形成部分的正电源)
4			用于连接外部电容器,以防过流保护误动作(大部分场合不需电容器)

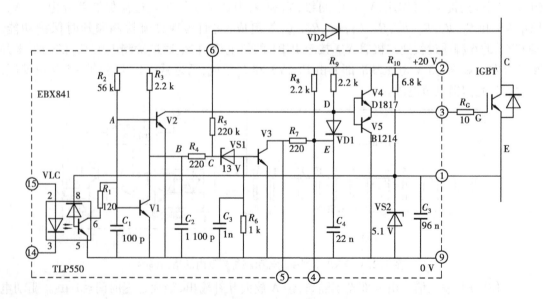

图 1.2.7　EXB841 的内部电原理图

（2）EXB841 的技术数据及特点

1）电源电压 V_{CC}：20 ± 1 V（推荐值），25 V（最大额定值）；

2）正向偏置输出电流 I_{G1}：4 A；

3）反向偏置输出电流 I_{G2}：– 4 A；

4）最大工作频率：40 kHz；

5）光耦合器输入电流 I_{in}：10 mA；

6）输出高电平电压：14.5 V；

7）输出低电平电压：– 4.5 V；

8）开通延迟时间：1.5 μs；

9）开通上升时间：1.5 μs；

10）关断延迟时间：1.5 μs；

11）关断下降时间：1.5 μs；

12）过流保护延迟时间 t_{ocd}：< 10 μs；

13）报警延迟时间 t_{ALM}：< 1 μs；

14）输入、输出隔离电压 V_{ISO}：2 500 V；

15）工作表面温度 T_c：– 10 ~ + 85 ℃。

EXB 系列模块采用高速光耦合器隔离，射极输出，并有短路保护及慢速关断功能，不同系列满足了可驱动范围 IGBT 的要求。采用单电源工作，供电比较简单，全部内置过流保护电路，过电流保护后在封锁自身输出的同时，给出专门的故障信号输出。内置高速光耦实现输入、输出的隔离，隔离电压可达 2 500 V。图 1.2.8 为 EXB 系列驱动器的典型应用线路，该图在使用时应注意：

1）被驱动的 IGBT 栅-射极接线应采用绞线，长度必须小于 1 m。

2）电容 C 的选取：对 EXB840/850 为 33 μF，对 EXB841/851 为 47 μF。

3）电阻 R_1 的选取：应满足 EXB840/841：I_{in} = 10 mA，EXB850/851：I_{in} = 4 mA 的要求。

4）栅极串联电阻 R_G 的选取：见表 1.2.4。

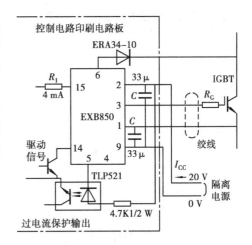

图 1.2.8　EXB 系列驱动器的典型应用线路

表 1.2.4　EXB 系列驱动器推荐的栅极电阻

型　号		EXB840/850							EXB841/851			
I_C/A	600 V	10	15	30	50	75	100	150	200	300	400	—
	1 200 V	—	8	15	25	—	50	75	100	150	200	300
R_G/Ω		250	150	82	50	33	25	15	12	8.2	5	3.3

2.1.4 HL402 具有自保护功能的 IGBT 厚膜驱动器集成电路

HL402 驱动器是国家"八五"攻关新成果,1995 年国家级新产品,达到国际 20 世纪 90 年代先进水平。HL402 是 IGBT 栅极驱动控制专用集成电路,可直接驱动 150 A/1 200 V 以下的 IGBT。

（1）结构及工作原理

HL402 采用标准的单列直插式 17 引脚厚膜集成电路封装,对外共引出 15 个引脚,其引脚排列如图 1.2.9(a)所示,各引脚名称、功能和用法见表 1.2.5,图 1.2.9(b)为内部结构框图。该电路由带静电屏蔽光耦 VLC,脉冲放大器 A,驱动脉冲功放 V_1,V_2,降栅压比较器 A_2 及软开关定时器 P 等几部分组成。

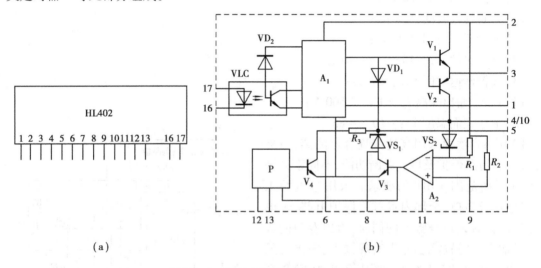

(a)   (b)

图 1.2.9 HL402 引脚排列及内部结构框图

表 1.2.5 HL402 引脚名称、功能和用法

引脚号	符号	名 称	功能和用法
1	E	输出脉冲负极连接端	使用时,接被驱动的 IGBT 的发射极
3	G	输出脉冲正极连接端	使用中,经 R_G 接 IGBT 栅极。R_G 随 IGBT 容量不同而不同。IGBT 为 50 A/1 200 V 时,$R_G = 0 \sim 20$ Ω/1 W
2	V_{CC}	正电源连接端	应用中,接驱动器输出级电源,推荐采用 +25V 直流电源
4,10	GND	正电源参考地端	接正电源(一般为 +24 ~ +25 V)地端
5	C_5/封锁	C_5 接线及封锁信号引入端	使用中,5 脚与 10 脚接软关断斜率电容 C_5（推荐值:1 000 ~ 3 000 pF）,还可在 C_5 两端并联光耦二次侧,一次侧接封锁信号输入
6		软关断报警信号输出端	可作为被驱动的输入信号封锁端,通过光耦来封锁控制脉冲形成部分的脉冲输出,最大负载能力为 20 mA
8		降栅压报警信号输出端	最大输出电流为 5 mA,可通过光耦封锁控制脉冲形成部分的脉冲输出
7	NC	空端	使用中,悬空

引脚号	符号	名　称	功能和用法
9		降栅压信号输入端	使用中,经快恢复二极管(高压,超高速快恢复 trr < 50 ns)接 IGBT 的 C 极,13-10 脚短接可删除该功能
11	C_6	降栅压延迟时间电容 C_6 连接端	使用中,11-10 脚间接 C_6,推荐值 0 ~ 200 pF。C_6 容量决定降栅压延迟时间长短,但容量大,短路电流峰值较大,也不可接
12	C_7	降栅压时间定时电容 C_7 连接端	使用中,C_7 接在 12-10 脚间,推荐值 510 ~ 1 500 pF。C_7 增大,降栅压时间增长;C_7 减少,IGBT 关断快速,di/dt 增高
13		饱和电压检测输出端	使用中,串入一个稳压管和一个快恢复二极管接 IGBT 的 C 极,与 10 脚短接可删除此功能
16		光耦阴极输入端	使用中,接脉冲形成部分输出
17		光耦阳极输入端	使用中,通过一电阻接正电源

HL402 工作原理:光耦 VLC 有静电屏蔽作用,可显著提高抗共模干扰能力,并实现与输入信号的隔离。正常情况下,由于 9 脚输入的 IGBT 集电极电压 V_{CE} 不高于 A_2 的基准电压 V_{REF},故 A_2 不翻转,V_3 不导通,从 17、16 脚输入的驱动脉冲信号经 A_1 整形后不被封锁,再经功放 V_1、V_2 放大后提供给被驱动的 IGBT。一旦 IGBT 退出饱和,则 9 脚输入的 V_{CE} 高于 A_2 基准电压 V_{REF},比较器 A_2 翻转输出高电平,使 V_3 导通,由稳压管 VS_1 将驱动器输出的栅极电压 V_{GE} 降低到 10 V。此时,软开关定时器 P 在降栅压比较器 A_2 翻转达到设定的时间后,输出正电压使 V_4 导通,并将 V_{GE} 软关断降到 IGBT 的 $V_{GE(th)}$ 以下,并提供一个负的驱动电压,保证被驱动的 IGBT 可靠关断。图 1.2.10 给出了 HL402 正常工作时的波形,图 1.2.11 给出了 HL402 保护动作后的输出波形。图中 t_1,t_2,t_3 分别为延迟降栅压时间、降栅压时间和软关断时间,它们由电容器 C_5,C_6,C_7 决定,应按照 IGBT 的饱和压降 $V_{CE(S)}$ 来选择,如表 1.2.6 所示。

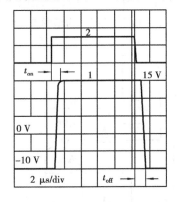
图 1.2.10　HL402 的正常工作波形

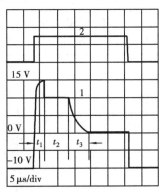
图 1.2.11　HL402 保护动作后的输出波形

(2)HL402 的技术数据及特点

1)供电电压 V_C:25 V(V_{CC} = + 15 V,V_{EE} = − 10 V)(推荐值);

2)光耦合器输入峰值电流 I_f:10 ~ 12 mA(推荐值);

3)正向输出驱动电流 + I_G:2 A(脉宽 < 2 μs,频率为 40 kHz,占空比 < 0.05 时);

4)负向输出驱动电流 $-I_G$:2 A(脉宽 < 2 μs,频率为 40 kHz,占空比 < 0.05 时);

表 1.2.6　不同 $V_{CE(S)}$ 时电容的选取和各段大致时间

参　数	电容取值/pF			各段时间/μs		
$V_{CE(S)}$	C_5	C_6	C_7	t_1	t_2	t_3
$V_{CE(S)} \leqslant 2.5$ V	1 000	不接	750	0	6	2
2.5 V $\leqslant V_{CE(S)} \leqslant 3.5$ V	2 000	0 ~ 100	1 000	< 1	8	3
$V_{CE(S)} \geqslant 3.5$ V	3 000	200	1 200	2	10	4

5)输入、输出隔离电压 V_{iso}:2 500 V 工频;

6)输出正向驱动电压 $+V_G$:$\geqslant V_{CC} - 1$ V;

7)输出负向驱动电压 $-V_G$:$\geqslant V_{EE} - 1$ V;

8)输出正电压响应时间 t_{on}:$\leqslant 1$ μs;

9)输出负电压响应时间 t_{off}:$\leqslant 1$ μs;

10)软关断报警信号延迟时间 t_{ALM1}:< 1 μs,输出电流 < 20 mA;

11)降栅压报警信号延迟时间 t_{ALM2}:< 1 μs,输出电流 < 5 mA;

12)降栅压动作门槛电压 V_{CE}:8 ±0.5 V;

13)软关断动作门槛电压 V_{CE}:8.5 ±0.8 V;

14)降栅压幅值:8 ~ 10 V。

HL402 为 IGBT 专用厚膜驱动器,它具有降栅压及软关断双重保护功能,在软关断及降栅压的同时能输出报警信号,实现封锁脉冲或分断主电路的保护。降栅压延迟时间、降栅压时间以及软关断斜率均可通过外接电容进行整定,能适应不同饱和压降的 IGBT。输出驱动电压幅值高,正向电压可达 15 ~ 17 V,负向电压可达 10 ~ 12 V,因而可用来直接驱动容量为 150A/1 200 V 以下的 IGBT。另外有内置静电屏蔽层高速光耦合器实现信号隔离,抗干扰能力强,响应速度快,隔离电压高。图 1.2.12 为 HL402 的典型接线图。由于 HL402 性能优良,故可用于一切主功率器件为 IGBT 的电力电子设备中作驱动电路,实行对 IGBT 的最优驱动,防止 IGBT 因驱动电路不理想造成的损坏。可广泛用于开关电源系统和直流斩波调速系统中。

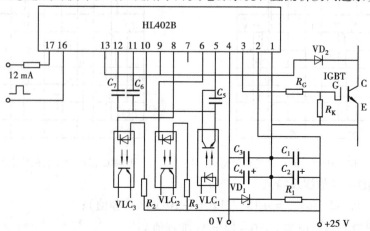

图 1.2.12　HL402 正常应用的典型接线

2.1.5　IR2110 两路输出 MOSFET 或 IGBT 驱动器集成电路

IR2110 是美国国际整流器(IR)公司应用无闩锁 CMOS 技术制作的 MOSFET 和 IGBT 专用驱动集成电路。可使 MOSFET 和 IGBT 的驱动电路设计大为简化,加之它可实现对 MOSFET 和 IGBT 的最优驱动,又具有快速完整的保护功能,因而可极大地提高控制系统的可靠性,并极大的缩小控制板的尺寸。

（1）结构及工作原理

IR2110 采用标准双列直插式 14 脚、16 脚等多种封装形式,图 1.2.13(a)示出了 DIP-14 和 DIP-16 封装的引脚排列,各引脚名称、功能和用法见表 1.2.7。图 1.2.13(b)为内部结构框图,该电路由三个独立的施密特触发器,两个 RS 触发器,两个 V_{DD}/V_{CC} 电平转换器,一个脉冲放大环节,一个脉冲滤波环节,一个高压电平转换网络及两个或非门,六个 MOSFET,一个具有反相输出的与非门,一个反向器和一个逻辑网络构成的一个逻辑信号输入级,及两个独立的高、低输出通道组成。

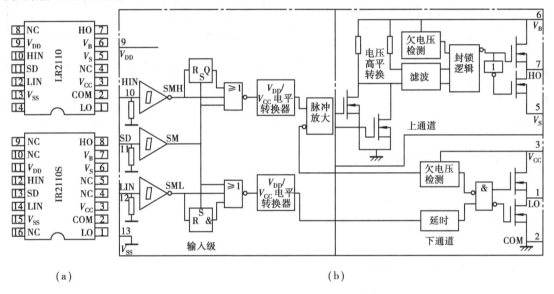

(a)　　　　　　　　　　　　　　(b)

图 1.2.13　IR2110 引脚排列及内部结构框图

IR2110 的工作原理:

三个输入信号均接有施密特触发器,其滞后电平为 $0.1V_{DD}$,电路的作用是提高抗干扰能力和接受缓升输入信号。当输入 SD 为低电平时,在对应输入端上升沿时刻,两路通道均有输出,HO 和 LO 与 HIN 和 LIN 同相对应;当输入 SD 为高电平时,则两路信号均被封锁。V_{DD}/V_{CC} 电平转换电路将逻辑信号转换成输出驱动,同时也具有良好的抗干扰性能,该电路的逻辑地电位 V_{SS} 和功率电路地电位 COM 间设有 ±5 V 的偏移量,这样使逻辑电路不会受到输出驱动开关动作而产生耦合干扰的影响。下通道延时网络可实现两通道的传输延时。驱动器两通道输出级均由两只峰值电流为 2 A 以上,内阻为 3 Ω 以下的 N 沟道 FET 组成,输出栅极驱动电源(V_{CC} 与 COM 间)为 10～20 V,对 1 000 pF 容性负载的开通时间为 25 ns。

驱动器设有欠压保护,对 V_{CC} 低于欠压值时,下通道欠压检测产生一关断信号,将两路输出关闭;上通道欠压检测单元在 V_B 低于欠压给定值时,仅关断上端输出。

表 1.2.7　IR2110 的引脚名称、功能和用法

引脚号	符号	名　称	功能或用法
1 7	LO HO	低端通道输出 高端通道输出	使用中,分别通过电阻接主电路中同桥臂下、上通道 MOSFET 的栅极。为防干扰通常在 1-2 脚与 7-5 脚间并接 10 kΩ 电阻
2 5	COM V_S	下通道输出参考地端 上通道输出参考地端	使用中,与 13 脚相连,接主电路桥臂中下通道 MOS-FET 的 S 极 使用中,与主电路上通道 MOSFET 的 S 极相连
3 6	V_{CC} V_B	低端固定电源电压端 高端浮置电源电压端	应用中,直接接输出级电源正极,并通过一较高品质的电容接 2 脚,6 脚通过高反压快恢复二极管接输出级电源,要求 $-0.5\ V \leqslant V_{CC} \leqslant +20\ V$
9 13	V_{DD} V_{SS}	输入级工作电源端 芯片工作参考地端	使用中,为防干扰通过一高性能去耦网络接地。可与 3 脚用同一电源,也可分开用两个独立电源。 使用中,与供电电源地端相连,所有去耦电容负端应接该端,同时与 2 脚相连
10 12	HIN LIN	上桥臂驱动脉冲信号输入端 下桥臂驱动脉冲信号输入端	使用中,接脉冲形成部分的对应两路输出,信号范围为 $V_{SS} - 0.5\ V \sim V_{CC} + 0.5\ V$
11	SD	保护信号输入端	应用中,接故障保护电路输出,电压范围同上。当 $V_{11} = H$ 时,输出信号恒为低电平(被封锁)
4,8,14	NC	空脚	使用中,悬空

(2)IR2110 的技术数据及特点

1)高端悬浮电源参考电压 V_S:500 V;

2)高端悬浮电源绝对值电压 V_B:$V_S + 10 \sim V_S + 20\ V$;

3)逻辑电源电压 V_{DD}:$V_{SS} + 5 \sim V_{SS} + 20\ V$;

4)逻辑电源参考电压 V_{SS}:$-5 \sim +5\ V$;

5)低端工作电源电压 V_{CC}:10 ~ 20 V;

6)低端输出电压 V_{LO}:$0 \sim V_{CC}$;

7)逻辑输入电压 V_{IN}:$V_{SS} \sim V_{DD}$;

8)输出电流峰值 I_{omax}:2 A;

9)最高工作频率 f_{max}:1 MHz(100 kHz);

10)开通延迟 $t_{d(on)}$:120 ns;

11)关断延迟 $t_{d(off)}$:90 ns;

12)输出通道数:2;

13)工作环境温度 T_A:$-40 \sim +125$ ℃。

IR2110 采用 HVIC 和无闩锁抗干扰 CMOS 工艺制作,具有独立的高端和低端输出通道;逻辑输入与标准的 CMOS 输出兼容;浮置电源采用自举电路,其高端工作电压可达 500 V,$du/dt = \pm 50$ V/ns,在 15 V 下的静态功耗仅有 1.6 mW;输出的栅极驱动电压范围为 10 ~ 20 V。逻辑电源电压范围 5 ~ 15 V。逻辑电源地电压偏移范围为 $-5 \sim +5$ V。IR2110 采用 CMOS 施密特触发输入,两路具有滞后欠压锁定,两通道间的延时误差不超过 ±10 ns。IR2110

通常适用于驱动单管斩波和单相半桥、全桥、三相全桥逆变器，或其他电路结构中的两个相串联或其他方式连接的高压 N 沟道功率 MOSFET 或者 IGBT，其下通道可直接驱动逆变器中的低端功率 MOSFET 或 IGBT，上通道则用来驱动高端功率 MOSFET 或 IGBT，典型应用电路如图 1.2.14 所示，图中自举电容 C 的容量值与开关频率、占空比和栅极充电电流有关，可按下式计算：

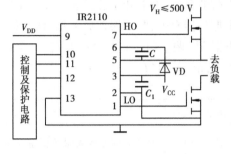

图 1.2.14　IR2110 的典型应用接线图

$$C \geqslant 2I_{QBS}t_{on}/(V_{CC} - 1.5 - 10)$$

式中　I_{QBS}——高边通道的静态电流；

　　　t_{on}——高边通道器件的导通时间；

　　　V_{CC}——逻辑部分的电源电压。

自举电容耐压不允许低于欠电压封锁临界值。当 $f \geqslant 5$ kHz 时，通常选 $C = 0.1\ \mu\text{F}$。

充电二极管 VD 应选 1 A/600 V 的超快恢复二极管。另外，还需在 V_{CC} 与 COM，V_{DD} 与 Vss 间连接两个旁路电容。建议 V_{CC} 与地间用 0.1 μF 陶瓷电容与 1 μF 钽电容并联。V_{DD} 与 COM 间只用一个 0.1 μF 的陶瓷电容即可。

2.2　单相、三相 PWM 和 SPWM 控制专用集成电路

2.2.1　TL494 脉宽调制器集成电路

TL494 是美国德州仪器公司最先生产的 PWM 发生器，除可用于开关电源类电力电子设备外，还可以用于直流调速、正弦波单相逆变电源等系统。

（1）结构及工作原理

TL494 采用标准双列直插式 16 引脚（DIP-16）封装，其引脚排列如图 1.2.15（a）所示，各

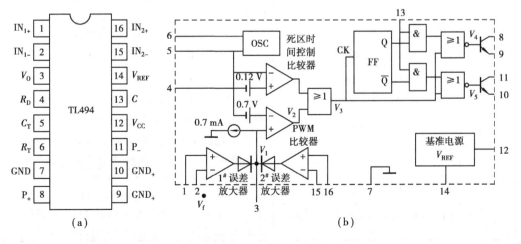

图 1.2.15　TL494 引脚排列及内部结构框图

引脚的名称、功能和用法见表1.2.8,图1.2.15(b)所示为其内部结构框图,该集成电路由一个振荡器OSC,两个误差放大器,两个比较器(死区时间控制比较器和PWM比较器),一个触发器FF,两个与门和两个或非门,一个或门,一个+5V基准电源,两个NPN输出功率放大用开关晶体管组成。

表1.2.8　TL494的引脚名称、功能和用法

脚号	代号	名　称	用法和功能
1	IN_{1+}	内部1#误差放大器同相输入端	在TL494用于开环系统时,该端可悬空或接地;TL494用于闭环系统时,该端可接被控制量的给定信号
2	IN_{1-}	内部1#误差放大器反相输入端	在TL494用于开环系统时,该端可悬空或接地;在TL494用于闭环系统时,该端可接被控制量的反馈信号,同时和引脚3之间接反馈网络
3	V_O	内部两误差放大器或输出端	在TL494用于开环控制时,可直接在该端输入被控制量的给定信号;在TL494用于闭环系统时,根据该端与引脚2之间所接网络的不同,可构成比例、比例积分、积分等种类的调节器
4	R_D	死区时间设置端	该端所接电平的高低,决定了TL494两路推挽输出方式下,在最大占空比时两脉冲之间的死区时间,引脚4接地时,死区时间最小,可获得最大占空比,死区时间在用于逆变器工作时,可防止同桥臂直通
5,6	C_T,R_T	设定振荡器频率(或输出PWM脉冲频率)用电容与电阻连接端	该两端所接电阻与电容值的大小决定了输出PWM脉冲的频率,该频率与C_T及R_T取值的乘积成反比。R_T通常取值5～100 kΩ,C_T通常取值0.001～0.1μF
7	GND	工作参考地端	与TL494的供电电源地相连
8,11	P_+,P_-	正脉冲输出端和负脉冲输出端	该两端输出的脉冲相位彼此互差180°,在TL494采用推挽互补输出时,这两路脉冲经放大隔离后可分别去驱动逆变桥中同桥臂的功率器件;在TL494单端工作时,该两端并联输出相同的脉冲信号,以扩大输出能力
9	GND_+	对应引脚8输出脉冲参考地端	使用中,一般与GND(引脚7)直接连接
10	GND_-	对应引脚11输出脉冲参考地端	使用中,一般与GND(引脚7)直接连接
12	V_{CC}	TL494工作电源连接端	接用户供电电源正端
13	C	工作方式选择控制端	该端为高电平时,TL494为推挽输出型,此时PWM脉冲频率为$1/(2R_TC_T)$,最大占空比为48%;该端为低电平时,两路输出脉冲相同,最大占空比为98%。使用中按用户是单端还是推挽输出接低电平或高电平
14	V_{REF}	基准电压输出端	该端输出一标准的5 V±5%基准电压,其温度稳定性很好,可用来作为给定信号或保护基准信号
15 16	IN_{2-} IN_{2+}	内部2#误差放大器反相与同相输入端	使用中,分别接用户保护信号的取样值和保护门槛设定电压,以进行故障(如过电流或过电压)保护

工作原理:5,6 脚接振荡频率电容、电阻后,OSC 在电容 C_T 上形成锯齿波,同时加给死区时间控制比较器与 PWM 比较器,死区控制比较器按 4 脚设定的电平高低输出相应宽度的脉冲信号;另一方面,当 2# 误差放大器输出的保护信号无效(为高电平时),则 PWM 比较器根据 1# 误差放大器输出的调节信号(或 3 脚输入的电平信号)与锯齿波比较,输出相应的 PWM 脉冲波,该脉冲波与死区时间控制比较器的脉冲相或后,一方面提供给触发器作为时间信号,另一方面提供给输出控制或非门,触发器按 CK 端的时钟信号,在 Q 和 $\overline{\text{Q}}$ 端输出相位互差 180° 的 PWM 脉冲信号。若 $V_{13} = \text{H}$,则该信号与前述的 CK 信号或非后经输出功率放大后输出;若 $V_{13} = \text{L}$,则两个与门输出恒为低电平,所以两个或非门输出相同的脉冲信号。若误差放大器用作保护比较器,保护动作发生时,3 脚被置为恒低电平,TL494 两路均输出低电平。

(2)TL494 的技术数据及特点

1)电源电压 V_{cc}:7 ~ 40 V(V_{ccmax}:45 V);

2)误差放大器输入电压 V_{INE}: $-0.3 \sim V_{cc} -2$ V;

3)输出负载驱动电流 I_{OD}:200 mA;

4)集电极输出驱动电流:250 mA;

5)集电极输出电压最大值:41 V;

6)耗散功率 P_D:100 mW;

7)C_T 值:0.47 ~ 0.01 μF;

8)R_T 值:1.8 ~ 500 kΩ;

9)工作频率:1 ~ 300 kHz;

10)工作温度范围 T_N: $-55 \sim +125$ ℃(军品),0 ~ 70 ℃(民品)。

TL494 为单相 PWM 专用集成电路,它含有两路独立的 40 V/200 mA 输出晶体管,精度高达 1% 的基准电压;两个误差放大器,可以很方便地改变脉宽及死区时间;具有滞后功能的欠电压封锁逻辑和双脉冲保护功能,可单端或双端推挽输出。TL494 的上述特点及性能,决定了它可以方便地用于开关电源、直流电机 PWM 调速、DC/DC 变换器等领域作为控制芯片。图 1.2.16 所示为 TL494 在有刷或无刷直流电机速度控制系统中的应用电路。

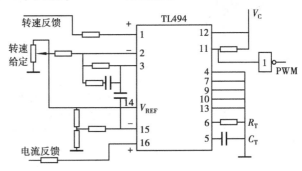

图 1.2.16　TL494 在直流电机速度控制中的应用电路

2.2.2　SG1525 PWM 控制器集成电路

(1)结构及工作原理

SG1525 是美国 SG 公司的第二代产品,是在 SG3524 的基础上增加了振荡器外同步、死区调节、PWM 锁存器以及输出级的最佳设计等。其引脚排列如图 1.2.17(a)所示,各引脚的名称、功能和用法见表 1.2.9。图 1.2.17(b)、(c)所示为其内部结构框图和波形图。该电路由基准电源,振荡器,误差放大器,PWM 比较器与锁存器,分相器,欠电压锁定,输出级,软启动以及关断电路等组成。TC15C25 与 SG1525 的内部结构,引脚排列及工作原理完全相同,不同之处仅在于 TC15C25 输出级采用 MOSFET,而 SG1525 输出级采用开关晶体管。

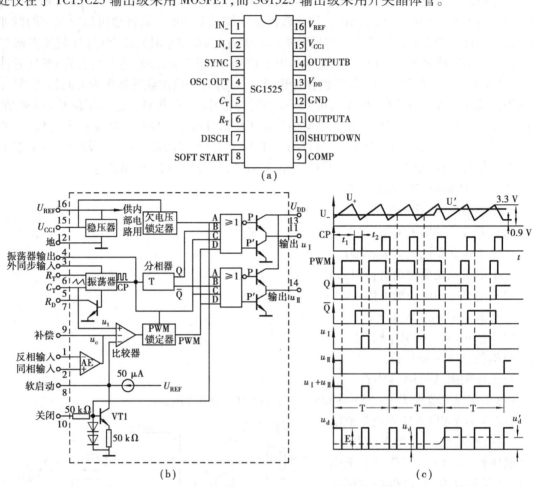

图 1.2.17 SG1525 引脚排列和内部结构框图、波形

表 1.2.9 TC35C25/TC25C25/TC15C25(DIP-16)的引脚名称、功能和用法

脚号	代 号	名 称	功 能 和 用 法
1	IN_	内部误差放大器反相输入端	在开环使用时,与引脚 9 相连构成跟随器,在 TC35C25 闭环使用时,该引脚一方面接给定,另一方面通过与引脚9所接网络的不同可构成比例,比例积分,积分调节器
2	IN_+	内部误差放大器同相输入端	闭环应用时,通过一个电阻接用户反馈信号;开环应用时,通过一个电阻接用户给定信号
3	SYNC	内部振荡器同步输入输出端	该端可输入或输出一个方波信号,可用来使振荡器与外部用户控制系统同步
4	OSC OUT	内部振荡器输出端	该端输出一个方波信号,可提供给用户系统做同步或其他用途

续表

脚号	代　号	名　　称	功　能　和　用　法
5	C_T	外接定时电容器连接端	通过一个电容 C_T 接地，C_T 的大小与输出 PWM 脉冲频率成反比
6	R_T	外接定时电阻器连接端	通过一个电阻 R_T 接地，R_T 的大小与输出 PWM 脉冲频率成反比，且与 C_T 一起决定内部振荡器的频率
7	DISCH	定时电容 C_T 的放电端	使用中，在该引脚与引脚 5 之间接一个电阻，以便 C_T 周期性放电
8	SOFT START	软启动电容连接端	使用中，通过一个电容接地，软启动时间与该电容值的大小成正比
9	COMP	误差放大器补偿端/输出端	开环使用时，与引脚 1 相连构成跟随器；闭环使用时，通过一个电阻或电容或电阻与电容的串联网络接引脚 1
10	SHUTDOWN	封锁端	使用中，通过一个高电平封锁输出脉冲，常接用户保护电路输出
11	OUTPUTA	正脉冲输出端	推挽输出时，接后续电路去控制逆变器的上桥臂功率管；单端输出时，与引脚 14 同时接地
12	GND	地端	与用户工作电源的地相连
13	V_{DD}	输出功率放大级电源连接端	推挽输出时，直接接用户提供的输出级电源；单端输出时，通过一个电阻接用户提供的电源，并作为单端脉冲输出端
14	OUTPUTB	负脉冲输出端	推挽输出时，接后续电路去控制逆变器的下桥臂功率管，单端输出时，与引脚 11 同时接地
15	V_{CC1}	除输出驱动级外的整个芯片工作电源连接端	接用户提供的芯片工作电源，亦可与引脚 13 共用一个电源
16	V_{REF}	参考电压输出端	该端输出一个温度特性极好的工作参考电源，使用中，可作为给定或保护的基准电源

工作原理：由双门限比较器、恒流电源及外部电容构成的振荡器，对电容 C_T 恒流充电，产生一个锯齿波电压（峰点为 3.9 V，谷点为 0.9 V），充电时间 t_1 决定于 $R_T C_T$，放电时间 t_2 决定于 $R_D C_T$，锯齿波周期为：

$$T = t_1 + t_2 = (0.67 R_T + 1.3 R_D) C_T$$

对应于锯齿波下降沿输出一时钟脉冲 CP，其宽度为 t_2，调节 R_D 可调节 CP 脉冲的宽度，这个 CP 脉冲决定了输出 I、II 脉冲间最小间隔时间，即死区（R_D 越大，死区越大）。在 3 端加入直流或高于振荡频率的脉冲信号，可实现外同步。CP 信号经分相器后输出两个相位相反的方波信号（频率为锯齿波频率 1/2），分别加至输出级两个门电路 B 端，而门电路 C 端加入 CP 信号，D 端加入 PWM 信号，则输出 $P = \overline{A + B + C + D}$，$P' = A + B + C + D$，分别驱动输出级上、下晶体管。在误差放大器 AE 2 端接给定电压，1 端接反馈电压，9-1 端间接适当的反馈网络，可构成调节器以满足系统动、静态特性的要求。误差放大器输出 u_c 和锯齿波电压 u_t 接入比较器，比较器便输出 PWM 信号。该信号经锁存器锁存，以保证在锯齿波一周期内只输出一个 PWM 脉冲信号。比较器反相输入端还接有软启动及关断电路，在 8、12 端之间接一数微法电容，即可在启动时使输出端的脉冲由窄逐步变宽，实现软启动功能。当各种故障，如过流、过压、短路、接地等高电平信号加于 10 端，可使 VT_1 导通，封锁输出。当电源电压 $V_{cc1}\leqslant 7$ V 时，欠电压锁定器输出一高电平，加到关闭电路，同时也加到输出级门电路以封锁输出。

（2）SG1525 **技术数据**（TC15C25）**及特点**

1）电源电压：5 ~ 18 V；

2）负载电流：连续 ≤ 100 mA，脉冲 ≤ 500 mA；

3）工作电源电流：1 mA（20 kHz）；

4）脉冲上升下降响应时间：50 ns；

5）封锁延迟：140 ns。

SG1525/TC15C25 具有逐脉冲封锁，软启动，外同步以及欠压滞后关断等功能，既可单端输出，亦可双通道独立输出。可用于开关电源，DC/DC 变换器，直流调速系统中。图 1.2.18 为 SG1525 用于不可逆直流调速系统的实例。

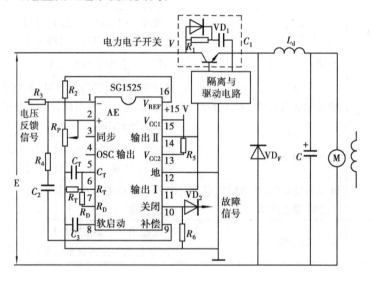

图 1.2.18 PWM 不可逆直流调速系统

2.2.3 HEF4752V 三相 PWM 及 SPWM 专用大规模集成电路

（1）结构及工作原理

HEF4752V 是英国 Mullard 公司生产的一种全数字化的三相 SPWM 信号形成大规模集成电路。它无需微机配合，属纯硬件实现 PWM 发生器，采用 LOCMOS 制造技术将大约 1 500 个门电路集成在 18 mm² 硅片上，封装成标准 28 脚双列直插型式，其引脚排列如图 1.2.19（a）所示。各引脚的名称、功能和用法见表 1.2.10。图 1.2.19（b）所示为其内部结构框图，该电路由三个计数器，一个译码器，三个输出级和一个试验电路组成（试验电路主要用于集成电路制造过程中的测试）。

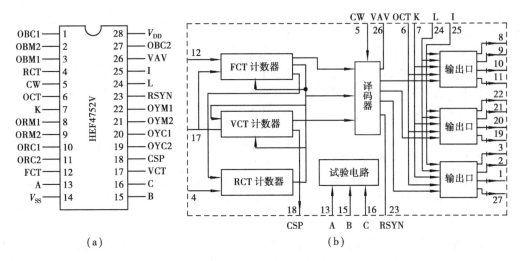

图 1.2.19　HEF4752V 引脚排列和内部结构框图

表 1.2.10　HEF4752V 引脚名称、功能和用法

引脚号	代号	名　　称	功　能　和　用　法
8	ORM1	R 相上、下端主开关器件驱动	直接接 R 相上、下端主开关器件驱动电路输入端
9	ORM2	信号输出端	
22	OYM1	Y 相上、下端主开关器件驱动	直接接 Y 相上、下端主开关器件驱动电路输入端
21	OYM2	信号输出端	
3	OBM1	B 相上、下端主开关器件驱动	直接接 B 相上、下端主开关器件驱动电路输入端
2	OBM2	信号输出端	
10	ORC1	R 相上、下端换相开关器件驱	用于晶闸管模式时，直接接 R 相上、下端换相晶闸管触发
11	ORC2	动信号输出端	功放输入；GTR 模式时，该引脚悬空
20	OYC1	Y 相上、下端换相开关器件驱	晶闸管模式，直接接 Y 相上、下端换相晶闸管触发功放输
19	OYC2	动信号输出端	入；GTR 模式，该引脚悬空
1	OBC1	B 相上、下端换相开关器件驱	晶闸管模式，直接接 B 相上、下端换相晶闸管触发功放输
27	OBC2	动信号输出端	入；GTR 模式，该引脚悬空
24	L	启动/停止控制端	GTR 模式，L = 低电平，所有主输出和换相输出全被封锁，L = 高电平，解除封锁；SCR 模式，L = 低电平，下侧元件连续触发，上侧元件被封锁，见图 1.2.20
25	I	SCR/GTR 模式选择端	I = 0，GTR 模式；I = 1，SCR 模式
7	K	互锁推迟时间设置端	使用中，根据器件种类与时钟输入频率 OCT 选择，K = 0时，互锁推迟时间：$8/f_{OCT}$ ms，触发频率：$f_{OCT}/8$ kHz，脉宽：$2/f_{OCT}$ ms；K = 1 时，分别为 $16/f_{OCT}$，$f_{OCT}/16$，$4/f_{OCT}$
5	CW	电机换相控制设置端	CW = 0，相序为 R，B，Y；CW = 1 时，相序为 R，Y，B
13	A	复位输入控制输入端	
15	B	测试电路用信号输入端	用户不用时，必须接地
16	C		
12	FCT	频率控制时钟输入端	时钟输入 FCT 控制逆变器输出频率 f_{OVT}，可实现变频调速
17	VCT	电压控制时钟输入端	当 f_0 = C 时，逆变器输出电压大小由 VCT 输入端控制，通过调节调制深度使输出电压变化，$f_{VCT} = 6\ 720 f_0$

续表

引脚号	代号	名称	功能和用法
4	RCT	参考时钟输入端	用于决定变频器的最大开关频率 $f_{RCT} = 280 f_{smax}$
6	OCT	推迟时间设置时钟 f_{OCT} 输入端	OCT端和K端共同作用决定推迟间隔的长短
18	CSP	逆变器开关脉冲输出端	使用中,可用来检测逆变器的实际工作频率
26	VAV	输出电压模拟信号端	可用来模拟逆变器输出线电压的平均值。使用中,可用来在 f_{VCT} 闭环控制中做校正或补偿使用
23	RSYN	R相同步信号输出端	其脉冲输出频率 $= f_{OVT}$,使用中,可作为示波器外同步触发脉冲
28	V_{DD}	电源正极性端	使用中,分别接工作电源及地端。为抗干扰及提高可靠性,28-14间应接旁路电容网络,并尽可能靠近芯片
14	V_{SS}	电源负极性端	

工作原理:三个输出口分别对应于逆变器的 R,Y,B 三相,每个输出口包括主开关输出端(M_1 和 M_2)和换相辅助开关信号输出端(C_1 和 C_2)两组信号。后者是为晶闸管逆变器设置的,由控制输入端 I 来确定输出控制信号的形成,当 I 为高电平时,为晶闸管工作方式,输出波形如图 1.2.20(b)所示,主输出为占空比 1:3 的触发脉冲串,换相输出为单脉冲。在这种方式下,K 端电平和 OCT 时钟频率控制主输出触发脉冲串的频率。当 I 为低电平时,为晶体管工作方式,输出波形如图 1.2.20(a)所示。

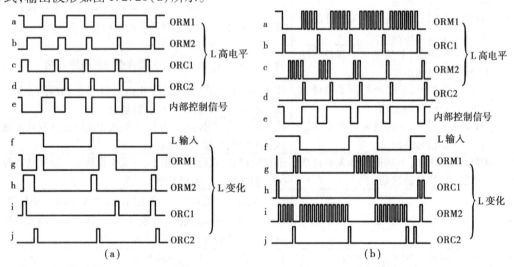

图 1.2.20　HEF4752V 用于晶体管模式和晶闸管模式的典型输出波形

HEF4752V 输出的 SPWM 控制信号,是由调制后的载波脉冲得到的,载波脉冲采用双沿调制方式,即脉冲前后沿各用一个可变的时间间隔 δ_i 调制。为减少低频时的谐波影响,在低频时适当提高开关频率与输出频率的比值,采用多载波比分段自动切换方式,有 15,21,30,42,60,84,120,168 八个载波比区段,对每一个载波比,译码器中存储着一组与之对应的 δ 值,处理后分成相移为 120° 的三相输出。这种方式不但调制频率范围宽,而且可与输出电压同步调节。

逆变器的输出是由四个时钟输入来控制的:①频率控制时钟 FCT(由压控振荡器提供),用来控制逆变器输出频率。②电压控制时钟 VCT(由压控振荡器提供),用来控制逆变器输出的基波电压。③参考时钟 RCT(为固定时钟),用来设置最大逆变开关频率。④推迟输出时钟 OCT,用来设置死区时间间隔,以防同一桥臂中的直通故障。

（2）HEF4752V 的技术数据及特点

1）工作电源电压 V_{DD}:3 ~ 18 V;

2）输入漏电流:0.3 μA;

3）输出高电平(最小):3.5 V($V_{DD}=5$ V);7 V($V_{DD}=10$ V);

4）输出低电平(最大):1.5 V($V_{DD}=5$ V);3 V($V_{DD}=10$ V);

5）输出高电平:4.95 V($V_{DD}=5$ V);9.95 V($V_{DD}=10$ V);

6）输出低电平:0.05 V;

7）输出电流 I_{OL}:0.38 mA($V_{DD}=5$ V);1.17 mA($V_{DD}=10$ V);

8）输出电流 $-I_{OH}$:0.5 mA($V_{DD}=5$ V);1.5 mA($V_{DD}=10$ V);

9）总电源电流:2 mA;

10）正弦调制最高开关频率 f_{smax}:10 ~ 70 Hz;

11）输出正弦调制频率范围 f_o:4 ~ 71.3 Hz;

12）使用温度范围 T_A:0 ~ 70 ℃。

HEF4752V 芯片功能比较齐全,除可提供三相 PWM 和 SPWM 控制脉冲,驱动六个开关组成的逆变桥产生对称三相输出外,还可产生适用于 GTR 或晶闸管的两种不同形式的驱动信号。对后者,具有可调死区封锁时间,以防同一桥臂直通故障。控制方式可以是模拟的,也可以是数字的,为采用微机技术创造了条件。可用于三相交流电动机变频调速,三相逆变电源,单相 AC-DC-AC 变频电源系统和不间断电源中作为中心控制器件,输出频率在 1 赫兹 ~ 上百赫兹间连续可调。图 1.2.21 为 HEF4752V 在正弦逆变电源系统中的应用电路。

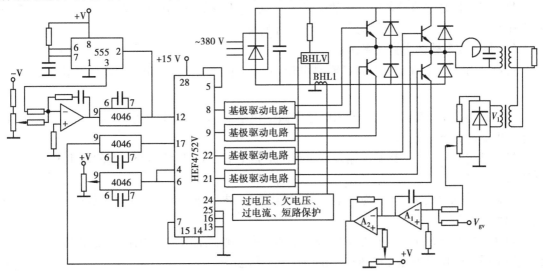

图 1.2.21 HEF4752V 在正弦波逆变电源系统中的应用电路

第**3**章
电力电子配套元件

3.1 变压器

变压器是借助磁电变换原理对一次、二次侧绕组电压进行变换的,以满足输电、供电和用电要求的电器设备,按其用途可分为电力变压器和特种变压器两大类。在电力电子设备中常用的有整流变压器、脉冲变压器以及电压、电流互感器等。

3.1.1 整流变压器

整流变压器是整流设备中重要的组成部分,是整流设备的电源变压器,它用来将交流电网的电压变换成一定大小和相数的电压后再进行整流。

(1)整流变压器的主要技术指标

1)额定容量 S_n(kVA):为额定输出电压与额定输出电流的乘积(三相变压器还应乘以$\sqrt{3}$)。

2)空载电流 I_o(%):指额定输入电压和额定频率下,不带负载的变压器的输入电流,以额定输入电流的百分值表示。

3)空载电压 U_0(V):指额定输入电压和额定频率下,不带负载的变压器的输出电压(三相变压器为线电压)。

4)额定输入电流 I_{1n}(A):为额定频率和额定输入电压下,变压器带额定负载时的输入电流(三相变压器为线电流)。

5)额定输出电压 U_{2n}(V):指额定输入电压、额定频率、额定输出电流及规定温度下,功率因数为 1 时的变压器的输出电压(三相变压器为线电压)。

6)电压上升率 U_A(%):指额定输出电压和空载电压之差,在额定频率和 $\cos \phi = 1$ 时,以额定输出电压的百分值表示。

7)短路电压 U_K(%):指输出端短路时,一次绕组流过额定输入电流时加在变压器输入端子上的电压。以额定输入电压百分值表示。

表 1.3.1 为天津某公司的部分单相、三相变压器的技术数据和外形安装尺寸。图 1.3.1

为变压器的外形结构图。产品型号组成为：

表 1.3.1 单相、三相变压器的技术数据和外形安装尺寸

型 号	额定容量 kVA	空载电流 $I_0\%$	空载电压上升率 $U_A\%$	短路电压 $U_K\%$	外形尺寸			安装尺寸			重量 kg	结构
					I_1	b_1	h	n_2	n_1	d		
DK2D-0.8-0.1	0.1	45	10.3	6.2	96	76	83	80	60	6	2.5	
DK2D-0.8-0.4	0.4	20	5.4	4.2	114	100	98	100	80	7	5	立式
DK2D-0.8-1	1	20	3	2.5	134	140	114	140	120	7	11	
DKDG3-0.8-2.5	2.5	16	5.8	4.4	234	150	266	120	110	9	26	
DKDG3-0.8-10	10	8	3.3	3.3	325	150	416	200	120	11	74	立式
DKDG3-0.8-50	50	4.3	1.9	3.1	530	240	578	280	180	13	250	
DKSG3-0.8-1	1	17	5.5	4	214	95	154	140	100	9	11.5	
DKSG3-0.8-50	50	4	2.4	3	600	240	578	520	180	13	305	立式
DKSG3-0.8-100	100	3	2	3.4	820	280	708	660	200	13	560	

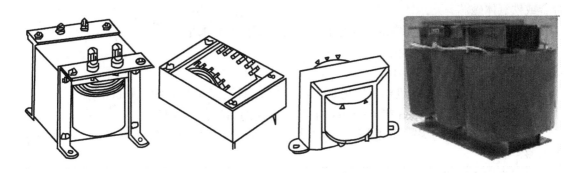

图 1.3.1 单相、三相立式变压器外形图

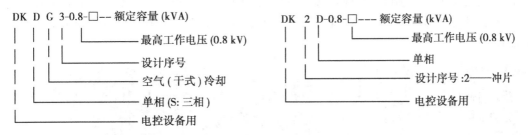

（2）变压器的测试方法

1）直观检查：观察变压器线圈外层绝缘介质有无发黑、炭化，或因跳火而造成的焦孔，各引线、引脚有无断线或松动。

2）直流电阻的测量：用精度较高的万用表测各绕组的直流电阻值，再根据绕组的匝数及线径，查出漆包线的 Ω/km，两者进行比较，就可粗略判断出线圈的好坏。若阻值远大于正常值，说明该线圈接触不良或断路；若阻值远小于正常值或等于零，说明线圈有短路故障。

3）绝缘性能的检测：变压器线圈与铁芯间、各线圈间的绝缘性能可用 500～1 000 V 兆欧表检测，其绝缘电阻应不小于1 000 MΩ。如没有兆欧表，也可用万用表 10 kΩ 挡检测，此时指针应不动。

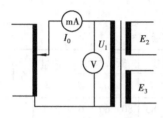

图 1.3.2　变压器通电检测

4) 通电检测:测量电路如图 1.3.2 所示,先不加负载。通电后,应随时注意被检测变压器有无异常反应。若发现线圈发烫、跳火、冒烟应及时切断电源。若无异常情况,可将调压变压器输出电压逐渐调至 220 V,这时交流电流表指示为 I_0,变压器空载时功率为 $P_0 = U_1 I_0$,P_0 若不大于电源变压器标称功率的 10% 为正常。然后用万用表依次测量次级绕组电压 E_2、E_3,其电压值应比满载输出电压大 5% ~ 10%。

3.1.2　脉冲变压器

脉冲变压器可用来变换脉冲电压或电流,改变脉冲极性、阻抗匹配、隔离电位和组成反馈等。对脉冲变压器最基本的要求,是要求变换脉冲波形时畸变最小。矩形脉冲具有陡峭的前沿和极平坦的平顶,减少脉冲变压器的分布电容和漏感,可降低变换脉冲波形的畸变,而加大磁化电感,则可使得变换脉冲具有最小的平顶降和降低涡流损耗,另外,铁芯材料的特性、绝缘材料等都对脉冲波形畸变有影响。根据不同的用途,常用铁芯材料有冷轧取向硅钢薄带、坡莫合金或铁氧体磁芯。

对用于晶闸管控制回路中的小功率触发脉冲变压器的要求是:

1) 传递脉冲波形的失真要小;

2) 脉冲变压器的损耗要小;

3) 要有较宽的脉宽,一般要求达到 60° ~ 120°/周,对工频则为 3 330 ~ 6 660 μs;

4) 前沿上升要很陡,最好在 1 ~ 5 μs 内,将欲开通的晶闸管同时开通;

5) 平顶下降 λ 约为输出电压 U_2 的 20% ~ 30%,若工作在窄脉冲波形,那么 λ 应小于 10%;

6) 后沿回零的宽度 t_f 应不超过 200 μs。

此外,装配工艺的差别也将使输出脉冲波形发生畸变。如在磁路中增加 20 μm 左右的空隙,可以改善脉冲波形。图 1.3.3 为部分脉冲变压器的外形结构图,脉冲变压器的主要技术数据见表 1.3.2。

图 1.3.3　脉冲变压器的外形图

表 1.3.2　脉冲变压器的技术数据

型　号	变　比	抗电强度 /kV	输出绕组	触发方式	传输脉宽/μs	前沿上升时间 /μs	输入脉冲幅值 /V	输出脉冲幅值 /V	伏微秒积 /V·μs	适　用
KMB-0111	1:1		1	单脉冲或脉冲串			8	6		100 A 以下晶闸管
KMB-0121	2:1	3.5	1				15	6		
KMB-0131	3:1		1				24	6		
KMB-0112	1:1:1		2				8	5.5		
KMB-0511	1:1		1	单脉冲或脉冲串			8	5.2		1 000 A 以下晶闸管
KMB-0521	2:1	3.5	1				15	5.0		
KMB-0531	3:1		1				24	5.2		
KMB472/101	1:1		1	单脉冲或脉冲串			8			
KMB472/104	1:1:1	3.5	2		80	≤0.5	8	≥4		
KMB472/951	2:1		1				15			
KMB472/211	2:1:1		2				15			
KMB418/079	1:1		1	脉冲串			8		960	
KMB418/080	1:1:1	5	2		500	≤0.5	15	≥6.5	960	
KMB418/201	2:1		1				15		1 800	
KMG208-101	1:1		1	单脉冲或脉冲串			8			1 000 A 以上的晶闸管或 IGBT
KMG208-201	2:1	>15	1		>1 ms	≤1	16	≮7.8		
KMG208-301	3:1		1				24			
KMB-4003	1:1:1		2	单脉冲或脉冲串		≤0.5	24			中高频电路的晶闸管及场效应管
KMB-4004	1:1	5	1			≤0.2	24	≥24		
KMB-4005	1:1:1		2			≤1	24			
KMG288-101	1:1		1	脉冲列			8			
KMG288-201	2:1	>15	1		>100	≤0.25	15	>1 A	>15 000	
KMG288-301	3:1		1				24			

3.2　电抗器

3.2.1　平波电抗器

晶闸管整流装置输出的整流电流是脉动直流,尤其是控制角 α 较大时,输出电压的脉动更为严重,引起负载电流脉动加剧,甚至出现电流断续现象。为使负载上能获得平滑的直流电流,常在整流电路与直流负载间串入一带空气隙的铁芯电抗器——平波电抗器 L_d,以减小负载电流中的脉动成分,并使负载电流最小时也能维持电流连续。

（1）**主要用途**

平波电抗器用于变流器的直流侧,其主要用途是将叠加在直流电流上的交流分量限制在某一规定的数值,并改善功率因数。平波电抗器也可用于并联变流器间的直流侧解耦,降低断续极限,限制环流控制线路中的环流,以及应用在直流快速开关切断故障电流时限制电流的上升率。平波电抗器还被用在电流型、电压型变频器中间回路的直流的平波,或用于整流电源的平波,以消除纹波。

（2）**平波电抗器的主要技术数据**

1）直流电流 I_d:平波电抗器流过的是脉动直流电流,有平均值分量和交流分量,I_d 是指直流电流的平均值。

2）额定电流 I_{dn}:是指在额定的电流脉动条件下,电抗器允许的长期工作的直流电流平均值。

3）直流电流的脉动率 W_i:　　　　　$W_i = I_{eff}/I_{av} \times 100\%$。

式中　　I_{eff}——交流电流分量的有效值;I_{av}——直流电流的平均值(空心电抗器,无需考虑直流脉动率)。

4）微分电感(简称电感)L:随电流的增大而下降。电感的特性由铁芯中气隙的大小决定,所选取的气隙越大,电感的特性越接近空心电抗器的特性,如图 1.3.4 所示。

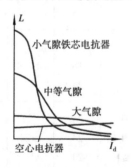

图 1.3.4　铁芯电抗器和空心电抗器的电感特性　　图 1.3.5　平波电抗器的外形图

5）额定微分电感 L_n:是指通以额定电流时,电抗器对规定交流脉动(直流电流脉动率)具有的电感。

6）能量 E:电抗器的能量　　　　　$E = \dfrac{1}{2}LI_d^2(\mathrm{W_S})$。

表 1.3.3 为天津同德实业有限公司的部分平波电抗器的技术数据。图 1.3.5 为电抗器的外形图。产品型号组成为:

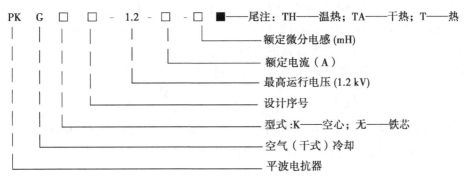

（3）**电抗器的测试方法**

1）直观检查：外层绝缘介质应无发黑、炭化、焦孔等。引脚、引线应无松动。

2）通断检测：万用表 $R \times 1\ \Omega$ 挡进行测试，如阻值很小，说明线圈是通的；否则，说明断路或接触不良。

3）绝缘性能的检测：线圈与铁芯间绝缘电阻应不小于 $1\ 000\ M\Omega$。

表 1.3.3　平波电抗器的技术数据

型　号	额定电流 I_{dn}/A	额定微分电感 L_{dn}/mH	能　量 E_S/W_S	重　量 /kg	外　形			安　装		
					L_1	b_1	h	n_2	n_1	d
PKG3-1.2-10-80	10	80	4.5	14	135	120	225	80	100	7
PKG3-1.2-50-5	50	5	6.3	16	155	120	255	100	90	16
PKG3-1.2-56-10	56	10	16	34	195	130	310	140	120	9
PKG3-1.2-200-1.12	200	1.12	22.5	44	195	130	340	140	120	9
PKG3-1.2-200-10	200	10	200	240	380	230	560	280	200	13
PKG3-1.2-500-2	500	2	250	320	380	290	560	280	260	13
PKG3-1.2-800-2.5	800	2.5	800	780	600	340	880	420	300	17
PKG3-1.2-1000-12.5	1 000	12.5	6 300	3 600	777	620	1 350	680	560	31

3.2.2　进线电抗器

（1）**主要用途**

进线电抗器也称输入电抗器、换相电抗器，主要用于电网进线侧或变频器、调速器电源侧，里面通过的是交流，它的作用是限制变流器和交-直-交变频器中的变流器换相时电网侧的压降和晶闸管导通时的电流上升率 di/dt，以及电压上升率 du/dt，抑制谐波以及并联变流器组的解耦。它还能限制电网电压的跳跃或电网系统操作时产生的电流冲击，改善电源电压的波形。当电网短路容量与变流器、变频器容量比大于 33∶1 时，网侧进线电抗器的相对电压降，对单象限工作为 2%，四象限为 4%。

（2）**进线电抗器的技术指标**

1）额定交流电流 I_{Ln}：是电抗器的长期工作电流，它考虑了足够的高次谐波分量。

2）最大交流电流 I_{Lmax}：是相对于电抗器电压降 ΔU 的交流电流。（有两种电抗器：$I_{Ln} = I_{Lmax}$ 和 $I_{Ln} = 0.8 I_{Lmax}$ 电抗器）。

3)电压降 ΔU:是通以最大交流电流 I_{Lmax} 时,电抗器的相电压降。

4)相对压降 U_D:是电抗器的电压降 ΔU 与电网进线的相电压 U_P 之比的百分数。

5)额定电压 U_n:指进线电抗器连接的电网的线电压。

6)电感 L_X:是电抗器的相电压降为 ΔU 时的相电感。

$$L_X = \frac{\Delta U}{100\pi \cdot I_{Lmax}} \times 10^3 = \frac{10 \cdot \Delta U}{\pi \cdot I_{Lmax}}(mH)$$

进线电抗器电感 L 与铁芯绕组和气隙有关,它是铁芯饱和状态的函数,因而与交流电流 I_L 有关,在整个电流范围内,电感的典型特性如图 1.3.6 所示。

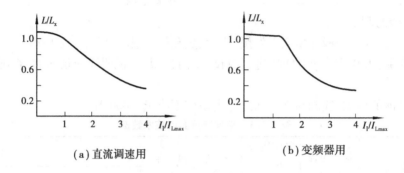

（a）直流调速用　　　　　　　（b）变频器用

图 1.3.6　进线电抗器的电感特性

表 1.3.4 为天津同德实业有限公司的部分进线电抗器的技术数据,图 1.3.7 为进线电抗器外表图。产品型号组成为:

HK □ G 2-0.8 - □ - □ ▨ —— 尾注:TH——湿热;TA——干热;T——热

通以最大电流时的电压降

额定电流

最高运行交流电压 0.8 kV

设计序号

空气（干式）冷却

相数:S——三相;无——单相

换相电抗器

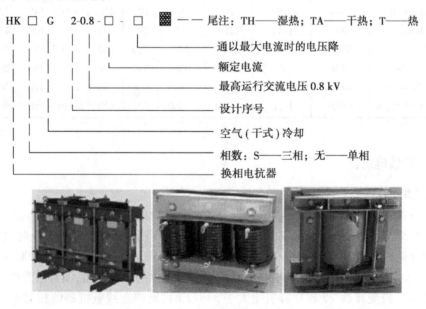

图 1.3.7　进线电抗器外形图

表 1.3.4　进线电抗器的技术数据(直流调速)

型　号	额定 I_{Ln}/A	最大 I_{Lmax}/A	额定电压 U_{n}/V	I_{Lmax}50 Hz电压降 ΔU/V	额定容量 $Q \leqslant$ VAR	能量 E $\leqslant W_{\text{s}}$	重量 /kg	外形尺寸			安装尺寸		
								l_2	b_1	h	n_2	n_1	d
HKG2-0.8-20-4.4	20	20	230	4.4	80	0.25	1.0	66	76	58	40	60	6
HKG2-0.8-20-8.8	20	20	230	8.8	250	0.6	2.5	96	76	83	80	60	6
HKG2-0.8-50-15.2	50	50	400	15.2	1 000	3.2	8.0	134	120	114	120	100	7
HKSG2-0.8-100-4.4	100	100	400	4.4	1 400		7.5	148	80	135	120	60	7
HKSG2-0.8-500-4.4	500	500	400	4.4	8 000		40	226	150	240	180	120	10
HKSG2-0.8-1 000-4.4	1 000	1 000	400	4.4	12 000		50	256	150	260	220	120	10

3.2.3　均衡电抗器

均衡电抗器的作用是使两台直流调速器输出电流得到均衡,它是一个双值电抗器,对 50 Hz 的电流频率而言,在 $0.2I_{\text{dn}}$ 和 I_{dmax} 时的电感值分别为 L_{D1} 和 L_{D2}。

$$L_{\text{D1}} = 0.296 \times 1.35U_{\text{n}}/0.2I_{\text{dn}} \approx 2U_{\text{n}}/I_{\text{dn}}(\text{mH})$$
$$L_{\text{D2}} = 0.296 \times 1.35U_{\text{n}}/0.33I_{\text{dmax}} \approx 1.21U_{\text{n}}/I_{\text{max}}(\text{mH})$$

式中　U_{n}——交流电源电压额定值;

I_{dn}——直流电动机电流额定值的 1/2;

I_{dm}——直流电动机电流最大值的 1/2。

3.3　互　感　器

3.3.1　普通互感器

互感器是电力系统中供测量和保护用的重要设备,是特殊形式的变压器。互感器能把交流高电压、大电流变换成低电压、小电流供给仪器、仪表和保护、控制装置。互感器分为电压互感器和电流互感器两大类,其用途和分类见表 1.3.5。

互感器的作用:

1)使仪表、电力电子装置等与高电压的主电路绝缘,以确保人身安全和简化仪表结构。

2)使高电压、大电流变换成标准值(100 V 或 $100/\sqrt{3}$ V,5 A 或 1 A)。

3)扩大仪表的适用范围,测量系统电压、电流和电能,实现系统过载、短路和接地等保护。

(1)电流互感器

电流互感器的外形和原理接线图如图 1.3.8(a)、(b)所示。它是按电磁感应原理工作的,其结构特点是:一次线圈只有一匝或数匝(有的直接穿过铁芯),其电流仅取决于被测电路的负荷电流;二次线圈绕组匝数较多,导线细。

表 1.3.5　互感器的用途与分类

类　别	分类方法	主要种类	用　途
电流互感器	一次绕组匝数	1. 单匝(母线式,芯柱式,套管式) 2. 多匝(线圈式,线环式,串联式)	供电压、电流和功率测量以及继电保护用
	一次电压高低	1. 高压 ;2. 低压	
	准确级次	1. 测量用:0.1,0.6,1.3,5 等级 2. 保护用:5 P,10 P 两级	
电压互感器	绝缘冷却方式	1. 干式;2. 油浸式;3. 电容分压式; 4. 瓷箱式;5. 浇注式	
	35 kV 及以下	1. 单相式;2. 三相式	
	110 kV 及以上	单相式	
	准确级次	1. 测量用:0.1,0.2,0.5,1.3 等级 2. 保护用:3 P,6 P 两级	

图 1.3.8　普通电流互感器外形及原理图

电流互感器的型号含义如下:

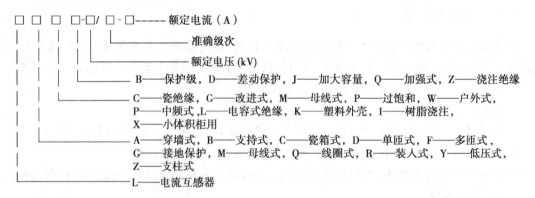

1)电流互感器的主要技术参数有:

①额定电压:一次绕组所接线路的电压,它标志的是一次绕组与二次绕组间的绝缘水平。

②额定一次电流:所接线路的额定电流。

③额定二次电流:互感器二次绕组的电流,通常为 1 A 或 5 A。

④额定电流比:额定一次电流与额定二次电流之比。

⑤准确级和误差限值。

2)电流互感器的额定电压等级有:0.5,10,15,20,35,60,110,220,330,500 kV。

3)电流互感器的额定一次电流有：5,10,15,20,30,40,50,75,100,150,200,（250）,300, 400,（500）,600,（750）,800,1 000,1 200,1 500,2 000,3 000,4 000,5 000,6 000,8 000, 10 000,15 000,20 000,25 000 A。

4)电流互感器的额定二次电流有：1,5 A。

5)电流互感器的额定二次负荷的标准值为：5,10,15,20,25,30,40,50,60,80,100 VA。

电流互感器的种类及型号较多,表1.3.6列出了部分电流互感器的技术参数。

必须强调指出:电流互感器二次侧不允许开路,并且应有一点接地,如图1.3.8(b)所示。也不允许长时间过负荷。电流互感器的简单检测判断方法同变压器检测判断。

表1.3.6 电流互感器技术参数

型 号	额定电流比	准确级次	二次负荷/Ω	10%倍数	1秒稳定倍数	动稳定倍数	重量/kg	额定电压/kV	用 途
LA-10	5～200/5	0.5、1、3	0.4、0.4、0.6	10	90	160		10	380 V 及以下线路
LBJ-10	6～800/5	0.5、1、D	1、1、0.8	50	50	90		10	380 V 及以下线路
LFZ1-10	5～200/5	0.5、1、D	0.4、0.4、0.6	90		160		10	10 kV 及以下线路
LDZ1-10	400～1 000/5	0.5、1、3	0.4、0.4、0.6		50	90	20		10 kV 及以下线路
LZX-10	5～100/5	0.5、3、D	0.4、0.6、0.6	15	10	225	16		10 kV 及以下线路
LMK-0.5	5～150/5	0.5	0.2、0.3				9		500 kV 及以下线路
TA-502/2.5	5 A/2.5 mA	0.1							电力仪表,通信仪表
TA-103/10	10 A/10 mA	0.1							电力仪表,通信仪表
TA-503/10	50 A/10 mA	0.1							电力仪表,通信仪表
VHL-X	10(60) A/10 mA	0.1							单相或三相
VHL-M	20(100) A/20 mA	0.1							单相或三相

（2）电压互感器

电压互感器的外形和原理接线图如图1.3.9(a)、(b)所示,它也是按电磁感应原理工作的。电压互感器的结构特点是:一次绕组匝数很多,二次绕组匝数很少。工作时,一次绕组并接在供电系统的一次电路中,二次绕组连接仪表、继电器等,当一次绕组电压变化时,二次绕组电压也随之成比例变化,故可通过测量二次绕组的电压,间接地测得一次绕组的高电压。

（a）   （b）

图 1.3.9 普通电压互感器外形及原理图

1）电压互感器的型号含义如下：

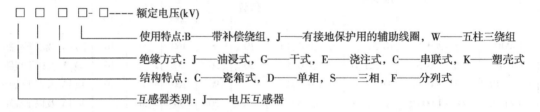

2）电压互感器的主要技术参数有：

①额定一次电压：保证互感器正常工作的电压，应与所接线路的额定电压相同。

②额定二次电压：互感器二次绕组的工作电压，它通常是 100 V 或 100/$\sqrt{3}$ V。

③额定电压比：额定一次电压与额定二次电压之比。

④准确级次和误差限值。

部分电压互感器的技术参数见表 1.3.7。

表 1.3.7 电压互感器的技术参数

型　号	额定电压/kV			二次负荷/VA			最大容量/VA	准确级	额定输出	重量/kg	用　途
	一次绕组	二次绕组	辅助绕组	0.5 级	1 级	3 级					
JDG-0.5	0.22/0.38	0.1		15~25	25~40	50~100	220			8	
JDZJ-6	6/$\sqrt{3}$	0.1/$\sqrt{3}$	0.1/3	30	50	120	200			16	10 kV 及以下中性点不接地线路
JDZB-10	10/$\sqrt{3}$	0.1/$\sqrt{3}$	0.1/3	50	80	200	400			18.5	
JDG6-0.38	0.38	0.1		15	25	60	100				380 V 的线路
JSJW-3	3	0.1	0.1/3	50	80	200	400				10 kV 及以下线路
HJ8/1	0.1~0.5	0.1						0.05	5		仪用
TV-220/1.8	220 V	1.8 V						0.1			电力仪表
TV-380/1.8	380 V	1.8 V						0.1			电力仪表

必须强调指出:电压互感器二次侧不允许短路,必须接地。

3.3.2　LEM 互感器

LEM 互感器是利用霍尔效应进行电流、电压检测的一种新型检测装置,又称 LEM 电流、电压传感器。其反应速度可达 $0.5~\mu s$,一次、二次侧绝缘性能达 2 kV,而且无惯性,线性度好,体积小,重量轻,安装简便。既可测直流,又可测交流,还可测脉冲电流。

(1)分类及工作原理

LEM 电流传感器分为直测式霍尔电流传感器和磁平衡霍尔电流传感器两种,其工作原理为:直测式霍尔电流传感器是将原边电流 I_P 产生的磁通量聚集在磁路中,并由霍尔器件检测出霍尔电压信号,再经放大器放大,该电压信号精确地反映原边电流。磁平衡霍尔电流传感器是将原边电流 I_P 产生的磁通量与霍尔电压经放大产生的副边电流 I_S 通过副边线圈所产生的磁通量相平衡,副边电流 I_S 精确地反映原边电流。LEM 电压传感器为磁平衡霍尔电压传感器,其原理与磁平衡霍尔电流传感器类似,只是将原边电压 V_P 通过原边电阻 R_1 先转换为原边电流 I_p。

(2)LEM 产品型号命名方法

```
□ □ □ - □ / × × ------ 特殊性能:2——系统带有 2 个霍尔件,SP——为特殊要求而设计
 │  │  │       └────── 结构:P——印刷线路板安装,S——带原边电流排通过的孔洞,T——带原边电流排
 │  │  └───────────── 额定值:电流——A,电压——V
 │  └──────────────── 分类:T——圆形孔电流传感器,A——矩形孔电流传感器,V——电压传感器
 └─────────────────── L——LEM 系列,A——光隔新品,C——磁调制新品
```

其中,LTS,LT,LTC 为圆孔形磁平衡霍尔电流传感器,LA 为矩形孔磁平衡霍尔电流传感器,LV 为磁平衡霍尔电压传感器,BLYK,BLY,BLFK,BLF 为直测式霍尔电流传感器。

(3)LEM 传感器的主要技术指标

1)原边额定电流 I_{PN}:传感器可承受的最大持续电流有效值。

2)原边电流测量范围 I_P:允许瞬时工作的最大峰值电流所限制的测量区域。

3)测量电阻 R_M:可获得正确测量的负载电阻值。

4)副边额定电流 I_{SN}:比例模拟输出电流。

5)电源电压 V_C:适合传感器的电源电压范围。

6)电流消耗 I_{CO}:当原边被测电流(I_P)为 0 时,在标称供电电源状态下电路的最大电流消耗值。

7)线性度 ξ_L:在全范围内相对于额定电流 I_{PN} 的非线性百分比误差。

8)绝缘测试交流电压有效值 V_d:施加在原边和副边电路间的 1 分钟 50 Hz 最大测试电压值。

9)响应时间 t_r:输出信号(I_S 副边)与被测信号(I_P 原边)分别上升至满幅值的 90% 点之间的时间差。

10)频带宽度 f:从 0 Hz 至截止频率(−3 db 衰减)频率范围。

LEM 传感器的外形和磁平衡霍尔电流传感器的原理图如图 1.3.10(a)、(b)所示。

部分 LEM 电压、电流传感器的技术参数见表 1.3.8。

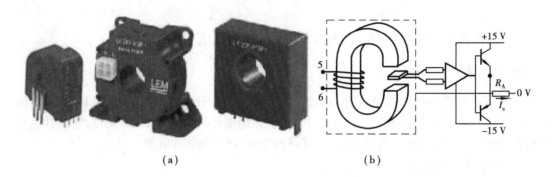

（a） （b）

图 1.3.10　LEM 传感器外形及原理图

表 1.3.8　LEM 电流、电压传感器的技术参数

型　　号	原边额定电流 I_{PN}/A	原边电流测量范围 I_P/A	副边额定电流 I_{SN}/mA	副边额定电压 V_{SN}/V	测量电阻 R_M/Ω	电源电压 V_C/V	电流消耗 I_C/mA	交流绝缘检测电压 V_d/kV	线性度 ξ_L/%	总精度 X_G/%	响应时间 t_r/μs	频带宽度 f/kHz	环境操作温度 T_A/℃
LA200-P	200	0 ~ ±300	100		0 ~ 30	±12 ~ ±15	16	3	<0.15	±0.4	<1	0 ~ 100	−25 ~ +85
LT109-S7	100	0 ~ ±150	50		0 ~ 136	±12 ~ ±15	28	6	<0.1	±0.6	<1	0 ~ 100	−10 ~ +70
LT209-T7	200	0 ~ ±300	100		0 ~ 50	±12 ~ ±15	28	6	<0.1	±0.5	<1	0 ~ 100	−10 ~ +70
LT508-S6	500	0 ~ ±800	100		0 ~ 40	±15 ~ ±18	20	6	<0.1	±0.4	<1	0 ~ 100	−10 ~ +70
LT2005-S/T	2 000	0 ~ ±3 000	400		0 ~ 7.5	±15 ~ ±24	33	6	<0.1	±0.3	<1	0 ~ 100	0 ~ +70
BLFK300-S3	300	600		4		±12 ~ ±15	35	6	±1		<20	0 ~ 0.5	−10 ~ +70
LV-100	10 mA	100 ~ 2 500 V	50		0 ~ 150	±15	10	6	<0.1	±0.7	20 ~ 100		0 ~ +70
LV28-P	10 mA	10 ~ 500 V	25		100 ~ 350	±15	10	2.5	<0.2	±0.6	40		0 ~ +70

（4）LEM 传感器使用注意

1）电流传感器原边电流穿行方向须严格按规定执行。

2）电压传感器无内置电阻时，必须先串联相应电阻，得到规定的原边电流，电压极性必须按规定接入。

3）电流输出型传感器的测量电阻不得超出规定的上限和下限，电压输出型传感器的测量电阻越大越好，其下限不得小于规定值。

4）电流传感器的瞬时过载能力可达 20 倍，电压传感器的瞬时过载能力可达 2 倍。

5）传感器副边输出应采用双绞线或屏蔽线。

6）输出形式有跟随信号（副边输出波形与原边信号保持一致）和标准信号（输出 0 ~ 5 V，1 ~ 5 V;0 ~ 20 mA,4 ~ 20 mA 直流信号）两类。

3.4 功率电容器

电容器是电力电子设备中必不可少的组成部分,这其中有整流后用于直流电路中滤波的电解电容器,亦有需要滤去进入电网的高频谐波的高压小容量电容器,还有用来与主电路中功率开关器件并联的尖峰电压吸收网络中的电容器,以及用于脉冲波形产生和驱动电路中的电容器等等。随着电力电子变换装置中功率开关器件开关频率的不断提高,又对电容器的工作性能提出了新的、更高的要求。

(1)**电容器的分类**

1)按电容量可否变化,可分为固定电容器和可变电容器两类。固体电容器根据介质的不同可分为:

①固体有机介质电容器:有纸介、金属化纸介、纸膜复合介质、聚苯乙烯、聚四氟乙烯、涤纶、聚碳酸脂、聚丙烯、漆膜、聚砜、聚酰亚胺电容器。

②固体无机介质电容器:有陶瓷(包括独石)、云母、玻璃釉、玻璃膜电容器。

③电解电容器:有铝电解、钽电解、铌电解、钽铌合金电解电容器。

图 1.3.11 固定电容器和可变电容器的图形符号

④气体介质电容器:有空气、充气、真空电容器。

可变电容器分为:空气可变电容器、薄膜介质可变电容器和微调电容器。

2)按工作是否有极性可分为:有极性电容器和无极性电容器两类。

3)按工作频率可分为:低频、中频、高频电容器等。

4)按串联分布电感大小可分为:有感电容器和无感电容器。

固定电容器和可变电容器的图形、符号如图 1.3.11 所示,部分常见电容的外形如图 1.3.12所示。

图 1.3.12 部分常见电容的外形图

(2)**电容器的主要参数**

1)标称容量:为标注在电容器上的电容量,实际电容量有可能大于或小于标称电容量。固定电容器的标称容量见表 1.3.9。

表 1.3.9　固定电容器的标称容量系列

	E_{24} 系列	E_{12} 系列	E_6 系列
系列值	10,11,12,13,15,16,18, 20,22,24,27,30,33,36, 39,43,47,51,56,62,68, 75,82,91	10,12,15,18,22,27,33, 39,47,56,68,82	10,15,22,33,47,68
允许偏差	±5%（Ⅰ级）	±10%（Ⅱ级）	±20%（Ⅲ级）

2）额定电压:是电容器在长期使用下能正常工作可承受的最高直流电压或交流电压有效值。固定电容器的额定工作电压系列见表 1.3.10。

表 1.3.10　固定电容器的额定电压系列

工作电压	工作电压	工作电压	工作电压	工作电压	工作电压
1.6 *	32 * *	630 *	4 000 *	20 000	50 000
4 *	40 *	1 000 *	5 000	25 000 *	60 000
6.3 *	50 * *	1 600 *	6 300 *	30 000	80 000
10 *	63 *	2 000	8 000	35 000	100 000 *
16 *	100 *	2 500 *	10 000 *	40 000 *	
25 *	125 *	3 000	15 000	45 000	

3）允许误差:指标称容量与实际容量的相对误差,分为三级:Ⅰ 为 ±5%,Ⅱ 为 ±10%,Ⅲ 为 ±20%。

4）损耗角正切:电容器的损耗角 δ 和品质因素 Q 的大小表示电容器损耗的大小,损耗角越大,发热越严重,表示电容器传递能量的效率越差。损耗角正切 $\tan\delta$ 表示损耗功率 P 与储存功率 P_q 之比,即 $\tan\delta = P/P_q$。电容器的损耗由介质损耗和极板损耗两部分构成,它们的存在使得电容上电流与电压的关系不再是超前 90°,而是小于 90°,其等效电路如图 1.3.13 所示。

5）电容温度系数:用来表示电容量随温度变化的特性,定义为温度变化 1 ℃,电容量的相对变化值。

6）绝缘电阻:为电容两端电压与电容漏电流之比。

7）允许工作环境温度:指不会引起电容器性能指标下降的最高温度与最低温度的范围。

8）频率特性:指电容器的电参数(如容量、$\tan\delta$)随电压频率而变的性质,表 1.3.11 列出了一些电容器的最高使用频率范围。

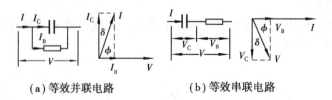

（a）等效并联电路　　　　　（b）等效串联电路

图 1.3.13　只考虑损耗电阻时的电容器的等效电路

表 1.3.11　电容器的最高使用频率范围

电容器类型	最高使用频率/MHz	等效电感/10^{-3} μH
小型云母电容器	150～250	4～6
圆片型瓷介电容器	200～300	2～4
圆管型瓷介电容器	150～200	3～10
圆盘型瓷介电容器	2 000～3 000	1～1.5
小型纸介电容器(无感卷绕)	50～80	6～11
中型纸介电容器(＜0.022 μF)	5～8	30～60

(3)电容器电容量的常见标识方法

1)直接标注:如:0.082 μF AC400 V,1 μF 400 V,6 800 pF 63 V。

2)以纳法表示:如:47 n 63 V(47 n＝0.047 μF),2n2 63 V(2.2 nF＝2 200 PF)。

3)以皮法表示:如:103 63 V(103 n＝0.01 μF),562 100 V(562 n＝5 600 PF),前两位为有效数字,后一位为零的个数。

(4)电容器电容量的测量方法

1)可利用万用表指针摆动的大小,大致判断其容量大小。

2)用 DM-6013 数字电容表,可以很方便地测得准确的电容值,如图 1.3.14 所示。

图 1.3.14　用数字电容表测电容量

3)用交流电桥也可准确测得电容值及 tan δ 值。

(5)电容器在选用和使用时,应注意的问题

1)工作在电压极限的电容器,其寿命将大大降低。因此在电力电子设备中,一般对电容器都要降压使用,长期工作电压选为其额定电压的85%～90%。在电压波动幅度较大时,应留有更大裕量。

2)优先选用绝缘电阻高、损耗小的电容器,特别是在高温、高压条件下,更应如此。在滤波器、中频回路、振荡回路中,要求损耗 tan δ 尽可能小。

3)随着功率 MOSFET 等全控型电力半导体器件工作频率的不断提高,与其并联的 RC-VD 吸收网络中的电容器,应选用无感高频电容器,否则往往会造成功率 MOSFET 或 IGBT 因过电压击穿而损坏。此外,选用时还应注意电容器的温度系数、高频特性和等效电感等参数。

4)合理选用电容的精度:旁路、去耦、低频耦合电路中,对电容器精度要求较低;在各种滤波器和网络中,对电容器的精度要求较高。

5)电解电容器适合在 50～100 Hz 滤波或旁路电路中使用,电解电容器有正、负极之分。在任何情况下,不允许在负压条件下工作,否则可能会引起爆炸(液体电解质电解电容器)。在交流电路或脉冲电路中工作时,峰值电压与直流电压之和,不允许超过电容器的额定直流工作电压。

6)容量和功耗较大的电容器,应优先选用强迫风冷或水冷品种电容器,如中频电源中的电热电容器,一般都选用水冷工作方式。

7)在炎热、工作温度较高环境中,电容器易老化,安装时应远离热源,并改善机内通风散热条件。

8)在室外或湿度较大环境下工作时,应选用密封电容器。

(6)常见各类电容器的主要性能及适用范围

1)纸介电容器:具有工作电压范围宽、制造工艺简单、成本低等特点,但有精度不易控制、损耗较大等缺点。分为有感式和无感式两大类,在电力电子设备中,适用于工作频率不高的系统,以及晶闸管和整流管的缓冲网络及控制电路中。纸介电容器常见型号有 CJ11,CJ40 密封式,CZ82 高压密封式等。

2)电解电容器:有铝电解,钽电解,铌电解电容器三种。

①铝电解电容器:具有容量大、价格低廉等特点,也有漏电流大、损耗较大、温度稳定性较差等缺点。常见型号有 CD11D,CD21F 等有极性电容,适于在电力电子设备中作滤波、去耦用,还有 CD2 无极性电解电容器等。

②钽电解电容器:具有体积小、容量大、性能稳定、寿命长、绝缘电阻大、可靠性高、温度特性好、频率稳定性和耐寒性好等特点,但价格昂贵。常见型号有 CA1,CA40 等有极性电容,CA70 无极性电容,适用于要求较高的直流或脉冲电路中。

3)瓷介电容器:具有体积小、稳定性好、工作电压范围宽、串联电感小等优点,缺点是机械强度低、易碎、易裂。分为固定,高压,交流和直流电容器。命名方法见表 1.3.12。常见型号有 CC1,CT1,CC4L(高压),CTK41(高可靠性)等。适用于低压和高压整流、旁路、耦合及开关浪涌电压吸收等。

表 1.3.12　瓷介电容器型号及命名方法

第一部分		第二部分		第三部分		第四部分
产品主称		介质材料		分类、特征		序　号
符号	意义	符号	意义	符号	意义	
C	电容器	C	高频陶瓷	1:圆形;2:管形;3:迭片形;4:独石;5:穿心;6:支柱;8:高压;G:高功率;W:微调		用数字表示序号以区分产品外形尺寸和性能指标
		T	低频陶瓷			
		I	玻璃釉			
		Y	云母			

4)云母电容器:具有电容量稳定、高频损耗小、可靠性高、抗电性能优良、绝缘强度高、温度和频率特性稳定、精度高等优点,特别适用于高频电路,但有抗潮湿性能差的缺点。常见型号有 CY2,CY22,CYRX 等。适用于直流、交流或脉冲电路中。

5)有机薄膜电容器:具有体积小、质量轻、工作频率高、温度系数小、电容量稳定、绝缘电阻大等优点。有机薄膜电容器分为金属化聚脂介质、聚脂薄膜介质、聚乙烯、聚丙烯介质、聚碳酸膜介质、金属化聚丙烯膜、聚四氟乙烯膜、塑料薄膜(涤纶)等多个品种。有机薄膜电容器适用于电力电子设备中对电容量精度、稳定性、损耗、绝缘电阻和介质吸收要求较高的场合,在电力电子设备的控制、滤波和谐波处理等领域获得广泛应用。常见型号有 CL11(涤纶),CL20,CL21(金属化涤纶),CL233(金属化聚酯),CBB23,CBB24(金属化聚丙烯),CBB112(金属箔式聚丙烯),CLS20,21,22(金属化聚碳酸酯),CB16,17(精密箔式聚苯乙烯),CBF10(金属箔式聚四氟乙烯)等。

6)复合介质电容器:具有耐高压、高绝缘电阻、防潮性能和散热性好等特点,多用于交流电路中,相对其他电容器工作温度范围较窄,体积大。常见型号有 CH81,82(高压密封),

CH88A(突波吸收),CH48-3,CH84(交流),CH68A,CHM-W(高压交流),CH69A(电力机车用),RWN(中频电热),CHM(脉冲),BSMJ(自愈式低压并联),BWF(高压并联)。

其中 RWM 型中频电热电容器,有水冷和风冷两种冷却方式,按工作频率可分为1,2.5,4,8 kHz。一般用于感应加热中频电源或其他电力电子设备中与负载并联做谐振电容用,以便提高系统的功率因素,短时间内向负载提供很大的电流。部分中频电热电容器的主要参数见表1.3.13。

表 1.3.13　中频电热电容器的主要参数

型　号	额定电压/kV	额定容量/kVar	额定频率/kHz	额定电容/μF	重量/kg	高度/mm
RWM0.375-160-8S	0.375	8	160	22.6	18	430
RWM0.5-250-2.5S	0.5	2.5	250	63.7	18	430
RWM1-1000-1S	1/2	1	1 000	159/39.7	47	665

7)漆膜电容器:是一种高可靠性电容器,具有大容量、低电压、小体积等优点,其电容量与频率特性都很好,工作频率在 100~1 000 Hz 内变化时,其容量几乎没有什么变化。通常用于低电压,大容量,小体积,高可靠性的电力电子设备中。常见型号有:CQ1,CQ11(漆膜),CQ10,CQ40(聚碳酸脂漆膜)。

8)玻璃釉电容器:具有较好的电气性能,损耗角 $\tan \delta$ 较小。抗潮性和抗辐射性较好,体积小,成本低,性能可以和云母、陶瓷电容器相比拟。由于近几年聚脂薄膜电容可以取代玻璃釉电容器,故玻璃电容器的用量逐年下降。常见型号有 CI12,13,14。适用于直流、交流和脉冲电路中使用。

9)高介质复合元件电容器:属多功能压敏电阻电容复合元件,具有非线性系数大、耐能源能力强、能量耐量大、高可靠、有自动恢复能力、无极性等优点。常见型号有 MFC 系列产品。

目前国内外各厂家生产的电容品种繁多,部分滤波电容器、无感吸收电容器的外形见图1.3.15。

左:ALCON 高频无感吸收电容　　　　　　　　　　　　　右:X2 聚丙烯电容

图 1.3.15　部分滤波、无感电容器外形

3.5　功率电阻器

电阻器和电位器均属电阻元件,它们都是电力电子设备中应用最广泛的,且不可缺少的元件之一。主要用途是:稳定和调节电路中的电流和电压,组成分流器和分压器,调节时间常数,

以及作为电路中的匹配元件或作为电路负载。

（1）**电阻器的分类**

电阻器一般分为固定电阻器、电位器以及敏感电阻器三大类，按电阻体材料又可分为：

1）固定电阻器

①合金型电阻器：有线绕电阻器（RX），块金属膜电阻器。

②薄膜型电阻器：有热分解碳膜电阻器（RT），金属膜电阻器（RJ），化学沉积膜电阻器（RC），金属氧化膜电阻器（RY），氮化钽膜电阻器。

③合成型电阻器：有合成碳质实心电阻器（RS），合成碳膜电阻器（RH），金属玻璃釉电阻器（RI）。

2）电位器

①接触式电位器：

A.合金型电位器：有线绕电位器（WX），块金属膜电位器。

B.合成型电位器：有合成实心电位器（WS），合成碳膜电位器（WH），金属玻璃釉电位器（WI），导电塑料电位器。

C.薄膜型电位器：有金属膜电位器（WJ），金属氧化膜电位器（WY），氮化钽膜电位器。

②非接触式电位器：有光电电位器，磁敏电位器。

3）敏感电阻器

有热敏电阻器，光敏电阻器，压敏电阻器，力敏电阻器，磁敏电阻器，湿敏电阻器，气敏电阻器等。

按使用范围和用途，又可分为：普通型电阻器，精密型电阻器，高频电阻器，高压型电阻器，高阻型电阻器，熔断型电阻器，敏感型电阻器，电阻网络，无引线片式电阻器等。

常见几种电阻器的外形如图 1.3.16 所示，其中（a）为热分解碳膜电阻器，（b）为金属膜电阻器，（c）为金属板电阻器，（d）为水泥电阻器，（e）为薄膜型可调电阻器。电阻器、电位器和敏感电阻器的电气符号如图 1.3.17 所示。

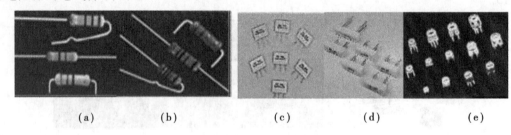

（a）　　　　　（b）　　　　　（c）　　　　　（d）　　　　　（e）

图 1.3.16　常见几种电阻器的外形

图 1.3.17　电阻器、电位器
和敏感电阻器的电气符号

（2）**电阻器的主要参数**

1）标称电阻：为电阻器表面所标注的阻值，不同精度等级的电阻器，其阻值系列不同。见表 1.3.14。

2）允许误差：指电阻器的实际阻值对于标称阻值的允许最大误差范围，它标志着电阻器的阻值精度。普通电阻器的误差范围见表 1.3.14。精密电阻器的允许误差有 ±2%，±1%，±0.5%，±0.2%，±0.1%，±0.05%，±0.02%，±0.01%，±0.005%，±0.002%，±0.001% 等。

表 1.3.14　电阻器标称值系列

标称阻值系列	允许误差	精密等级	电阻器标称值
E6	±20%	Ⅲ	1.0　1.5　2.2　3.3　4.7　6.8
E12	±10%	Ⅱ	1.0　1.2　1.5　1.8　2.2　2.7　3.3　3.9　4.7 5.6　6.8　8.2
E24	±5%	Ⅰ	1.0　1.1　1.2　1.3　1.5　1.6　1.8　2.0　2.2 2.4　2.7　3.0　3.3　3.6　3.9　4.3　4.7　5.1 5.6　6.2　6.8　7.5　8.2　9.1

3)额定功率:指在规定的环境温度下,电阻器可以长期稳定地工作,不会显著改变其性能,不会损坏的最大功率。根据部颁标准,不同类型的电阻器有不同系列的额定功率,见表 1.3.15。

表 1.3.15　电阻器的额定功率系列

线绕电阻额定功率系列	非线绕电阻额定功率系列
0.05　0.125　0.25　1　2　4　8　12　16	0.05　0.125　0.25　0.5　1
25　40　50　75　100　150　250　500	2　5　10　25　50　100

4)温度系数:指在规定的环境温度范围内,温度每改变 1 ℃时,电阻值的平均相对变化,单位为 $10^{-6}/℃$。电阻器的温度系数是一个重要指标,直接影响电路的精度。

5)频率特性与时间常数:电阻器并非纯电阻性元件,在它的引线等处还有分布电感和分布电容,这对动态电路会造成严重影响,尖峰和自激振荡等问题常因此而发生。当电阻值较高时,串联的电感分量可忽略,这时电阻器可等效为电阻 R_f 和电容 C_f 相并联的等效电路,R_f 和 C_f 均随频率上升而下降。薄膜电阻器的频率特性较好,而合成实心电阻器最差。对低阻值非线绕电阻器,并联的电容分量可忽略,而频率特性将取决于串联的电感分量,这时最好采用无感刻槽的薄膜电阻器,如图 1.3.18 所示。实心电阻器由于有趋肤效应,不适合在高频电路中使用。线绕电阻器的分布电感、电容较大,尽管有无感线绕电阻器,但阻值小于 10 kΩ 的无感线绕电阻器,也有约 20 μH 的分布电感,阻值大于 100 kΩ 的,则呈现 5 pF 的并联分布电容。

电阻器的时间常数可表示为:$\tau = L/R_0 - CR_0$(R_0 为直流阻值)。$\tau > 0$,电阻器呈感性;$\tau < 0$,电阻器呈容性;$\tau = 0$,呈纯阻性。在脉冲电路中,τ 决定了电阻器的脉冲响应时间。一般线绕电阻器的 τ 约为几十~几百微秒。而平面结构的薄膜电阻器 τ 可低

图 1.3.18　无感刻槽的薄膜电阻器

至 1 ns。因此,在动态电路中应考虑选用碳质电阻器,金属膜电阻器因分布电容较大,只宜在低频电路中使用。

此外,电阻器的参数还有热电效应,噪声电动势,电压系数等,限于篇幅,不再赘述。

(3)**电阻器的常见标识方法**

1)文字符号直标法:在电阻器表面将电阻器的材料类型和主要参数的数值直接标出。例如:RT 10 kΩ10% 表示碳膜电阻器,阻值为 10 kΩ,误差为 ±10%;RJJ 100 kΩ 1% 表示金属膜精密电阻器,阻值为 100 kΩ,误差为 ±1%。另外还有一种阻值标注法也常见,例如:5k1 =

5.1 kΩ,1M2 = 1.2 MΩ,2Ω2 = 2.2 Ω 等。

2)色标法:用不同颜色的色环标出最主要参数的方法。小功率电阻器尤其是 0.5 W 以下的碳膜和金属膜电阻器大多使用色标法,色标所代表的意义见表 1.3.16。色环电阻器有三环、四环、五环三种标法。

三环:前两环为有效数字,第三环为倍率(精度 ±20%)。

四环:前二环为有效数字,第三环为倍率,第四环为精度。

五环:前三环为有效数字,第四环为倍率,第五环为精度(色环较宽)。

例如,色环:棕、红、红 = 1 200 Ω ±20%;色环:棕、绿、红、金 = 1 500 Ω ±5%;色环:棕、紫、绿、金、棕 = 17.5 Ω ±1%。

表 1.3.16　色标符号所代表的意义

颜　　色	有效数字	倍乘数	允许偏差/%	工作电压/V
银	—	10^{-2}	±10	—
金	—	10^{-1}	±5	—
黑	0	10^{0}	—	4
棕	1	10^{1}	±1	6.3
红	2	10^{2}	±2	10
橙	3	10^{3}	—	16
黄	4	10^{4}	—	25
绿	5	10^{5}	±0.5	32
兰	6	10^{6}	±0.2	40
紫	7	10^{7}	±0.1	50
灰	8	10^{8}	—	63
白	9	10^{9}	$-20 \sim \pm 5$	—
无色	—		±20	

对电阻器进行性能测量时,仪器的测量误差应比被测试电阻器允许偏差至少小两个等级。数字万用表测量精度要高于指针式万用表。

对于高精度电阻器可采用电桥进行测量。对于大阻值、低精度的电阻器可采用兆欧表来测量。测量时需注意,测量电压应尽可能低,时间尽可能短,以免电阻器发热,阻值变化影响测量的准确性。

(4)电阻器的选用

如何合理选用电阻器,是整机线路设计中的一个重要问题,如果选用不当,则不是整机性能不能达到预定的要求,就是造成不必要的浪费。选用电阻器应根据线路的性能要求以及各类型电阻器的特点,选择既能符合要求又符合经济原则的品种,各种电阻体的性能比较及各种电阻器的适用性见表 1.3.17、表 1.3.18。

表 1.3.17　各种电阻体的性能比较

性　能	合成碳膜	合成碳实心	热分解碳膜	金属氧化膜	金属膜	金属玻璃釉	块金属膜	电阻合金线
阻值范围	中~很高	中~高	中~高	低~中	低~高	中~很高	低~中	低~高
电阻温度系数	尚可	尚可	中	良	优	良~优	极优	优~极优
非线性、噪声	尚可	尚可	良	良~优	优	中	极优	极优
高频、快速响应	良	尚可	优	优	极优	良	极优	差~尚可
比功率	低	中	中	中~高	中~高	高	中	中~高
脉冲负荷	良	优	良	优	中	良	良	良~优
储存稳定性	中	中	良	良	良~优	良~优	优	优
工作稳定性	中	良	良	良	优	良~优	极优	极优
耐潮性	中	中	良	良	良~优	良~优	良~优	良~优
可靠性	一	优	中	良~优	良~优	良~优	良~优	一

表 1.3.18　各种电阻器的适应性

电阻器品种	合成碳膜	合成碳实心	热分解碳膜	金属氧化膜	金属膜	金属玻璃釉	块金属膜	电阻合金线
通用		△	△	△				△
高可靠		△			△	△	△	
半精密			△	△	△	△		
精密					△		△	
高精密							△	△
中功率						△		△
大功率								△
高频、快速响应								△
高频大功率			△	△	△		△	△(<几兆赫兹)
高压、高阻		△	△			△		
小片式	△		△		△	△		
电阻网络	△(印刷电阻)		△		△	△	△	

对于一般要求,可选用实心电阻器和碳膜电阻器。实心电阻器可靠性较好,能减少设备的维修,除对电性能要求较高的地方,均可使用。热分解碳膜电阻器电性能较好,价格也不贵,可用于一般的仪器设备中。对于稳定性和电性能(温度系数、非线性、电流噪声)要求较高的地方,可采用金属膜电阻器。在要求高精度和对电性能有特殊要求的地方,可采用精密线绕电阻器和块金属膜电阻器。对于高频和高速脉冲电路,一般均用薄膜型电阻器。块金属膜电阻器是唯一既有高精度又有良好高频性能和快速响应的电阻器品种,图 1.3.19 所示为块金属膜电阻器的结构、外形和迂回图形,可见块金属膜电阻器采用平面结构,故分布电容和分布电感均很小,高频性能很好。大功率电阻器有线绕、金属氧化膜和玻璃釉的。高频大功率电阻器,对频率在几千赫兹以下可用线绕的,但阻值小于 10 kΩ 的无感线绕电阻器,也有约 20 μH 的分

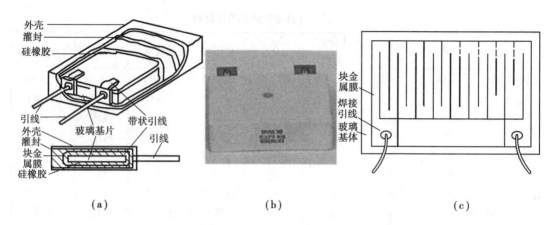

（a）　　　　　　　　　　　（b）　　　　　　　　　　　（c）

图 1.3.19　块金属膜电阻器的结构、外形和迂回图形

布电感,阻值大于 100 kΩ 的则呈现 5 pF 的并联分布电容,尖峰电压和自激振荡等会由此产生。在仪器、控制设备中,一般均可采用热分解碳膜或金属氧化膜电阻器,后者比功率较大。高压和高阻电阻器可采用金属玻璃釉电阻器,稳定性和电性能均较高。此外,片式电阻器有薄膜和厚膜两种,薄膜为金属膜,厚膜为金属玻璃釉,用于厚、薄膜电路中。而集成电阻网络是用薄膜或厚膜工艺制作的多个集总参数电阻元件,特点是装配密度高,元件间匹配性能和跟踪温度系数好,可制成衰减器、分压器、分流器、数模转换器等。

　　线绕电阻器的种类较多,图 1.3.20 为几种线绕电阻器的外形图,其中(a)为金属铝外壳高功率线绕电阻器,其特点是带金属外壳散热器,比功率大,体积小,功率负载大,热稳定性好,适用于在散热器上安装方式,用于直流或交流电路中;(b)为大功率线绕电阻器,适用于直流或低频交流电路中;(c)为船形铝外壳线绕电阻器,适用于在电力电子装置中作分压、分流、充放电及负载,广泛应用于电源、变频器、伺服控制等高要求及恶劣环境中;(d)为大功率无感电阻器,电阻本身的电感值小于 0.5 μH,频率响应特性优异,除可广泛用于交、直流电路外,特别适用于中、高频电路中。

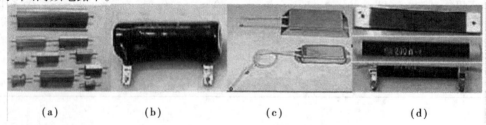

（a）　　　　　　（b）　　　　　　（c）　　　　　　（d）

图 1.3.20　几种线绕电阻器和功率电阻器的外形图

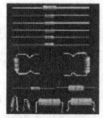

图 1.3.21　功率型及超高
频氧化膜电阻器的外形

　　无感线绕电阻器一般采用双线并绕或分段反向绕法,但其串联电感量并不为零(一般在几微亨以下),可用于 50 Hz ~ 3 kHz 较低频率的以 GTR、GTO、SCR 为主功率器件的电力电子设备中,对以 IGBT、MOSFET 或 IEGT、IGCT 这些工作频率可达 20 kHz 及以上的电力电子器件作主开关器件的电力电子设备,几微亨的电感已足以在电路中引起很高的尖峰电压 Ldi/dt,因而对工作

于 10 kHz 以上的电力电子设备,用线绕无感电阻器作吸收元件已不适用,而应选用高频性能更好的氧化膜电阻器或块金属膜电阻器。

RYG 功率型金属氧化膜电阻和 RY31A 超高频氧化膜电阻的外形如图 1.3.21 所示。其主要参数见表 1.3.19。

表 1.3.19　功率型金属氧化膜和超高频氧化膜电阻器的主要性能

型　号	70 ℃下额定功率/W	温度系数/(10^{-6}/℃)	阻值范围	阻值允许偏差/%	元件极限电压/V	绝缘电压/V	脉冲实验电压/KV	环境温度(70 ℃)/℃
RYG1	0.5	±250	1 Ω ~ 75 kΩ	±2	250	350		
	1		1 Ω ~ 100 kΩ	±5	350	500		
	2		1 Ω ~ 120 kΩ		350	500		
	3		1 Ω ~ 150 kΩ		500	700		
RYG2	0.5	±350	1 Ω ~ 22 kΩ	±2	250	350		
	1		1 Ω ~ 68 kΩ	±5	350	500		
	2		1 Ω ~ 68 kΩ		350	500		
	3		1 Ω ~ 100 kΩ		350	500		
	5		1 Ω ~ 100 kΩ		500	700		
RY31A	10	±400	50 Ω/75 Ω	±5			3.2/4	−55 ~ +125
	25		50 Ω/75 Ω	±10			5/6.5	
	50		50 Ω/75 Ω				7.5/8.7	
	100		50 Ω/75 Ω				11/12.5	

3.6　散热器

为保证电力电子设备各构成单元中每个元器件能可靠、稳定且长期有效地工作,必须合理、正确地处理设备中各器件的散热问题。所谓合理是指既要满足散热条件,保证主功率器件的正常输出负载能力,又不至于使设备的成本和体积增加很多。往往由于对散热器的设计与选用不当,将导致电力电子设备运行可靠性和工作寿命下降。电力电子设备的散热系统主要是加装散热器。

(1)常用散热器的冷却方式

1)自冷:是由空气的自然对流及辐射作用将热量带走的散热方式。

2)风冷:是采用强迫通风加强对流的散热方式,其散热效率一般为自冷的 2 ~ 4 倍。

3)水冷:散热效率极高,其对流换热系数可达空气自然散热系数的 150 倍以上,缺点是设备庞杂,成本高。

4)沸腾冷:是将冷却介质放在密封容器中,通过媒质物相的变化进行冷却,效率极高,且装置体积小,但造价高。

(2)国内常见的散热器

1)型材散热器:是散热器中种类最庞大的家族,既有用于印刷电路板上对某个电子器件进行散热的小散热器,也有在电力电子设备中承担功率变换模块(GTR,IGBT,MOSFET,晶闸管,整流管,IPM 等)散热的较大规格散热器。随型号和系列的不同,可用于额定电流为 0.1 ~ 3 500 A 的电力半导体器件的散热。使用中,分自然冷却和强迫风冷两种。图 1.3.22(a)、(b) 所示为部分模块散热器的外形图,图(c)为叉指型散热器的外形图。表 1.3.20 所列为常见几种型材散热器的热阻。

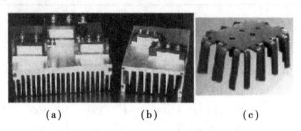

(a)　　　　　　(b)　　　　　　(c)

图 1.3.22　铝型材散热器

表 1.3.20　　几种型材散热器的热阻　　　　　　　(单位:℃/W)

标准长度/mm		80	120	130	160	200	240	250	300
W 型散热器	1 块	0.40	0.32			0.26			
	2 块	0.35	0.26			0.21			
	3 块	0.32	0.22			0.19			
Z 型散热器	1 块	0.27		0.25			0.18		
	2 块	0.23		0.20			0.14		
	3 块	0.22		0.18			0.12		
D 型散热器	1 块				0.070			0.058	0.054
	2 块				0.040			0.035	0.033
	3 块				0.038			0.032	0.031

叉指型散热器型号	耗散功率 P_D/W				
	2	5	10	20	30
SRZ101	16.8	14.5			
SRZ102	10	8.4	7.5		
SRZ103	7.4	6	5.5		
SRZ105		4.8	4.3	3.7	
SRZ106		3.7	3.4	3.2	
SRZ202		5.5	4.7	4.7	
SRZ203			3	3	2.7

2)SF 系列风冷铸铝散热器:是我国电力电子行业统一设计和规范化的产品,分为 SF11 ~ SF17 共 8 个规格,主要用于平板型整流器与晶闸管的双面散热。随规格不同,可对 200 ~ 3 000 A以内的各种整流管或晶闸管进行散热。应用时,一般需要与强迫冷却风机配合使用。图 1.3.23(a)为 SF 系列风冷散热器的外形图。表 1.3.21 为 SF 系列风冷散热器的外形和与晶闸管或整流管的适配建议表。

3)SS 系列水冷散热器:为我国开发的晶闸管或整流管专用水冷散热器,这种散热器也可用于采用凸台结构封装的其他电力半导体器件的冷却。SS 系列水冷散热器分为 SS11~SS14 共四种规格,采用铜质材料制成水包。主要用于平板型整流管和晶闸管的双面散热,随规格不同,可对 200~3 000 A 以内的整流管或晶闸管进行散热。应用时,必须与流量检测传感器配合,以满足散热所需水流量的要求。图 1.3.23(b)所示为 SS 系列水冷散热器的外形图,表 1.3.22 给出了其详细的外形和与晶闸管和整流管的适配建议表。

表 1.3.21 SF 系列风冷散热器的外形和适配关系

型 号	外形尺寸/mm			导电排尺寸/mm			可配晶闸管或整流管电流关系/A
	L	D	H	L_1	D_1	H_1	
SF11	170	110	125	60	40	8	
SF12	200	110	125	60	40	8	200
SF13	220	120	130	60	40	8	200~300
SF14	250	140	145	80	50	10	400~500
SF15	280	140	165	80	60	12	500~1 000
SF16	280	180	200	80	60	12	800~1 500
SF17	300	200	215	80	60	12	1 500~3 000
SF17A	300	200	224	80	60	12	

表 1.3.22 SS 系列标准水冷散热器的外形和适配关系

型 号	外形尺寸 /mm			导电排尺寸/mm			可配晶闸管或整流管电流关系/A
	L	D	H	L_1	H_1	D_1	
SS11	140	135	145.5	53	4	30	200~300
SS12	190	160	152	78	5	40	300~500
SS13	190	160	152	78	6	50	500~1 300
SS14	220	195	188	85	6	55	1 300~3 000

使用中,为保证冷却的可靠性,在系统结构中应考虑设置对每个晶闸管(或整流管)工作温度进行监控,以防水管堵塞或水冷散热器水包内部生锈堵塞造成器件超温损坏。另外,为使冷却水管内部及水冷散热器水包内部不产生生锈、堵塞等问题,冷却系统最好使用纯水,且进、出水管应使用橡胶管或不锈钢管。

4)热管散热器:是利用"热管"原理制成的散热器。它兼用水冷和风冷的优点,又比铝型材散热器体积小,散热效果优于风冷铸铝散热器而较水冷散热器差,省去了水冷散热器需提供较大容量水源的

(a)风冷散热器   (b)水冷散热器

图 1.3.23 风冷散热器和水冷散热器的外形图

要求,又弥补了水冷散热器处理不好时漏水,冷却水压力流量不足时冷却效果不理想,以及强迫风冷型材散热器在风机损坏时散热效果严重不足等缺陷,故较受使用者的欢迎,发展比较迅速。另一方面,热管具有很小的热阻和很高的传热性能,其热流密度是铜的100倍,是理想的热传导元件。现热管散热器主要应用于各类电力电子设备中功率组件和大功率电力半导体器件的散热,分自然冷却和强迫风冷两种类型。

图 1.3.24　热管散热器的结构

热管散热器的主要结构如图 1.3.24 所示,图中散热器基板用于连接电力半导体器件和热管的受热端,主电流也通过基板传输。紧固件是将电力半导体器件与散热器紧密连接的部件。散热片将从热管传来的热量散发到空气中。热管是热管散热器的主体,是一种新型的传热元件,它由管壳、毛细结构(又称吸液芯)和液态介质经密封抽真空而成。

热管的工作原理:液态介质经半导体器件加热后沸腾蒸发为汽态(吸热),汽化后的冷却介质在冷端经散热片散热后凝结为液态(放热),再经吸液芯回流到热端。介质的沸点随本身温度改变。因此,热管是靠介质的汽态与液态相互转变传递热量,传热速度极快,是同等金属体的几百倍。

表 1.3.23 给出了 RF 系列热管散热器的外形和安装尺寸,以及主要技术参数。

表 1.3.23　SF 系列热管散热器的外形和安装尺寸、主要技术指标

型号	热阻/(K·W^{-1})	流阻 P_a	重量 /kg	散热功率 /W	外形尺寸/mm			导电排尺寸/mm			安装尺寸/mm														
					L	D	H	L_1	D_1	H_1	$d_1 \times h_1$	$d_2 \times h_2$	a	b	c	e	g	i	j	k	d_3	L_2	D_2	H_2	H_3
SF12	≤0.09	45	1.1	400	200	110	125	60	40	8	M6×6	M10×120	20	—	20	55	30	6	20	20	M3	55	80	13	20
SF15	≤0.048	65	2.7	800	280	140	165	80	60	12	M8×20	M12×150	17.5	25	15	40	62	8	20	25	M3	70	105	26	26
SF17	≤0.03	65	4.7	1 500	300	200	185	80	60	12	M8×20	M12×150	17.5	25	15	40	85	8	20	25	M3	120	140	26	26

热管散热器使用中应注意:

①散热器的安装方位:最佳安装方位是热管轴线垂直于水平面,且器件端在下方,散热片处于上方,因重力有利于热管内冷却介质回流,加快液、汽态相互循环,降低热阻。也可水平放置,此时应将热管与水平面成 10°~15°夹角,且器件端应低于散热片端。

②风冷式热管散热器的进口气温≤40 ℃,风速 6 m/s,气流方向要与散热片平面平行。

③散热器与器件的接触分干接触和湿接触。湿接触是为增加有效接触面积,提高散热效果,在散热器和电力半导体器件之间涂无腐蚀性导热物质的薄层。

④热管散热器散热片较薄,容易变形,宜小心轻放和安装。

⑤必须定期清除沉积在散热片上的灰尘和污物,这将有利于通风和保持散热性能。

3.7　过电压保护器件

由于电力半导体器件承受过电流和过电压的能力较差,短时间的过电流和过电压就会把器件损坏。而电路中总有电感元件(如变压器、电抗器、引线电感等)的存在,故不可避免会在器件换流时产生瞬态电压 Ldi/dt,另外,还有雷电入侵、合闸、分闸所造成的过电压等因素,它们将在电子线路上产生几百伏~几千伏,乃至上万伏的高压干扰脉冲。这类电压一般宽度很窄,但幅值很大,脉冲持续时间从 $0.1~\mu s$ 至几毫秒,而能量可达数千瓦,这种高幅值、高能量的干扰脉冲电压对电子仪器及设备很容易造成危害,轻者使电力电子设备不能正常工作,重者会导致电力电子设备的损坏。

为了保证成套装置运行的可靠性,必须对这些尖峰过电压进行有效的抑制。抑制过电压的方法主要有:用非线性元件限制过电压的幅值,用电阻消耗和用储能元件吸收产生过电压的能量。

目前广泛采用半导体元器件来限制干扰脉冲,如压敏电阻、稳压管及具有肖特基势垒的脉冲二极管等。压敏电阻具有显著的非线性伏安特性,但存在老化现象和密封性能差的缺点。稳压管及脉冲二极管由于其反向击穿电压低,耗散功率小,使其应用场合受到一定的限制。

这里主要介绍三种新型的瞬态过电压保护器件:TVS 瞬态电压抑制器,SIDACtor 双向瞬态过电压保护器和 DSA、DSS 防过电压保护器。

3.7.1　TVS 瞬态电压抑制器(Transient Voltage Suppressor)

(1)结构与伏安特性

TVS 是一种硅 PN 结器件,它能吸收很高的瞬态电压,从而避免过高的瞬态电压对电压敏感器件造成的损坏。该系列器件的电压为 5~400 V,误差为 5%~10%(美 PROTEK 公司),TVS 的响应时间为 1×10^{-12} s,可将其两极间的高阻抗变为低阻抗,使两极间的电压箝位于一个预定值,吸收高达数千瓦的浪涌,有效地保护电子线路中的精密元器件免受各种浪涌脉冲电压的冲击。此外,TVS 还可串联或并联,以提高峰值功率。因此,TVS 具有响应速度快、瞬态功率大、漏电流低、击穿电压偏差小、箝位电压较易控制、没有损坏极限、体积小等优点,目前已广泛应用于家用电器、电子仪表、通信设备、电源、计算机系统等各个领域的电力电子设备中。

TVS 的电路符号及伏安特性如图 1.3.25(a)所示,图(b)是 TVS 的电流时间和电压时间曲线。图 1.3.26 为几种 TVS 的外形图。

(2)工作原理

TVS 抑制浪涌脉冲电压,保护电子元器件的工作原理是 PN 结雪崩击穿特性。其过程是,在瞬态峰值脉冲电流作用下,流过 TVS 的电流,由反向漏电流 I_D 上升到 I_R 时,两极间电压也由额定反向关断电压 V_{wm} 上升到击穿电压 V_{BR},TVS 被击穿。随着峰值脉冲电流的增大,流过 TVS 的电流达到峰值脉冲电流 I_{PP},但两极间电压被箝位于 V_C 之下。其后,随着脉冲电流指数衰减,TVS 极间电压也逐渐下降,最后恢复到起始状态。

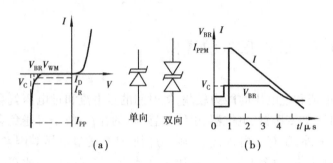

图 1.3.25　TVS 的伏安特性曲线、电路符号和 I-t, V-I 特性曲线　　　　图 1.3.26　几种 TVS 的外形图

（3）**主要参数**

1）额定反向关断电压 V_{wm}：是 TVS 的最大连续工作的直流或脉冲电压。

2）最大反向漏电流 I_D：是 VTS 施加 V_{wm}，处于反向关断状态时流过的最大反向漏电流。

3）最小击穿电压 V_{BR} 和击穿电流：V_{BR} 是 TVS 的最小雪崩电压，流过 TVS 的反向电流 I_R = 1 mA 时，两极间所加的反向电压。按 TVS 的 V_{BR} 与标准值的离散程度，可分为 $\pm 5\% V_{BR}$ 和 $\pm 10\% V_{BR}$ 两种，对前者：$V_{wm} = 0.85\% V_{BR}$，对后者：$V_{wm} = 0.81\% V_{BR}$。

4）最大箝位电压 V_c 和最大峰值脉冲电流 I_{PPM}：持续时间为 20 μs 的脉冲峰值电流 I_{PPM} 流过 TVS 时，极间呈现的最大峰值电压 V_c。V_c 和 I_{PPM} 反映了 TVS 抑制浪涌电流的能力。一般 V_c = （1.2 ~ 1.4）V_{BR}。

5）最大峰值脉冲功耗 P_{PPM}：是 TVS 所能承受的最大峰值脉冲功率，规定脉冲重复频率的持续时间与间歇时间之比为 0.01%。P_{PPM} 越大，V_c 越低，承受浪涌电流的能力越大。

6）箝位时间 t_c：指电压从零到 V_{BR} 的时间。单极性 TVS：$t_c < 10^{-12}$ s；双极性 TVS：$t_c < 10^{-9}$ s。

（4）**TVS 的分类**

1）按极性分：有单极性和双极性；

2）按用途分：有通用型器件和专用器件（如：电话机保护器、同轴电缆保护器、数据线保护器、各种交流电压保护器等）；

3）按吸收功率分：有 500 W，600 W，1 500 W，5 000 W，15 000 W；

4）按封装形式分：可分为轴向引线，双列直插，TVS 组件和大功率 TVS 模块。

表 1.3.24 为几种圆柱形封装 TVS 的参数。

表 1.3.24　400 ~ 15 000 W 圆柱形封装 TVS 参数

型　号	P_{PPM}/W	V_{BR}/V		V_{WM}/V	I_D/mA（V_{WM} 下）	I_{PPM}/A	V_c/V（I_{PPM} 下）	V_{BR} 的最大温度系数（%/℃）	$P_{M(AV)}$/W	I_{FSM}/A	V_F/V
		min	max								
P4KA20	>400	18.0	22.0	16.2	1.0	13.7	29.1	0.090	1.0	40.0	3.5
SAC30	500	33.3	—	30	5.0	10.0	48.6	—	3.0	—	—
SAC50		55.5		50	5.0	5.8	88.0				
SA51	500	56.7	—	51.0	1.0	5.5	91.1	66.0 mV/℃	3.0	—	—
SA100		111		100	1.0	2.8	179	135			

型　号	P_{PPM}/W	V_{BR}/V		V_{WM}/V	I_D/mA (V_{WM}下)	I_{PPM}/A	V_C/V (I_{PPM}下)	V_{BR}的最大温度系数（%/℃）	$P_{M(AV)}$/W	I_{FSM}/A	V_F/V
		min	max								
P6KE200	600	180	220	162	5.0	2.1	287	0.108	5.0	100	3.5/5.0
P6KE400		360	440	324	5.0	1.0	574	0.110			
1.5KE100A	1 500	95.00	105.0	85.50	5.0	11.0	137.0	0.106	5.0	200	3.5/5.0
1.5KE400A		380.0	420.0	324.0	5.0	4.0	548.0	0.110			
5KP110	5 000	122	149	110	10.0	25.5	196	0.112	8.0	400	3.5
15KPA200	15 000	222.0		200	10	42.0	356.0	269 mV/℃			7.5
15KPA280		311.0		280	10	30.0	500.0	378			

注：$P_{M(AV)}$——稳态功耗；

　　I_{FSM}——额定负载条件下，8.3 ms 单正弦半波时允许的峰值正向冲击电流；

　　V_F——25 A 电流时最大正向瞬态压降。

　　模块型封装的 TVS 具有外壳绝缘，便于安装等优点，可用于较高电压系统中作瞬态电压抑制用，并可对共模电压进行抑制，共有 420LE，420LB，420E2，232E，232B，CX12，CX12LC，587B××LP，GPZ532，GPZ1275，485ELC 11 个品种与系列，表 1.3.25 为部分模块型 TVS 的参数。

表 1.3.25　几种模块型 TVS 的参数

型　号	最大工作线电压 V_{OP}/V	最大漏电流 I_D/μA（V_{OP}下）	最大箝位电压 V_C/V	最大电容 C/pF	最大通态线电阻 R/Ω	t_r/ms	V_{TSM}/kV	I_{OP}/mA	V_{PK}/kV	I_{PK}/kA/线
232E	±25	5	40	2 000	12	<1	10	200		10
420E260	±60	5.0	95	1 000	12				6	10
CX12	±12	5.0	24	200	3	<10			20	3
485ELC	±7	10	20	25	12			250	20	
420LE60	±60	5.0	85	1 000	12				6	10
	V_{WM}/V	I_D/μA	V_C/V	V_{BR}/V	I_{PPM}/A					
GPZ532	28	50	40	32	100					
GPZ1275	28	60	55	32	500					

注：V_{PK}——可抑制瞬态电压最大值；

　　I_{PK}——可承受最大瞬态电流；

　　V_{TSM}——可承受最大瞬态电压；

　　I_{OP}——最大工作线电流。

　　集成电路封装的 TVS，其外形有双列直插式，也有表面贴装式，可直接安装在电路板上，通常用于印制电路板上对 CMOS，BICMOS，HCMOS 和 HSIC 元件进行有效的瞬态电压保护，以防控制电路板上元器件因承受瞬态尖峰电压而损坏。其内部结构有单向 TVS，也有双向 TVS，有纯 TVS 的,也有 TVS 和二极管混装的。

(5)TVS 选用应遵循的主要规则

1)TVS 的最大反向电压 V_{Wm} 应大于被保护电路的工作电压。

2)TVS 的最大箝位电压 V_C 应小于被保护对象的最大损坏极限电压,以保证 TVS 将浪涌脉冲电压箝位在被保护对象的安全工作电压范围内。

3)TVS 的最大峰值脉冲电流 I_{PPM} 应大于可能出现的瞬态浪涌电流。

4)TVS 的最大峰值脉冲功耗 P_{PPM} 应大于被保护电路中可能出现的最大峰值脉冲功率。值得注意的是,P_{PPM} 与脉冲宽度 t_w 和环境介质温度 T_A 有关,在 $t_W = 0.1 \sim 10$ ms 范围内,P_{PPM} 近似正比于 $1/t_W$;在 $T_A = 40 \sim 100$ ℃时,P_{PPM} 随 T_A 的升高约正比减少 2.4%。

5)根据不同的用途,合理选择 TVS 的极性及封装形式。抑制交流电路中的浪涌干扰脉冲时,应选用双极性 TVS。在直流电路中应选用单极性 TVS。如用于多线路保护时,应选用 TVS 组合阵列。

6)根据设备的实际情况,选用不同功率的 TVS,如表 1.3.26 所示。

表 1.3.26　TVS 的系列与功率

额定功率	500 W	600 W	1 500 W	5 000 W	15 000 W
选用 TVS 系列	SA	P6KE, SMBJ	1N5629 ~ 1N6389 1.5KE, LC, LCE	5 kP	15 kPA, 15 kP

图 1.3.27 为 TVS 在几种电路中的应用,其中图(a)为 TVS 对电源的保护,图(b)是 TVS 对 MOFET 的保护,图(c)是 TVS 对通信终端的保护。

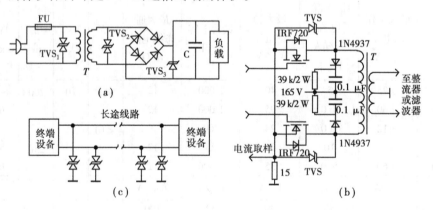

图 1.3.27　TVS 的几种应用电路

3.7.2　SIDACtor 双向瞬态过电压保护器

(1)工作原理

美国 TECCOR 公司生产的 SIDACtor 双向瞬态过电压保护器,实质上是一种硅双向开关的延伸产品,是一种带负阻或正阻特性的新型浪涌吸收器。其工作原理是:只要施加于 SIDACtor 上的瞬态过电压超过其击穿点,SIDACtor 就会通过一个负阻或正阻区开通,其开通电压仅 3 ~ 4 V(峰值)。在电流下降到最小维持电流之前,SIDACtor 将继续维持导通。而当施加于 SIDACtor 两端的电压低于其击穿电压值时,则呈高阻阻断状态。

SIDACtor 的响应速度和齐纳二极管、TVS 一样快,比气体放电管、碳化硅避雷器、氧化锌压敏电阻器(MOV)的响应速度更快。但 SIDACtor 在击穿后呈现低阻抗,其峰值开通电压不大于 4 V,要比 TVS 和 MOV 的开通电压低得多。另外,由于采用表面玻璃钝化工艺和电绝缘封装,使得 SIDACtor 具有相当高的可靠性。

（2）主要特性及参数

1）SIDACtor 的伏安特性如图 1.3.28 所示,其中图(a)为带负阻特性的 $V\text{-}I$ 特性曲线,图(b)为带正开关斜率的 $V\text{-}I$ 特性曲线,图(c)为电路符号。两种 SIDACtor 的主要区别是:当电压升到 V_{BO}($I_{BO} = 10$ μA)时,曲线出现拐点,负阻型 SIDACtor 器件进入负阻区,电流陡然增大,电压急剧降低;而正开关斜率型器件,先进入上升速率很大的正阻区,当电压上升到 $V_{BO(MAX)}$ 之后,SIDActor 又跃变到低阻开通状态。

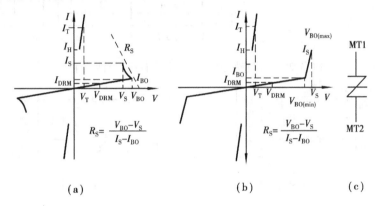

图 1.3.28　SIDACtor 的 $V\text{-}I$ 特性曲线及电路符号

2）SIDACtor 的浪涌吸收特性如图 1.3.29 所示,其中图(a)为对保护元件施加的一个 2 000 V 的脉冲原始曲线(1.2 × 50 μs),图(b),(c)为两种不同型号的 SIDACtor 的浪涌吸收特性曲线,图(d),(e)分别为氧化锌压敏电阻(MOV)和齐纳二极管或 TVS 的浪涌吸收特性曲线。比较浪涌吸收特性可见,当电压超过其击穿电压值后,MOV、齐纳二极管或 TVS 两端的电压被箝位在击穿电压电平上,MOV 的瞬变吸收特性还出现一个小的过冲,而 SIDACtor 具有优异的浪涌吸收特性,只要一达到其击穿电压,立即呈现低阻开通状态,两端电压降趋于零。

3）主要参数:

阻塞电压范围 V_{DRM}:20 ~ 240 V(全系列);

击穿电压范围 V_{BO}:27 ~ 540 V(全系列);

浪涌电流通量范围 I_{PP}:50 ~ 100 A(10 × 1 000 μs);

保持电流 I_H:50 ~ 200 mA;

峰值开通电压 V_{TM}:3 ~ 4 V。

（3）应用方法

SIDACtor 主要用于电信设备、计算机和仪器仪表等电子设备的瞬态过电压保护,对线路中引入的雷电、电焊机等瞬变高电压尖峰,具有非常理想的浪涌吸收效果。根据国际安全标准,保护方案分为金属性保护(线间保护)和纵向性保护(线到地间保护)两类,如图 1.3.30 所示。

用 SIDACtor 作瞬态过电压保护元件时,其击穿电压 V_{BO} 应保证不低于线路最高峰值电压,

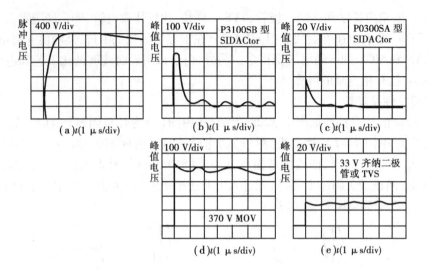

图 1.3.29　不同瞬态过电压保护元件的浪涌吸收特性

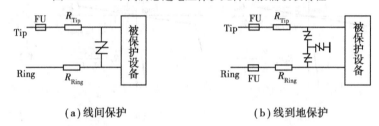

（a）线间保护　　　　　　　　　　（b）线到地保护

图 1.3.30　SIDACtor 的保护方案

同时,还应正确选择保护电路中的限流电阻 R_{Tip} 和 R_{Ring},以及熔丝(Fuse),以保证万无一失。

R_{Tip} 和 R_{Ring} 的选取,可按下述方法进行计算:

1)线间保护方案:

回路总电阻为
$$\sum R = R_{\text{S}} + R_{\text{Tip}} + R_{\text{Ring}} = R_{\text{S}} + 2R_{\text{Tip}}$$

其中,R_{S}——源阻抗,　　　　　　　　$R_{\text{Tip}} = R_{\text{Ring}}$

峰值浪涌电流为
$$I_{\text{peak}} = V_{\text{peak}} / \sum R$$

故
$$R_{\text{Tip}} = R_{\text{Ring}} = \frac{1}{2}\left(\sum R - R_{\text{S}}\right) = \frac{1}{2}\left(\frac{V_{\text{peak}}}{I_{\text{peak}}} - R_{\text{S}}\right)$$

2)线到地间保护方案:

回路总电阻是 Tip 线(Ring 线)到地间的阻抗,即
$$\sum R = R_{\text{S}} + R_{\text{Tip}} = R_{\text{S}} + R_{\text{Ring}}$$

峰值浪涌电流为
$$I_{\text{peak}} = V_{\text{peak}} / \sum R$$

故
$$R_{\text{Tip}} = R_{\text{Ring}} = \sum R - R_{\text{S}} = \frac{V_{\text{peak}}}{I_{\text{peak}}} - R_{\text{S}}$$

在美国联邦通讯委员会的 FCC(68 部分)中给定了线间保护方案的浪涌为 800 V/100 A $(10 \times 560\ \mu s)$,线到地保护方案的浪涌为 1 500 V/200 A$(10 \times 160\ \mu s)$。如果选用 MJS 型熔丝电流为 0.5 A,则可承受 35 A$(10 \times 560\ \mu s)$和 65 A$(10 \times 160\ \mu s)$的额定脉冲电流,那么,在线

间保护方案中的 $\sum R_1$ 及 R_{Tip}，和线到地保护方案中的 $\sum R_2$ 及 R_{Tip} 分别为：

$$\sum R_1 = 800 \ V/35 \ A = 22.9 \ \Omega \qquad R_S = 800 \ V/100 \ A = 8 \ \Omega$$

$$R_{Tip} = (\sum R_1 - R_S)/2 = (22.9 - 8)/2 = 7.45 \ \Omega$$

$$\sum R_2 = 1 \ 500 \ V/65 \ A = 23.1 \ \Omega \qquad R_S = 1 \ 500 \ V/200 \ A = 7.5 \ \Omega$$

$$R_{Tip} = \sum R_2 - R_S = 23.1 - 7.5 = 15.6 \ \Omega$$

MJS 型熔丝电流与不同额定脉冲电流的关系见表 1.3.27。

表 1.3.27　MJS 型熔丝电流与可承受脉冲电流的关系

MJS 熔丝电流/A		0.25	0.35	0.40	0.50	0.60	0.70	0.80	1.00	1.25
熔丝可承受脉冲电流/A	$10 \times 560 \ \mu s$	15	25	28	35	43	50	62	78	100
	$10 \times 160 \ \mu s$	32	45	52	65	78	91	104	130	162

3.7.3　MMC 防雷管系列

MMC 防雷管系列是日本三菱综合材料株式会社的产品。该系列产品具有过压特性好,限制电压低,反复过压及环境变化安全可靠,静电容量小,绝缘性优越(100 MΩ 以上),反应迅速,还具有无极性,无明暗效果和小型化等特点。适用于低压电路、通信电路电源线路以及各种电源电路等电子设备的防浪涌设计。

（1）结构

该系列防过压保护器的原理结构如图 1.3.31 所示,它是应用微间隙放电结构制成的浪涌吸收元件,两极间切成数十微米的微小间隙,该间隙切口能引导放电,放电发生于间隙之间。

由于微间隙的存在,故器件绝缘电阻高达 100 MΩ 以上,而且放电电压也高达 140 ~ 9 360 V。图 1.3.32 是几种防过电压保护器的外形图。

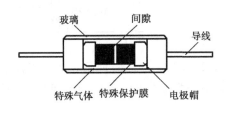

图 1.3.31　防过压保护器的结构　　图 1.3.32　几种防过压保护器的外形图

（2）主要参数及吸收特性

DA38,DA53,DSP,DSS,DSA 系列的主要参数如表 1.3.28 所示。

表 1.3.28　几种防过压保护器的主要参数

型　号	直流放电电压 V_s/V	绝缘电阻 $IR/M\Omega$	静电容量/pF	浪涌容量 $8/20(\mu s \cdot A^{-1})$	寿命次/100 A	额定电压	用　途
DA38-272M DA38-302M	2 160 ~ 3 240 2 400 ~ 3 600	≥100	≤1	2 000	300		通信电源线路
DA53-272M DA53-302M	2 160 ~ 3 240 2 400 ~ 3 600	≥100	≤1	2 000	300		通信电源线路
DSP-141N DSP-751N	140(98 ~ 182) 750(525 ~ 975)	≥100	≤1		200		汽车装置,无线机,显示装置,其他防静电干扰保护
DSS-201M DSS-601M	200(160 ~ 240) 600(480 ~ 720)	≥100	≤1				电话机,MODEM,FAX 以及电脑等通信机器的浪涌保护
DSSV-301L-YD DSSV-401M-YD	300(255 ~ 345) 400(320 ~ 480)		≤2	400			电话机,MODEM,FAX 的浪涌保护及过电压保护
DSA-301LA DSA-242MA	300(255 ~ 345) 2 400(1 920 ~ 2 880)	≥100	≤2	1 500 2 000	300		通信机器、检测器等低压低电流电路,电源电路
DSAZR1-301L DSAZR1-102M	500(400 ~ 600) 1 100(880 ~ 1 320)	≥100	≤2	1 000	300	AC125V	各种电源电路,调频器输入电路浪涌保护
DSANR-1 DSANR-2A	500(400 ~ 600) 800(640 ~ 960)	≥100	≤2	1 000	300	AC125V	各种电源电路
DSAHR-1 DSAHR-3	500(400 ~ 600) 800(640 ~ 960)	≥100	≤5	5 000	300	AC125V AC250V	大过压容量回路的浪涌保护(电源电路)

高电压 DSP 和 DSS 系列的伏安特性如图 1.3.33(a)、(b)、(c)所示。在电流较小时(1 ~ 10 mA),为辉光放电导电机理,在电流稍大后(>10 mA),为电弧放电导电机理,此时两极间电阻较低,电压急剧降低。

防过压保护器的浪涌吸收特性如图 1.3.34 所示,其中图(a)、(b)、(c)分别为 DSA,DSS,DSP 系列防过压保护器的吸收波形。由浪涌吸收特性可见,防过压保护器也具有优异的浪涌吸收特性,只要一达到放电电压,立即呈现低阻开通状态,极间电压降趋于零。

(3)应用电路

图 1.3.35 为防过压保护器在几种电路中应用,其中图(a)用于高可靠性电源中,图(b)为在三相电源设备中的应用,图(c)为在 AC 配接中的应用方式。

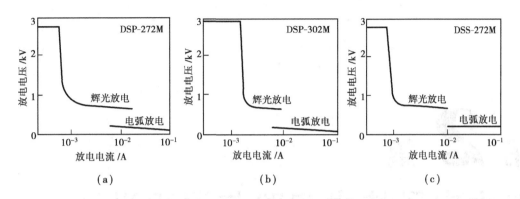

图 1.3.33　DSP 和 DSS 系列防过压保护器的伏安特性

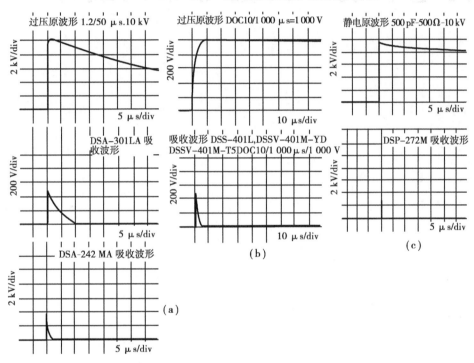

图 1.3.34　几种防过压保护器的浪涌吸收特性

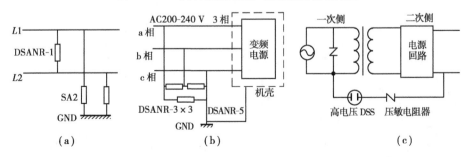

图 1.3.35　防过压保护器的几种应用电路

第 2 篇
电力电子技术实验与课程设计

第 **1** 章
电力电子技术实验

电力电子实验是电力电子技术课程的重要组成部分,通过实验可以使学生学会运用所学理论知识来分析研究实验中的各种问题,得出相应结论,加深对理论的理解,培养和提高实际动手能力、分析和解决问题的独立工作能力。在完成实验后,学生应具备以下能力:

1. 掌握电力电子变流装置的主电路、触发或驱动电路的构成及调试方法,能初步设计和应用这些电路。

2. 熟悉并掌握基本实验设备、测试仪器的性能和使用方法。

3. 能够运用理论知识对实验现象、结果进行分析和处理,解决实验中遇到的问题。

4. 能够综合实验数据,解释实验现象,编写实验报告。

实验中要注意的事项:

1)改接线路时,必须拉闸,断开电源。

2)若发现有破坏性异常现象,如跳闸、冒烟、发烫或有异味,应立即关闭电源,报告老师,经教师排除故障后,再继续实验。

3)对实验仪器,实验设备要爱护,仪器旋钮、按钮要轻转、轻按,避免造成不必要的损坏。

实验一　晶闸管的简易测试及导通关断条件实验

一、实验目的

1. 观察晶闸管的结构,掌握晶闸管的极性鉴别方法。

2. 验证晶闸管元件的导通与关断条件。

3. 晶闸管元件参数的粗测。

二、实验设备

1. 晶闸管元件(5 A/800 V)　　1 只　　2. 双踪示波器　　　　1 台

3. 直流稳压电源　　　　　　1 台　　4. 直流毫安表　　　　2 个

5. 万用表　　　　　　　　1 只　　　　6. 滑线变阻器　　　　　2 只

三、实验电路

如图 2.1.1(a)、(b)所示。

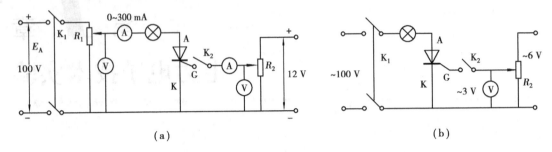

（a）　　　　　　　　　　　　　　　　　（b）

图 2.1.1　晶闸管导通与关断实验电路

四、实验内容及步骤

1. 用万用表粗测元件好坏：

1）鉴别晶闸管好坏

具体操作方法如图 2.1.2(a)所示。将万用表置于 R×1 Ω 挡，测量 G，K 间的正反向电阻，阻值应为几~几十欧。一般黑表笔接 G，红表笔接 K 时阻值较小，这样可以判断出 G 极和 K 极。由于晶闸管芯片一般采用短路发射极结构（即相当于在 G，K 间并联一个小电阻），所以正反向电阻值差别不大。

再用万用表 R×10 kΩ 挡测 A，K 间与 A，G 间的电阻值，无论黑红表笔怎样调换，阻值均应为∞。否则，说明晶闸管已经损坏。

被测晶闸管	R_{AK}	R_{KA}	R_{GK}	R_{KG}	结论
Kp1					
Kp2					

2）检测晶闸管的触发能力

检测电路如图 2.1.2(b)所示。外接一个 4.5 V 的电池组，将万用表置于 0.25~1 A 挡，为保护表头，串入一只 $R=4.5\ V/I_{挡}$ 的电阻（其中：$I_{挡}$ 为万用表电流挡的量程）。

电路接好后，当 S 处于断开位置时，万用表指针不动。然后闭合 S，在 G 极加上正向触发电压，此时，万用表指针应明显向右摆，并停在某一位置，表明晶闸管已经导通。接着断开开关 S，万用表指针应不动，说明晶闸管触发性能良好。

2. 检测晶闸管导通与关断条件，粗测元件参数：（见图 2.1.1）

1）E_A 接 100 V，调节 R_2，使 $U_G=+3\ V$，先合上 K_1，看灯是否亮（或 0~300 mA 表指针是否偏转），再合上 K_2，看灯是否亮（或毫安表指针是否偏转）。然后断开 K_2，观察灯与毫安表是否变化。再断开 K_1，改接稳压电源，并调到 $U_G=-3\ V$，再合 K_1、K_2 看灯是否亮。并记录。

2）E_A 接 −100 V，重复步骤（1），观察是否灯亮，并记录。

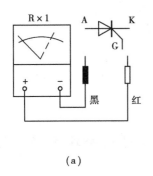

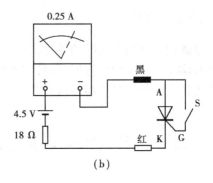

图 2.1.2　判别晶闸管好坏与检测晶闸管触发能力实验电路

	$U_G = 3$ V		$U_G = -3$ V		断开 K_2 时
	灯亮与否	毫安表读数	灯亮与否	毫安表读数	($U_G = 0$ V)
$E_A = 100$ V					
$E_A = -100$ V					

3）调小 R_1（即减少阳极电压和电流），看晶闸管是否关断。

4）测阳极维持电流 I_H：在晶闸管导通的情况下，断开 K_2，再调小 R_1，减小 I_A 到晶闸管突然关断时，测关断前瞬间的电流 I_A，即 $I_H = $ _____。

3. 测门极触发电压 U_{GT} 及 I_{GT}：

合上 K_1，调节 R_1，使 $U_{AK} = 6$ V。将 R_2 调到最小，$U_G = 0$ V，合上 K_2，增大 R_2，使 U_G，I_G 增加，直到晶闸管突然导通（看 0～300 mA 表突然摆动），此时的门极最小电流及电压（可反复做三次，取最小一次的值），则为 U_{GT}，I_{GT}。

4. 观察负载、晶闸管和 U_G 的电压波形，验证晶闸管的导通、关断条件：

1）按图 2.1.1（b）接线，先用 b 相作主电源，a 相作控制电源（稳压电源 ~6 V 抽头），调 R_2 使 $U_G = 3$ V，合 K_1，K_2。观测并记录 u_d，u_G，u_a，u_b 波形。

2）断开 K_2，K_1，主电源换 u_c，其他不变，重复上述实验。

3）将 100 W 白炽灯换成 25 W 白炽灯，重做 1）、2），并解释观察到的现象。

五、注意事项

1. 本实验切忌 u_b 和 u_G；u_a 和 u_G 从同一变压器接出，应相互隔离，以防晶闸管导通时，烧坏门极。

2. 未经老师检查，不得通电。实验过程中注意安全，防止人身和设备事故。

六、预习要求

1. 复习晶闸管工作原理及导通与关断的条件。

2. 预习实验指导书，弄清实验方法，熟悉实验仪器的使用方法。

3. 利用 Multisim 7 或 MATLAB 软件仿真实验。

七、实验报告内容

1. 归纳晶闸管导通与关断的条件,及控制极的作用。
2. 解释实验步骤 4 中的波形,分析实验中的异常现象。
3. 附上仿真实验结果的打印材料。

实验二 单结晶体管触发电路及单相半波可控整流电路实验

一、实验目的

1. 熟悉单结晶体管触发电路的工作原理及各元件的作用。
2. 掌握单结晶体管触发电路的调试步骤和方法。
3. 对单相半波可控整流电路在电阻负载及电阻-电感负载时的工作情况作全面分析。

二、实验设备

1. 单相半波可控整流电路板　　1 块　　2. 单结晶体管触发电路板　　1 块
3. 单相自耦调压器(3 kW)　　　1 个　　4. 滑线变阻器　　　　　　　2 只
5. 双踪示波器　　　　　　　　1 台　　6. 万用表　　　　　　　　　1 只
7. 直流电流表　　　　　　　　1 只

三、实验电路及原理

实验电路如图 2.1.3 所示。单结晶体管触发电路,由同步变压器 TS、梯形波同步电源以及单结晶体管脉冲发生器共同组成,调整 RP 的阻值,经 3DG6,3CG23 两级放大,可改变电容 C 的充放电时间,从而改变触发脉冲的移相范围。单结晶体管触发电路的输出端"G","K"端与晶闸管 VT 的"G","K"相连接。

四、实验内容及步骤

1. 单结晶体管触发电路调试及各点波形的观察:

按照实验接线图正确接线,先不接单结晶体管触发电路连至晶闸管 G 极、K 极的连线,而将②端与脉冲输出"K"端相连,以便观察脉冲的移相范围。

调节三相调压器使输出到最小,接通主电源,调节三相调压器,使①、②间电压 $U = 220$ V,用示波器观察触发电路单相半波整流输出③,梯形波电压④,单结晶体管发射极电压⑤及脉冲输出("G","K")等波形。

调节脉冲移相电位器 RP,观察输出脉冲的移相范围是否在 30°～180°范围。

2. 单相半波可控整流电路带电阻性负载:

断开②端与触发电路脉冲输出"K"端的连接,"G","K"分别接至的 VT 晶闸管的控制极和阴极,注意不可接错。负载 R_d 接可调电阻,并调至阻值最大。

调节脉冲移相电位器 RP,分别用示波器观察 $\alpha = 30°,60°,90°,120°$ 时负载电压 U_d,晶闸

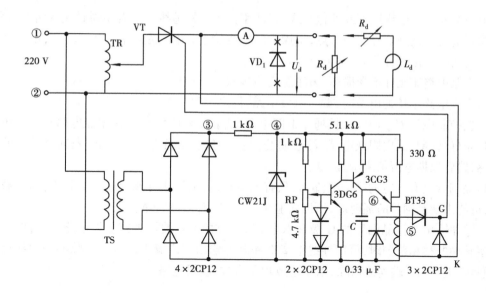

图 2.1.3　单结晶体管触发电路及单相半波可控整流电路

管 VT 的阳极、阴极电压波形 U_{AK}。并测定 U_d 及电源电压 U_2，将数据填入下表中，验证 $U_d = 0.45U_2 \dfrac{1 + \cos \alpha}{2}$。

U_2, U_d ＼ α	30°	60°	90°	120°
U_d				
U_2				

3. 单相半波可控整流电路带电阻-电感性负载，无续流二极管：

串入平波电抗器，在不同阻抗角(改变 R_d 数值)情况下，观察并记录 $\alpha = 30°, 60°, 90°, 120°$ 时的 U_d, i_d 及 U_{AK} 的波形。注意调节 R_d 时，需要监视负载电流，防止电流超过 R_d 允许的最大电流及晶闸管允许的额定电流。

4. 单相半波可控整流电路带电阻-电感性负载，有续流二极管：

接入续流二极管，重复"3"的实验步骤。

五、预习要求

1. 阅读电力电子技术教材中有关单相半波可控整流电路的内容。

2. 预习教材中有关单结晶体管触发电路的内容，掌握单结晶体管触发电路的工作原理。

3. 用 Multisim 7 或 MATLAB 软件进行仿真实验。

六、注意事项

1. 双踪示波器的两个探头的地线都与示波器的外壳相连接，所以两个探头的地线不能同时接在某一电路的不同两点上，否则将使这两点通过示波器发生电气短路。为此，在实验中可将其中一根探头的地线取下或外包绝缘,只使用其中一根地线。当需要同时观察两个信号时,必须找到这两个被测信号的公共点,将探头的地线接上,两个探头各接至被测点,示波器才能同时观察到两个信号,而不致发生意外。

2. 为保护整流元件不受损坏,需注意实验步骤:

1)在主电路不接通电源时,调试触发电路,使之正常工作。

2)在控制电压 $U_{GK} = 0$ 时,接通主电路电源,然后逐渐加大 U_{GK},使整流电路投入工作。

3)正确选择负载电阻或电感,注意防止过流。在不能确定的情况下,先选择较大的电阻或电感,然后根据电流值来调整。

4)晶闸管具有一定的维持电流 I_H,只有 $I_A > I_H$,晶闸管才可能导通。实验中,若负载电流太小,可能出现晶闸管时通时断,所以实验中,应保持 $I_d \not< 100$ mA。

3. 脉冲输出未接晶闸管的 G 极和 K 极时,为方便示波器观察触发电路各点波形,特别是观察脉冲的移相范围时,可用导线把②端和脉冲输出"K"端相连。一旦脉冲输出接至晶闸管,须将②端与"K"端连线撤除,以免造成短路事故,烧毁电路。

七、实验报告内容

1. 画出触发电路在 $\alpha = 90°$ 时的各点波形。

2. 画出电阻性负载,$\alpha = 90°$ 时,$U_d = f(t)$,$U_{AK} = f(t)$,$i_d = f(t)$ 的波形。

3. 分别画出电阻、电感性负载,当电阻较大和较小时,$U_d = f(t)$,$U_{AK} = f(t)$,$i_d = f(t)$ 的波形($\alpha = 90°$)。

4. 画出电阻性负载时 $U_d / U_2 = f(\alpha)$ 曲线,并与 $U_d = 0.45 U_2 \dfrac{1 + \cos \alpha}{2}$ 进行比较。

5. 分析续流二极管的作用。

6. 附上仿真实验结果。

八、思考题

1. 本实验中能否用双踪示波器同时观察触发电路与整流电路的波形?为什么?

2. 为何要观察触发电路第一个输出脉冲的位置?

3. 本实验电路中如何考虑触发电路与整流电路的同步问题?

实验三　单结管触发电路及单相桥式半控整流电路实验

一、实验目的

1. 研究单相桥式半控整流电路在电阻负载,电阻-电感性负载时的工作情况。

2. 研究单相桥式半控整流电路反电势负载时的工作情况。

二、实验设备

1. 单相桥式半控整流电路板　1 块　　　2. 单结晶体管触发电路板　1 块

3. 单相自耦调压器(3 kW)　　1 个　　　4. 滑线变阻器　　　　　1 个

5. 双踪示波器　　　　　　　1 台　　　6. 万用表　　　　　　　1 块

7. 直流电流表　　　　　　　1 块　　　8. 直流电机　　　　　　1 台

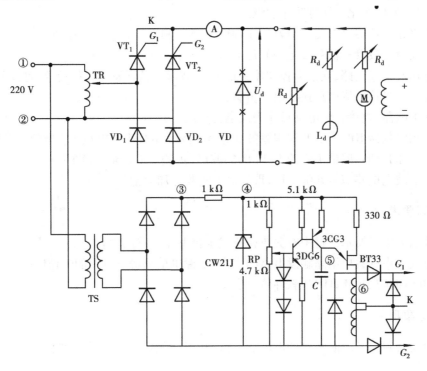

图 2.1.4　单结管触发电路及单相桥式半控整流电路

三、实验电路及原理

实验电路如图 2.1.4 所示。在单相桥式半控整流电路中,每一次有 1 个晶闸管导通,即用 2 个晶闸管在正负半周轮流导通来控制导电回路。单结晶体管触发电路的工作原理参考《单结晶体管触发电路及单相半波可控整流电路实验》。

四、实验内容及步骤

1. 合上主电路电源开关,调节输出电压 $U = 220$ V。观察单结管触发电路中各点波形是否正确,确定其输出脉冲可调的移相范围。并调节移相电位器 RP,使 $\alpha = 150°$。

2. 单相桥式晶闸管半控整流电路接电阻性负载:

①将 K, G_1, G_2 连接到 VT_1, VT_2,接上负载电阻 R_d,并调节负载电阻至最大。

②调节移相电位器 RP,使 $\alpha = 90°$,测量此时整流电路的输出电压 $U_d = f(t)$,输出电流 $i_d = f(t)$ 以及晶闸管端电压 $U_{AK} = f(t)$ 的波形,并测定交流输入电压 U_2、整流输出电压 U_d,验证 $U_d = 0.9U_2 \dfrac{1 + \cos \alpha}{2}$。

③采用类似方法,分别测 $\alpha = 60°$,$\alpha = 30°$时的 U_d, i_d, U_{AK}波形。

3. 单相桥式半控整流电路接电阻-电感性负载:

①接上续流二极管和平波电抗器。

②调节移相电位器 RP,使 $\alpha = 90°$,测量输出电压 $U_d = f(t)$,电感上的电流 $i_L = f(t)$,整流电路输出电流 $i_d = f(t)$ 以及续流二极管电流 $i_{VD} = f(t)$ 的波形,并分析三者的关系。调节电阻 R_d,观察 i_d 波形如何变化。注意防止过流。

③调节移相电位器 RP,使 α 分别等于 $60°,30°$ 时,测 U_d, i_L, i_d, i_{VD} 的波形。

④断开续流二极管,观察 $U_d = f(t)$,$i_d = f(t)$。

⑤突然切断触发电路,观察失控现象并记录 U_d 波形。若不发生失控现象,可调节电阻 R_d。

4. 单相桥式半控整流电路接反电势负载:

①断开主电路,改接直流电动机作为反电势负载。

调节移相电位器 RP,用示波器观察并记录不同 α 角时,输出电压 U_d,电流 i_d 及电动机电枢两端电压 U_m 的波形,记录相应的 U_2 和 U_d 的波形(可测取 $\alpha = 60°,90°$ 两点)。

②接上平波电抗器($L = 700$ mH),重复以上实验并加以记录。

五、预习要求

1. 阅读电力电子技术教材中有关单相桥式半控整流电路的内容。

2. 复习教材中有关单结晶触发电路的内容,掌握单结晶触发电路的工作原理。

3. 用 Multisim 7 或 MATLAB 软件仿真实验。

六、注意事项

1. 实验前必须先了解晶闸管的电流额定值,并根据额定值与整流电路公式计算出负载电阻的最小允许值。

2. 为保护整流元件不受损坏,晶闸管整流电路的正确操作步骤为:

①在主电路不接通电源时,调试触发电路,使之正常工作。

② 整流电路投入工作时,先调节移相电位器 RP,使 $\alpha = 150°$,然后逐渐减小 α,使整流电路投入工作。

③断开整流电路时,先调节 RP,使整流电路无输出,然后切断总电源。

3. 注意示波器的使用。

4. 接反电势负载时,需要注意直流电动机必须先加励磁。

七、实验报告内容

1. 绘出单相桥式半控整流电路接电阻负载,电阻-电感性负载以及反电势负载工作情况下,当 $\alpha = 90°$ 时 U_d, i_d, U_{AK}, i_{VD} 等的波形图,并加以分析。

2. 作出整流电路的输入-输出特性 $U_d = f(U_{b1})$、触发电路特性 $U_{b1} = f(\alpha)$ 及 $U_d / U_2 = f(\alpha)$ 曲线。

3. 分析续流二极管作用及电感量大小对负载电流的影响。

4. 附上仿真结果。

八、思考题

1. 在可控整流电路中,续流二极管 VD 起什么作用? 在什么情况下需要接入?

2. 能否用双踪示波器同时观察触发电路与整流电路的波形?

实验四　锯齿波同步触发电路实验

一、实验目的

1. 加深理解锯齿波同步触发电路的工作原理。弄清各主要点的波形及电路参数的关系。
2. 掌握锯齿波同步触发电路的测量与调试方法。
3. 学会并联垂直移相时 U_C,U_b,U_T 的整定。

二、实验设备

1. 锯齿波同步触发电路板　1 块　　2. 双踪示波器　1 台
3. 双路稳压电源　　　　　1 台　　4. 万用表　　　1 块

三、实验电路

实验电路如图 2.1.5 所示。锯齿波同步触发电路由同步检测、锯齿波形成、移相控制、脉冲形成、脉冲放大等环节组成。

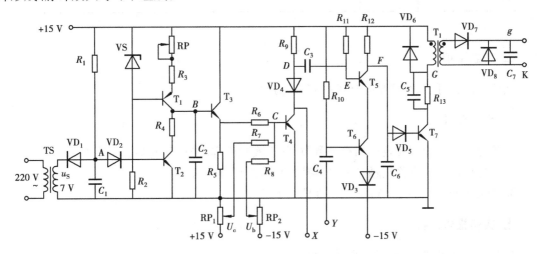

图 2.1.5　锯齿波同步触发电路

四、实验内容及步骤

1. 对照实验电路,熟悉实验装置及面板和各元件作用,找出主要测试点及测量插孔的对应关系。
2. 按图连接线路,此时 U_C,U_b,RP 均不加。
3. 观测各三极管静态工作点:
①将稳压电源调到 +15 V,然后接入电路板。
②用万用表测得 T_1 处于放大,T_3 接近截止,T_2,T_5 饱和,T_4,T_6,T_7 截止($U_{CE} \approx 15$ V),如符合

上述情况则触发器能正常工作。

4. 观察各点波形：

①同时观察同步电压 U_s 和 A 点波形,加深对 C_1,R_1 作用的理解。

②同时测量 A 点和 B 点的电压波形,观察锯齿波宽度与 A 点波形的关系。

③调节斜率电位器 RP,观察锯齿波斜率的变化,并指出 RP 减小时,锯齿波斜率是上升还是下降。

④观察 $C \sim F$ 点的电压波形,以及脉冲变压器输出电压 U_G 的波形,记录各波形的幅值与宽度,并比较 C 点波形与输出脉冲 U_G 的关系。

5. 调节触发脉冲的移相范围：

先使控制电压 $U_C = 0$(RP$_1$ 逆时针到头),同时测量 C 点波形和输出脉冲 U_G 的波形,调节偏移电压 U_b(调节 RP$_2$),使 $\alpha = 180°$,如图 2.1.6 所示。增大 U_C,观察脉冲的移动情况。要求:$U_C = 0$ 时,$\alpha = 180°$;$U_C = U_{CM}$ 时,$\alpha = 0°$,以满足 $\alpha = 0° \sim 180°$ 的移相范围要求。

6. 调节 U_C,使 $\alpha = 60°$,观察 U_S、$U_A \sim U_F$ 及 U_G 的波形,并记录于表中。

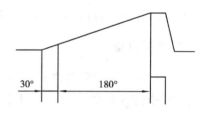

图 2.1.6　脉冲移相范围

α	U_S	U_A	U_B	U_C	U_D	U_E	U_F	U_G
60°								

五、注意事项

实验线路接好后,须经指导教师检查后,方可通电。

六、预习要求

1. 预习实验指导书及教材的有关章节,熟悉实验内容、步骤及电路工作原理。

2. 掌握锯齿波同步移相触发电路脉冲初相位的调整方法。

3. 利用 Multisim 7 或 MATLAB 软件仿真实验。

七、实验报告内容

1. 分析本触发器同步环节的工作原理。

2. 总结影响锯齿波斜率、脉宽、移相范围的因素。

3. 加入 U_b,U_c 起什么作用? 不适当的调节 U_b 和 U_c 会出现什么现象?

4. 绘出 $\alpha = 60°$ 时的各点波形。

5. 附上仿真结果。

八、思考题

锯齿波同步移相触发电路有哪些特点? 移相范围与哪些参数有关?

实验五 集成触发电路与单相桥式全控整流电路实验

一、实验目的

1. 研究单相桥式全控整流电路在电阻负载、电阻-电感性负载及反电势负载时的工作情况。

2. 熟悉 KC04 集成触发电路的工作原理及应用。

二、实验设备

1. 单相桥式全控整流电路板　1块　　2. 集成触发电路板　1块

3. 滑线变阻器　　　　　　　1个　　4. 双踪示波器　　　1台

5. 直流电流表、电压表　　　各1块　　6. 万用表　　　　　1块

7. 直流电机　　　　　　　　1个

三、实验电路及原理

集成触发电路与单相桥式全控整流电路见图 2.1.7。KC04 移相触发器的内部电路与分立元件组成的锯齿波触发电路相似,也是由锯齿波形成、垂直移相控制、脉冲形成及整形放大输出等基本环节组成。KC04 在一周期内,在 1 脚和 15 脚输出相位差180°的两个脉冲,分别触发 VT1,VT2 和 VT3,VT4 轮流导通、关断,在交流电源的正负半周都有整流电流流过负载。VT1,VT2 组成单相桥式全控整流电路的一对桥臂,VT3,VT4 组成另一对桥臂。

四、实验内容及步骤

1. 合上主电路电源,调节主电源电压 $U = 220$ V,此时集成触发电路应处于工作状态。

2. 单相桥式全控整流电路接电阻负载:

接上电阻负载,并调节负载电阻至最大,调节 U_c(2.2 kΩ 电位器),测量在不同 α 角(30°, 60°,90°)时整流电路的输出电压 $U_d = f(t)$,晶闸管的端电压 $U_{AK} = f(t)$ 的波形,并记录相应 α 时的 U_d 和交流输入电压 U_2 值。

3. 单相桥式全控整流电路接电阻-电感性负载:

接上平波电抗器,测量在不同 α 角(30°,60°,90°)时的输出电压 $U_d = f(t)$,负载电流 $i_d = f(t)$ 以及晶闸管端电压 $U_{AK} = f(t)$ 波形,并记录相应 α 角时的 U_d,U_2 值。

改变电感值($L = 100$ mH),观察 $\alpha = 90°$,$U_d = f(t)$、$i_d = f(t)$ 的波形,并加以分析。

4. 单相桥式全控整流电路接反电势负载:

①接入直流电动机,在 $\alpha = 90°$ 时,观察 $U_d = f(t)$,$i_d = f(t)$ 以及 $U_{AK} = f(t)$ 的波形。注意,交流电压 U_2 需从 0 V 起调,同时直流电动机必须先加励磁。

②直流电动机回路中串入平波电抗器($L = 700$ mH),重复步骤①,进行观察。

五、预习要求

1. 阅读电力电子技术教材中有关单相桥式全控整流电路的内容。

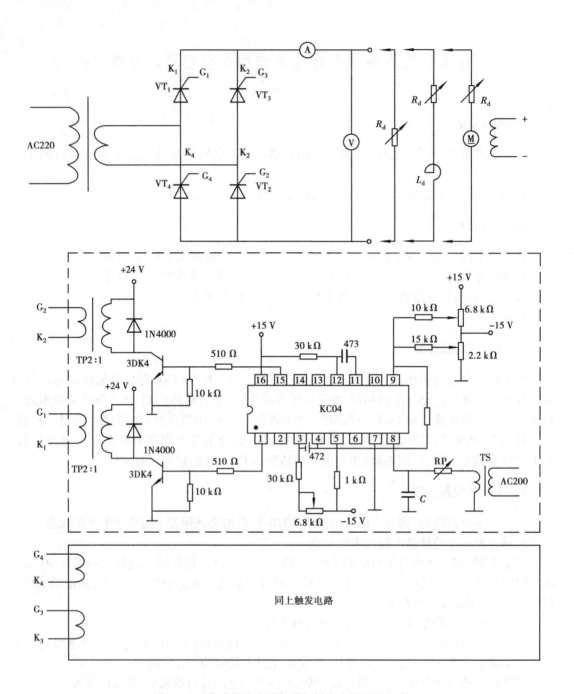

图 2.1.7　集成触发电路与单相桥式全控整流电路

2. 预习教材中有关 KC04 集成触发电路的内容, 掌握 KC04 集成触发电路的工作原理。

3. 利用 Multisim 7 或 MATLAB 软件对主电路进行仿真。

六、注意事项

1. 电阻 R_d 的调节需注意。若电阻过小, 会出现电流过大造成过流保护动作(熔断丝烧断, 或仪表告警); 若电阻过大, 则可能流过晶闸管的电流小于 I_H, 造成晶闸管时断时续。

2. 电感的值可根据需要选择,需防止过大的电感造成晶闸管不能导通。

3. 需要注意同步电压的相位,若出现晶闸管移相范围太小(正常范围约 $30° \sim 180°$),可尝试改变同步电压极性。

4. 示波器的两根地线由于同外壳相连,必须注意需接等电位,否则易造成短路事故。

5. 接反电势负载时,需要注意直流电动机必须先加励磁。

七、实验报告内容

1. 绘出单相桥式晶闸管全控整流电路接电阻负载情况下,当 $\alpha = 60°, 90°$ 时的 U_d, U_{AK} 波形,并加以分析。

2. 绘出单相桥式晶闸管全控整流电路接电阻-电感性负载情况下,当 $\alpha = 90°$ 时的 U_d, i_d, U_{AK} 波形,并加以分析。

3. 作出实验整流电路的输入-输出特性 $U_d = f(U_c)$,触发电路特性 $U_c = f(\alpha)$ 及 $U_d / U_2 = f(\alpha)$ 曲线。

4. 附上仿真结果。

实验六　三相半波可控整流电路的研究

一、实验目的

了解三相半波可控整流电路的工作原理,研究可控整流电路在电阻负载和电阻-电感性负载时的工作情况。

二、实验设备

1. 三相半波可控整流电路板　1 块　　　2. 锯齿波触发电路板　1 块
3. 滑线变阻器　　　　　　　 1 个　　　4. 双踪示波器　　　　1 台
5. 直流电流表、电压表　　　各 1 块　　6. 万用表　　　　　　1 块

三、实验电路及原理

实验电路如图 2.1.8 所示。三相半波可控整流电路要用三只晶闸管,与单相电路比较,输出电压脉动小,输出功率大,三相负载平衡。在一个周期内,三相电源轮流向负载供电,各脉冲依次间隔120°。VT1,VT2,VT3 轮流导通,持续不断的向负载提供电流,三相半波整流电路也可以看成是三个单相半波整流电路的合成。本实验的触发电路用锯齿波触发电路,锯齿波触发电路的使用请参考《锯齿波同步触发电路的研究》。

四、实验内容及步骤

1. 检查锯齿波触发电路的触发脉冲:
①按图接线,用示波器观察锯齿波触发电路的触发脉冲,应有间隔均匀,幅度相同的双脉冲。

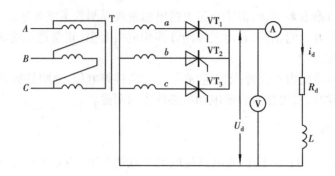

图 2.1.8　三相半波可控整流电路

②检查相序,用示波器观察,前后脉冲相差 60°,则相序正确,否则,应调整输入电源。

③用示波器观察每只晶闸管的 G-K 极间,应有幅度为 1~2 V 的脉冲。

2. 研究三相半波可控整流电路接电阻性负载时的工作:

①合上主电源,接上电阻性负载,调节三相调压器,使输出电压 U_{ab},U_{bc},U_{ca} 从 0 V 调至 110 V。

②改变控制电压 U_c,观察在不同触发移相角 α 时,可控整流电路的输出电压 $U_d = f(t)$ 与输出电流波形 $i_d = f(t)$,并记录相应的 U_d,I_d,U_c 值。

③记录 $\alpha = 90°$ 时的 $U_d = f(t)$ 及 $i_d = f(t)$ 的波形图。

④测绘三相半波可控整流电路的输入-输出特性 $U_d/U_2 = f(\alpha)$。

⑤测绘三相半波可控整流电路的负载特性 $U_d = f(I_d)$。

3. 研究三相半波可控整流电路接电阻-电感性负载时的工作:

1)接入电抗器 $L = 700$ mH,可把原负载电阻 R_d 调小,监视电流,不宜超过 0.8 A(若超过 0.8 A,可用导线把负载电阻短路),操作方法同上。

2)观察不同移相角 α 时的输出 $U_d = f(t)$、$i_d = f(t)$,并记录相应的 U_d,I_d 值,记录 $\alpha = 90°$ 时 $U_d = f(t)$,$i_d = f(t)$,$U_{AK} = f(t)$ 的波形图。

3)测绘整流电路的输入-输出特性 $U_d/U_2 = f(\alpha)$。

五、注意事项

1. 整流电路与三相电源连接时,一定要注意相序。

2. 整流电路的负载电阻不宜过小,电流不宜过大,同时负载电阻不宜过大,保证 $I_d > 0.1$ A,避免晶闸管时断时续。

3. 正确使用示波器,避免示波器的两根地线接在非等电位的端点上,造成短路事故。

六、预习要求

1. 阅读电力电子技术教材中有关三相半波可控整流电路的内容。

2. 复习教材中有关锯齿波触发电路的内容。

3. 利用 Multisim 7 或 MATLAB 软件对主电路进行仿真。

七、实验报告内容

1. 绘出本整流电路接电阻性负载,电阻-电感性负载时的 $U_d = f(t)$,$i_d = f(t)$ 及 $U_{AK} = f(t)$

（在 $\alpha=90°$ 情况下）波形,并进行分析讨论。

2. 根据实验数据,绘出整流电路的负载特性 $U_d=f(I_d)$,输入-输出特性 $U_d/U_2=f(\alpha)$。

3. 附上仿真实验结果。

八、思考题

1. 如何确定三相触发脉冲的相序? 它们之间分别应有多大的相位差? 主电路输出的三相相序能任意改变吗?

2. 根据所用晶闸管的定额,如何确定整流电路允许的输出电流?

实验七　采用集成触发器的三相桥式全控整流电路的研究

一、实验目的

1. 熟悉 KC04 集成触发电路的工作原理。
2. 掌握采用集成触发电路的整流装置的调试方法。
3. 进一步熟悉电阻、电阻-电感和反电动势三种负载下的 u_d、i_d 和 u_{AK} 波形。

二、实验设备

1. 晶闸管三相桥式全控整流电路板	1块	2. 双路稳压电源	1台
3. KC04 集成触发器六脉冲触发电路板	1块	4. 双踪示波器	1台
5. 万用表	1块	6. 电抗器	1个
7. 变阻器或灯箱	1个	8. 三相整流变压器	1台
9. 直流电动机	1台		

三、实验电路及原理

三相全控桥可控整流实验电路如图 2.1.9 所示,采用 KC04 组成的集成化六脉冲触发电路如图 2.1.10 所示。

四、实验内容及步骤

1. 确定三相交流电源相序后,按图 2.1.9 和 2.1.10 接线,整流变压器接成 △/Y-11,同步变压器接成 △/Y$_0$-11。

2. 触发电路的调整:

1)接通触发电路的交、直流电源。

2)用示波器观察并记录集成触发器六脉冲触发电路中的 S 点和 KC04 的 8,4,9,11,12,1,15 脚的波形。如波形不正确,应检查接线是否有误,元器件是否变质、损坏。

3)三块 KC04 的锯齿波斜率如不一致,可调节斜率电位器 $RP_1 \sim RP_3$ 使其一致。

4)测量触发电路中脉冲变压器的输入、输出波形,各脉冲应依次相差 $60°$,输出脉冲幅度应有 $1\sim2$ V。

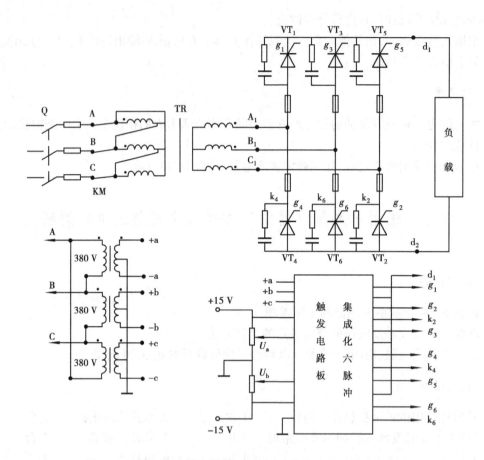

图 2.1.9　采用集成触发器的三相桥式全控整流实验线路主电路

5）各相 S 点的电压 u_s 应分别滞后相应相同步电压 30°，若有误差，可调节同步相位电位器 RP 予以解决。

3. 触发电路调试正常后，再做负载实验：

无论哪种负载，首先令 $U_c = 0$，然后调节 U_b，使 $U_d = 0$，定出初始相位 α_0。电阻、电阻-电感和反电动势三种负载的实验内容及步骤，可参照实验六。

五、注意事项

1. 同实验六。

2. 为防止过流，启动时将负载电阻调至最大位置。

六、预习要求

1. 阅读电力电子技术教材中有关三相桥式全控整流电路的有关内容。

2. 复习 KC04 集成触发器的内部电路和工作原理，熟悉各管脚的波形及应用电路，详见第一篇第 2 章 2.1.1 节。

3. 利用 Multisim 7 或 MATLAB 软件对三相桥式全控整流主电路进行仿真。

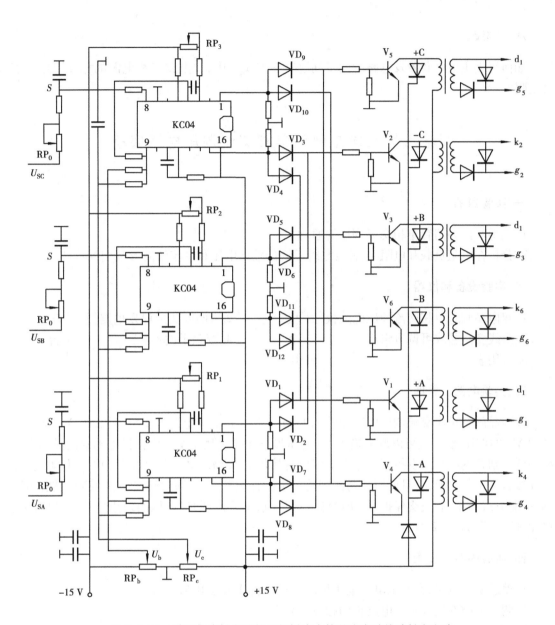

图 2.1.10　采用集成触发器的三相桥式全控整流实验线路触发电路

七、实验报告内容

1. 整理实验中记录的波形,画出 $\alpha = 30°, 60°, 90°$ 时的整流电压 $U_d = f(t)$ 和晶闸管端电压 $U_{AK} = f(t)$ 的波形。

2. 画出电路的移相特性 $U_d = f(\alpha)$。

3. 画出触发电路的传输特性 $\alpha = f(U_c)$。

4. 总结集成触发器的优点。分析实验中出现的现象。

八、思考题

如何解决主电路和触发电路的同步问题？在本实验中，主电路三相电源的相序可以任意设定吗？

实验八 双向晶闸管单相交流调压电路实验

一、实验目的

1. 熟悉双向晶闸管单相交流调压的原理。
2. 分析在电阻负载和电阻-电感负载时不同的输出电压和电流的波形及相控特性。

二、实验设备和仪器

1. 双向晶闸管单相交流调压电路板　1 块　　2. KJ006 集成触发电路板　1 块
3. 滑线变阻器或可调电阻箱　　　　1 个　　4. 双踪示波器　　　　　　　1 台
5. 万用表　　　　　　　　　　　　1 块

三、实验电路及原理

双向晶闸管单相交流调压电路如图 2.1.11 所示。在交流电源的正负半周，改变双向晶闸管的 VT_1 的控制角 α，就可以调节输出电压。KJ006 主要适用于交流直接供电的双向晶闸管或反并联晶闸管的移相触发控制。它由交流电直接供电，而无需外加同步信号、输出脉冲变压器及外接直流工作电源，并且能直接与晶闸管门极耦合触发。它具有锯齿波线性度好、移相范围宽、控制方式简单、有失交保护、输出电流大等优点，是交流调光、调压的理想电路。其内部电路原理图如图 2.1.12 所示。

四、实验内容及步骤

1. 熟悉实验电路，在额定电源电压情况下估算负载参数 R 和 L。
2. 测量 KJ006 集成触发电路板的触发信号。
3. 按实验电路要求接线，用示波器观察触发器输出脉冲移相情况。
4. 主电路接电阻负载(200 Ω,1 A 变阻器)，用示波器观察不同 α 角时输出电压 u_d 和晶闸管两端电压 U_{AK} 的波形。并测出负载电压的有效值。可取 $\alpha=0°,30°,60°,90°,120°$ 和 $150°$ 等特殊角进行观察和分析。
5. 主电路改接电阻-电感负载，在不同控制角 α 和不同阻抗角 ϕ 情况下用示波器观察和记录负载电压和电流的波形。R 可在 $100\sim200$ Ω 范围内调节，计算确定阻抗角 $\phi=30°$ 和 $60°$，分别观察并画出 $\alpha>\phi,\alpha\approx\phi$ 和 $\alpha<\phi$ 情况下负载电压和电流的波形，指出电流临界连续的条件并加以分析。
6. 特别注意观察上述 $\alpha<\phi$ 情况下会出现较大的直流分量，此时固定 L，加大 R 直至消除直流分量。在可能情况下改用宽脉冲或脉冲列触发，观察 $\alpha<\phi$ 时，仍能获得对称连续的负载

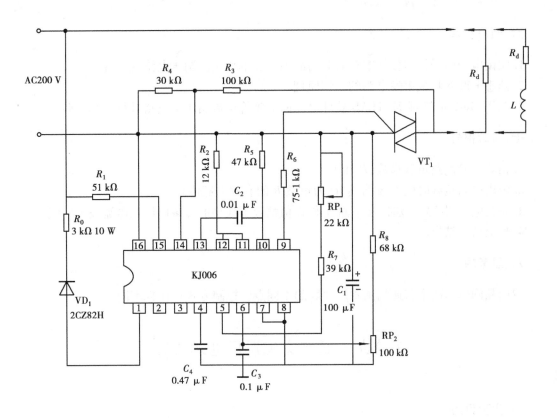

图 2.1.11　双向晶闸管单相交流调压电路

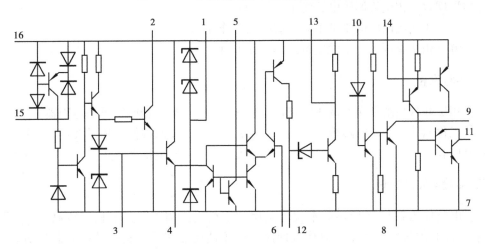

图 2.1.12　KJ006 的内部电原理图

正弦波形的电流。

五、注意事项

1. 负载电阻采用大功率电阻箱,并注意负载电流的观察,负载电流不宜过大。

2. 正确使用示波器,避免示波器的两根地线接在不同电位的端点上,造成短路事故。

六、预习要求

1. 阅读电力电子技术教材中有关双向晶闸管和单相交流调压电路的内容。
2. 熟悉 KJ006 集成触发电路的工作原理。
3. 利用 Multisim 7 或 MATLAB 软件对双向晶闸管交流调压主电路进行仿真实验。

七、实验报告

1. 估算实验电路负载参数(R 和 L 等)。
2. 画出电阻负载时的 U-α 曲线(U 为负载 R 的有效电压值)。
3. 测绘电阻-电感负载时,在不同 α 和 ϕ 值情况下典型的负载电压和电流波形曲线。
4. 附上仿真结果。

八、思考题

双向晶闸管与两个普通晶闸管反并联的不同点? 控制方式有什么不同?

实验九　三相交流调压电路实验

一、实验目的

1. 加深理解三相交流调压电路的工作原理。
2. 了解三相交流调压电路带不同负载时的工作原理。
3. 了解三相交流调压电路触发电路的工作原理。

二、实验设备

1. 三相反并联晶闸管交流调压电路板	1 块	2. 三相同轴可调电阻器	1 个
3. 集成化六脉冲触发电路板	1 块	4. 双踪慢扫描示波器	1 台
5. 万用表	1 块	6. 电抗器	3 个

三、实验电路及原理

实验电路如图 2.1.13 所示。本实验采用的三相交流调压器为三相三线制,由于没有中线,每相电流必须从另一相流入以构成回路。交流调压器应采用宽脉冲或双脉冲进行触发。与三相整流电路不同的是,控制角 $\alpha=0°$ 为相电压的过零点,而不是自然换流点。为满足移相范围要求,主电路整流变压器应采用 $YN_{yn}(y)$ 接法,同步变压器采用 D_{yn} 接法。

四、实验内容

1. 检查触发脉冲:

按图接线。接通同步电源和直流电源,用示波器观察触发电路各点波形及输出脉冲波形是否正常,每只晶闸管的 G-K 极应有幅度为 $1\sim 2$ V 的脉冲。

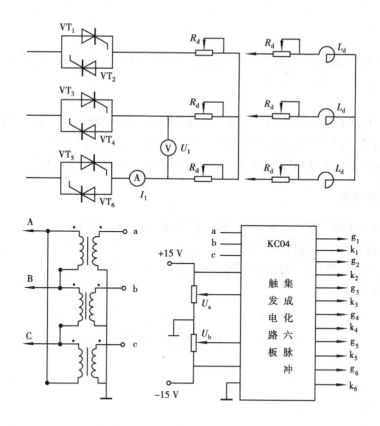

图 2.1.13　三相交流调压实验电路

2. 三相交流调压电路带电阻性负载：

将晶闸管 $VT_1 \sim VT_6$ 按图 2.1.13 连成三相交流调压器主电路,将触发电路板的六个脉冲输出端与相应的晶闸管的 G-K 极相连接,接上三相电阻负载,并调节电阻负载至最大。接通电源,用示波器观察并记录 $\alpha = 0°,30°,60°,90°,120°,150°$ 时的输出电压波形,并记录相应的输出电压有效值填入下表中。

α	0°	30°	60°	90°	120°	150°
U						

3. 三相交流调压电路带电阻-电感性负载：

断开电源,改接电阻-电感性负载。接通电源,调节三相负载的阻抗角 $\phi = 60°$,用示波器观察并记录 $\alpha = 30°,60°,90°,120°$ 时的波形,并记录输出电压 u,电流 i 的波形,并将输出电压有效值 U 记于下表中。

α	30°	60°	90°	120°
U				

五、注意事项

正确使用示波器,避免示波器的两测试端地线接在不同电位端点上,造成短路事故。

六、预习要求

1. 阅读电力电子技术教材中有关交流调压器的内容,掌握交流调压器的工作原理。
2. 了解如何使三相可控整流电路的触发电路适用于三相交流调压电路。
3. 利用 Multisim 7 或 MATLAB 软件对三相交流调压主电路进行仿真实验。

七、实验报告内容

1. 整理并画出实验中记录下的波形,做不同负载时 $U = f(\alpha)$ 的曲线。
2. 讨论、分析实验中出现的各种问题。
3. 比较实验波形,看是否与理论分析得到的波形一致。
4. 附上仿真结果。

实验十　直流斩波电路实验

一、实验目的

1. 加深理解斩波器电路的工作原理。
2. 掌握斩波器主电路、触发电路的调试步骤和方法。
3. 熟悉斩波器各点的电压波形。

二、实验设备

1. 直流斩波器电路板　　　1块　　　2. 直流斩波器触发电路板　1块
3. 三相可调电阻器　　　　1个　　　4. 双踪示波器　　　　　　1台
5. 万用表　　　　　　　　1块

三、实验电路及原理

本实验采用脉宽可调的晶闸管斩波器,主电路如图 2.1.14 所示。其中 VT₁ 为主晶闸管,当 VT₁ 导通后,电源电压就通过该晶闸管加在负载上。VT₂ 为辅助晶闸管,由它控制输出电压的脉宽。C 和 L_1 构成振荡电路,它们与 VD₂、VD₁、L_2 组成 VT₁ 的换流关断电路。接通电源时,C 经 VD₂、负载充电至 $+U_{d0}$,VT₁ 导通,电源加到负载上,过一段时间后,VT₂ 导通,C 和 L_1 产生串联振荡,C 上的电压由 $+U_{d0}$ 变为 $-U_{d0}$,由于电流下降到零,VT₂ 自行关断。VT₂ 关断后,C 经 VD₂ 和 VT₁ 反向放电,使 VT₁ 电流减小,当 VT₁ 电流减小到零时,VT₁ 关断。VD₃ 为续流二极管。

从以上斩波器工作过程可知,控制 VT₂ 脉冲出现的时刻,即可调节输出电压的脉宽,从而达到调节输出直流电压的目的。VT₁,VT₂ 的触发脉冲间隔由触发电路确定。直流斩波器触发电路如图 2.1.15 所示。

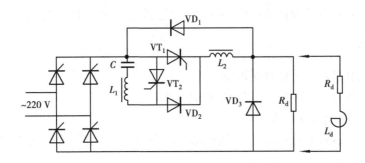

图 2.1.14　晶闸管斩波器实验电路

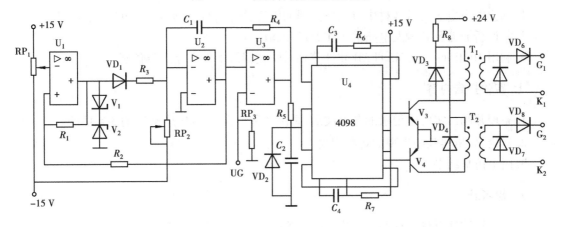

图 2.1.15　直流斩波器触发电路

四、实验内容及步骤

1. 直流斩波器触发电路调试：

调节电位器 RP_1, RP_2, 用示波器观察脉冲波形, RP_1 可调节锯齿波的上下电平位置, RP_2 可调节锯齿波频率。先调 RP_2, 将频率调至 200~300 Hz。在保证三角波不失真的情况下, 调节 RP_1, 观察占空比的变化范围(并将占空比调到 0.9), 用示波器观察输出脉冲波形, 测量触发电路输出脉冲的幅度和宽度。

2. 直流斩波器接电阻性负载：

①按图连好斩波器主电路, 并接上电阻负载, 将触发电路的输出 G_1, K_1, G_2, K_2 分别接至 VT_1, VT_2 的门极和阴极。

②用示波器观察并记录触发电路的 G_1, K_1, G_2, K_2 的波形, 并记录输出电压 U_d、电容电压 U_C 及晶闸管两端电压 U_{AK1} 的波形, 注意观测各波形间的相位关系。

③调节 RP_3, 观察在不同 τ(即主脉冲 U_{g1} 和辅助脉冲 U_{g2} 的间隔时间)时的 U_d 波形, 并记录相应的 U_d 和 τ, 画出 $U_d = f(\tau/T)$ 的关系曲线, 其中 τ/T 为占空比。

τ					
U_d					

3. 直流斩波器接电阻-电感性负载：

107

关断主电源后,将负载改接成电阻-电感性负载,重复上面电阻性负载时的实验步骤。

五、注意事项

1. 触发电路调试好后,才能接主电路。

2. 实验时,每次合上主电源时,需缓慢提高电压。

3. 负载电流不要超过 0.5 A。

4. 正确使用示波器,避免示波器的两测试端地线接在不同电位端点上,造成短路事故。

六、预习要求

1. 阅读电力电子技术教材中有关斩波器的内容,弄清脉宽可调斩波器的工作原理。

2. 掌握斩波器及其触发电路的工作原理和调试方法。

3. 利用 Multisim 7 或 MATLAB 软件分别对斩波器及触发电路进行仿真。

七、实验报告内容

1. 整理并画出实验中记录的各点波形,画出各种负载下 $U_d = f(\tau/T)$ 的关系曲线。

2. 讨论、分析实验中出现的各种现象。

3. 附上仿真结果。

八、思考题

1. 直流斩波器有哪几种调制方式? 本实验中的斩波器为何种调制方式?

2. 本实验采用的斩波器中电容 C 起什么作用?

实验十一　IGBT 直流斩波电路

一、实验目的

1. 熟悉斩波电路的工作原理。

2. 掌握 IGBT 器件的应用。

3. 熟悉 W494 集成脉宽调制器电路。

4. 了解斩波器电路的调试步骤和方法。

二、实验设备

1. IGBT 直流斩波电路板　　　　1 块　　　2. 变阻器　　　1 个

3. W494 集成 PWM 波形驱动电路板 1 块　　　4. 双踪示波器　1 台

5. 直流伺服电动机(电枢电压 100 V,励磁电压 100 V)　1 台

6. 万用表　　　　　　　　　　　　　　　　　1 块

三、实验电路及原理

IGBT 直流斩波实验电路如图 2.1.16 所示。220 V 电源经变压器降到 90 V,再由二极管桥式整流、电容滤波获得直流电源。控制 IGBT 通断就可调节占空比(τ/T),从而使输出直流电压得到调节。控制电路采用 W494 组成 PWM 脉宽调制器,W494 的管脚排列、内部功能框图及参数详见第一篇第二章 2.2.1 节。

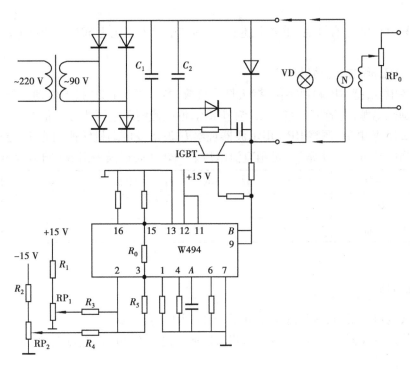

图 2.1.16　IGBT 直流斩波电路

四、实验内容及步骤

1. W494 集成 PWM 波形驱动电路的调整:

①按照图 2.1.16 接线。调节电位器 RP_1 到零位,接通 ± 15 V 电源,用示波器观察 A 点波形应为锯齿波,调节 RP_2,B 点应有脉宽可调的脉冲输出。

②调 RP_2 使输出脉冲宽度为零。正向旋转 RP_1 使控制电压由零上升,从示波器观察到的输出脉冲逐渐变宽。调 RP_1 应使占空比在(0 ~ 100)% 连续可调,这样说明控制电路工作正常。记录占空比为 50% 时,A,B 两点电压波形。

2. IGBT 直流斩波接电阻负载:

①断开 ± 15 V 电源,并把电位器 RP_1 调到零位,接上灯泡负载(可用 200 W 灯泡)。接通主电源,此时用万用表测量 C_1 两端直流电压在 120 V 左右,说明变压器、整流桥及滤波电容工作正常。

②再次接通 ± 15 V 电源,增大 RP_1,用示波器观察负载两端电压波形,占空比是否在(0 ~ 100)% 连续可调,若为连续可调说明电路工作正常,记录占空比为 50% 及 100% 时负载两端电

压 U_d 的数据及波形。

负 载	占空比 50%		占空比为 100%	
	U_d/V	U_d 波形	U_d/V	U_d 波形
200 W				
100 W				

改用一只 100 W 左右灯泡,重复上述实验,同样记录占空比为 50% 及 100% 时负载两端电压 U_d 及波形。

3. IGBT 直流斩波接电动机负载:

①断开各电源,把 RP_1 调到零位,拆去灯泡负载,参考图 2.1.20 接上电动机负载(空载)。

②接通励磁电源,再通主电路电源,调节 RP_0,使励磁绕阻电压为额定值。

③接通 ±15 V 电源,调整 RP_1,用示波器观察 U_d 波形及电动机转速的变化,看电动机运行是否平稳。当电动机工作正常后,可用直流电压表和转速表记录一组数据于下表中。

τ/T	25%	50%	80%	95%
U_d/V				
$N/(\text{r} \cdot \text{min}^{-1})$				

五、注意事项

1. 当负载为电动机时,应先加励磁电压,再接通主回路电源。

2. 正确使用示波器,避免示波器的两测试端地线接在不同电位端点上,造成短路事故。

六、预习要求

1. 阅读电力电子技术教材中有关 IGBT 和直流斩波电路的内容。

2. 熟悉 W494 集成 PWM 波形驱动电路的工作原理。

3. 利用 Multisim 7 或 MATLAB 软件对 IGBT 直流斩波器主电路进行仿真。

七、实验报告内容

1. 整理记录波形,比较两种灯泡负载下 U_d 的波形有什么不同,说明为什么?

2. 画出电动机负载时,$U_d = f(\tau/T)$ 和 $n = f(\tau/T)$ 的关系曲线。

3. 附上仿真实验结果。

八、思考题

占空比为 100% 时,U_d 的波形是否平直,为什么?

实验十二　升、降压直流斩波电路实验

一、实验目的

熟悉降压斩波电路(Buck Chopper)和升压斩波电路(Boost Chopper)的工作原理,掌握这两种基本斩波电路的工作状态及波形情况。

二、实验设备

1. 升、降压斩波电路板　　　　　　　　　1 块　　2. 双踪示波器　1 台
3. 集成(SG3525)的 PWM 波形发生器电路板　1 块　　4. 万用表　　　1 块
5. 电阻箱或其他可调电阻盘　　　　　　　1 个

三、实验电路及原理

升、降压斩波实验电路如图 2.1.17 所示。图(a)为降压斩波电路,控制器件 V 采用全控器件 P-MOSFET,VD 为续流二极管。当 V 导通时,电源 U_i 向负载供电,电感 L 储存能量;在 V 关断时,VD 为电感 L 储存的能量提供电流通路。

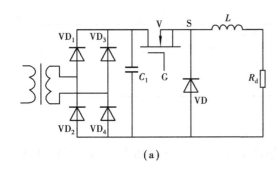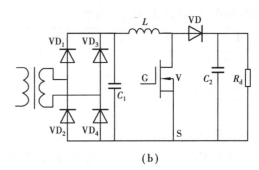

图 2.1.17　升、降压斩波电路

图(b)为升压斩波电路,当斩波控制开关 V 导通时,此时续流二极管 VD 反偏,电源 U_i 向电感 L 充电储能,充电电流基本为恒定值。同时电容 C 向负载 R_d 放电,并基本保持输出电压 U_d 为一恒定值。在 V 关断期间,储能电感 L 两端电势极性发生改变,续流二极管 VD 转为正偏,储能电感 L 和电源迭加共同向负载提供电流和给电容 C 充电。

PWM 波形发生器如图 2.1.18 所示。它以 SG3525 专用 PWM 集成电路为核心,采用恒频脉宽调制方式。内部包含精密基准源、锯齿波振荡器、误差放大器、比较器、分频器和保护电路等。调节 U_t 的大小,在 A,B 两端可输出两个幅度相等、频率相等、相位相差、占空比可调的矩形波(PWM 波),工作原理及性能指标详见第 1 篇第 2 章 2.2.3 节。

四、实验内容及步骤

1. 控制与驱动电路的测试:

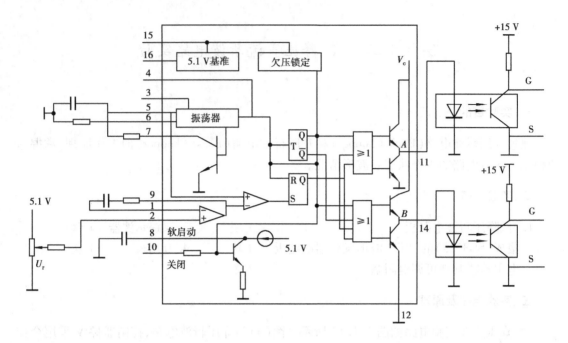

图 2.1.18　集成(SG3525)的 PWM 波形发生器

调节 PWM 脉宽调节电位器改变 U_r,用示波器分别观测并记录 SG3525 的 11 脚与 14 脚,以及两个光耦输出的波形、频率。

U_r/V	1.4	1.6	1.8	2.0	2.2	2.4	2.6
11 脚占空比							
14 脚占空比							

2. 降压斩波电路实验:

①将 PWM 波形发生器的输出端分别和降压斩波电路 V 的 G,S 端相连,电阻箱顺时针旋转调至阻值最大。

②检查接线正确后,接通控制电路和主电路的电源(注意:先接通控制电路电源后,再接通主电路电源),改变脉冲占空比,每改变一次,分别观察 PWM 信号的波形,MOSFET 的栅源电压波形,输出电压 u_d 波形,输出电流 i_d 的波形,记录 PWM 信号占空比 D,u_i,u_d 的平均值 U_i 和 U_d。

③改变负载 R_d 的值(注意:负载电流不能超过 1 A),重复上述内容。

3. 升压斩波电路实验:

①切断主电路电源,将 PWM 波形发生器的输出端分别和升压斩波电路 V 的 G,S 端相连,电阻箱顺时针旋转调至阻值最大。

②检查接线正确后,接通控制电路和主电路的电源。改变脉冲占空比 D,每改变一次,分别观察 PWM 信号的波形,MOSFET 的栅源电压波形,输出电压 u_d 波形,输出电流 i_d 的波形,记录 PWM 信号占空比 D,u_i,u_d 的平均值 U_i 和 U_d。

③改变负载 R_d 的值(注意:负载电流不能超过 1 A),重复上述内容。

五、注意事项

1. 当改变负载电路时,注意 R 值不可过小,否则电流太大,有可能烧毁电源内部的熔断丝。

2. 实验过程当中先加控制信号,后接通主电路电源。

3. 在主电路通电后,不能用示波器的两个探头同时观测主电路元器件之间的波形,否则会造成短路。在做直流斩波器实验时,最好使用一个探头。

4. 最好采用数字存储示波器,否则幅值、频率等一些参数不易测量。

六、预习要求

1. 阅读电力电子技术教材中有关升、降压斩波电路的内容。

2. 学习教材中有关 PWM 技术的相关内容。

3. 利用 Multisim 7 或 MATLAB 软件对升、降压斩波主电路进行仿真。

七、实验报告

1. 分析 PWM 波形发生的原理。

2. 记录在某一占空比 D 下,降压斩波电路中 MOSFET 的栅源电压波形,输出电压 u_d 波形,输出电流 i_d 的波形,并绘制升、降压斩波电路的 U_i/U_d-D 曲线,与理论分析结果进行比较,并讨论产生差异的原因。

3. 分析实验中出现的各种现象。

4. 附上仿真实验结果。

八、思考题

1. 直流斩波电路的工作原理是什么? 有哪些结构形式和主要元器件?

2. 为什么在主电路工作时,不能用示波器的两个探头同时对两处波形进行观测?

实验十三　半桥型开关稳压电源的性能研究

一、实验目的

1. 熟悉典型开关电源电路的结构,元器件和工作原理。

2. 了解主电路的结构和工作原理。

3. PWM 控制电路的原理和常用集成电路。

4. 驱动电路的原理和典型的电路结构。

二、实验设备

1. 半桥型开关稳压电源板　　　1 块　　　2. PWM 波形发生器电路板　　　1 块

3. 双踪示波器　　　　　　　　1 台　　　4. 万用表　　　　　　　　　　1 块

5.滑线变阻器或可调电阻箱　1 个

三、实验电路及原理

主电路结构框图如图 2.1.19 所示,实验电路如图 2.1.20 所示。两只 MOSFET 管与 C_1,C_2组成逆变桥,在两路 PWM 信号控制下实现逆变,将直流电压变换成占空比可调的矩形脉冲电压,然后通过降压、整流、滤波后,获得电压可调的直流电源输出。该电源在开环时,负载特性较差。加入反馈构成闭环控制后,能根据电源电压或负载的变化,自动控制 PWM 信号的占空比,使输出直流电压在一定范围内保持不变,达到稳压的效果。

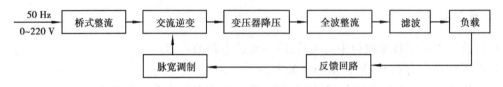

图 2.1.19　电路结构框图

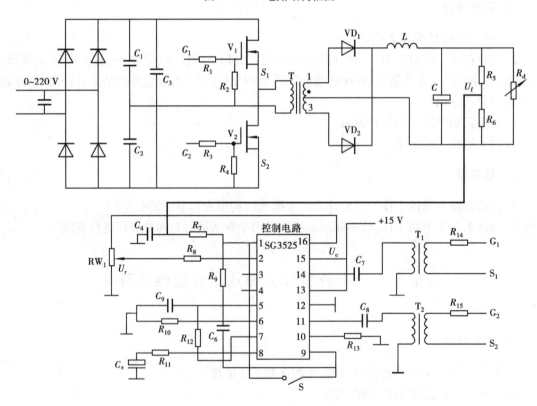

图 2.1.20　半桥型开关稳压电源电原理图

四、实验内容和步骤

1. PWM 波形发生器的调试:

参考升降压直流斩波电路实验。

2. 分别将 PWM 波形发生器的两个输出和半桥型开关稳压电源的 G_1,S_1 端和 G_2,S_2 端相连。经检查接线无误后,分别观察两个 MOSFET 管 V_1,V_2 的栅极 G 和源极 S 间的电压波形,记录波形、周期、脉宽、幅值及上升、下降时间。

3. 合上控制电源以及主电源(注意:一定要先加控制信号,后加主电源)。用示波器分别观察两个 MOSFET 的栅源电压波形 u_{GS} 和漏源电压波形 u_{DS},记录波形、周期、脉宽和幅值。

4. 分别将半桥型开关稳压电源的负载电阻调为 33 Ω,观察输出整流二极管阳极和阴极间的电压波形,记录波形、周期、脉宽以及幅值;观察输出电源电压 u_d 的波形,记录波形、幅值,并观察主电路中变压器 T 的一次侧电压波形以及二次侧电压波形,记录波形、周期、脉宽和幅值。

5. 将负载电阻调为 3 Ω,重复以上的实验内容。

五、注意事项

1. 半桥型开关稳压电源接好连线后,一定要先加控制信号,然后接通主电源。否则极易烧毁主电源的保险丝。

2. 用示波器同时观察两个二极管电压波形时,要注意示波器探头的共地问题,否则会造成短路,并严重损坏实验装置。

3. 不能用示波器同时观察两个 MOSFET 的波形,否则会造成短路,严重损坏实验设备。

六、预习要求

1. 阅读电力电子技术教材中有关开关电源的内容。

2. 学习教材中有关 PWM 技术的相关内容。

3. 利用 Multisim 7 或 MATLAB 软件对半桥型开关稳压电源主电路进行仿真实验。

七、实验报告内容

1. 根据记录的变压器一次侧、二次侧波形,计算变压器电压比。

2. 分析负载变化对电路工作的影响。

3. 分析本实验电路输出稳压的原理。

4. 用示波器同时观察 V_1 和 V_2 的漏源电压波形会产生什么后果? 试详细分析。

5. 附上仿真结果。

八、思考题

1. 若要同时观察 VD_1 和 VD_2 阳极-阴极间的电压波形,示波器的探头应当怎样连接? 错误的接法会产生什么后果? 试详细分析。

2. 开关稳压电源的工作原理是什么? 有哪些电路结构形式及主要元器件?

3. 利用闭环控制达到稳压的原理是什么?

4. 半桥型开关稳压电源与三端稳压器构成的稳压电源相比,有什么特点?

实验十四　电力晶体管(GTR)特性研究

一、实验目的

1. 熟悉 GTR 的开关特性及其测试方法。
2. 掌握 GTR 缓冲电路的工作原理与参数设计要求。

二、实验设备

1. PWM 波形发生器电路板　　1 块　　2. 双踪示波器　　1 台
3. 万用表　　　　　　　　　1 块　　4. GTR 实验板　　1 块

三、实验电路及原理

实验电路如图 2.1.21 所示。电力晶体管在电路中通常工作在频繁开关状态。但在给基极注入驱动电流时,GTR 并不能立刻产生集电极电流,要经过一小段时间后,集电极电流才开始上升,逐渐达到饱和值 I_{cs}。延迟时间 t_d 和上升时间 t_r 之和是电力晶体管从关断过渡到导通所需要的时间,称为开通时间 t_{on}。欲使电力晶体管关断,通常给基极加上一个负的电流脉冲。但这时集电极电流并不能立刻减小,而是要经过一段时间后才开始减小,再逐渐降为零。存储时间 t_s 和下降时间 t_f 之和是电力晶体管从导通过渡到关断所需要的时间,称为关断时间 t_{off}。

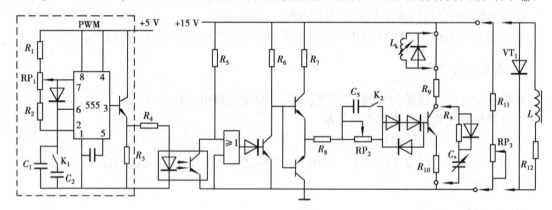

图 2.1.21　GTR 特性测试电路

四、实验内容和步骤

1. 不同负载时 GTR 开关特性测试

1)电阻负载时的开关特性测试

测量 PWM 波形发生器的输出①与②,使其正常输出 PWM 波形。测量脉冲幅度、宽度和周期,并计算出频率 f 与占空比 D。

接入电阻性负载。用示波器观察基极驱动信号 i_b(③与④之间)及集电极电流 i_c(⑤与④之间)波形,记录开通时间 t_{on},存储时间 t_s、下降时间 t_f。

2）电阻-电感性负载时的开关特性测试

将负载由电阻负载改为电阻-电感性负载,用同1）方法测量。

2. 不同基极电流时的开关特性测试

1）基极电流较小时的开关过程

K_2断开,将RP_2调整到最大,在电阻负载条件下,测量并记录基极驱动信号i_b（③与④之间）及集电极电流i_c（⑤与④之间）波形,记录开通时间t_{on}、存储时间t_s、下降时间t_f。

2）基极电流较大时的开关过程

将RP_2调整到最小,其余接线与测试方法同上。

	$t_{on}/\mu s$	$t_s/\mu s$	$t_f/\mu s$
电阻性负载			
电阻-电感性负载			
基极电流i_b较小			
基极电流i_b较大			

3. 并联缓冲电路性能测试

1）接电阻负载时,将并联缓冲器与电阻负载电路并联。测量不同缓冲电路参数时的性能。

A. 大电阻、小电容时的缓冲特性

将RP_3调到最大,电容C_s调到最小,测量⑤与④之间及负载两端波形（包括GTR导通与关断时的波形）。

B. 大电阻、大电容时的缓冲特性

将RP_3调到最大,电容C_s调到最大,测量⑤与④之间及负载两端波形（包括GTR导通与关断时的波形）。

C. 小电阻、大电容时的缓冲特性

将RP_3调到最小,电容C_s调到最大,测量⑤与④之间及负载两端波形（包括GTR导通与关断时的波形）。

D. 小电阻、小电容时的缓冲特性

将RP_3调到最小,电容C_s调到最小,测量⑤与④之间及负载两端波形（包括GTR导通与关断时的波形）。

2）接电阻-电感负载时

A. 不连接并联缓冲器,测量⑤与④之间及负载两端波形（包括GTR导通与关断时的波形）。

B. 将并联缓冲器与电阻-电感负载并联连接,测量⑤与④之间及负载两端波形（包括GTR导通与关断时的波形）。

4. 串联缓冲电路性能

A. 串联较大电感时的缓冲特性

接电阻-电感负载时,在负载回路中串入串联缓冲电感,增大电感L_K,测量⑤与④之间及负载两端波形（包括GTR导通与关断时的波形）。

B. 串联较小电感时的缓冲特性

接电阻-电感负载时,在负载回路中串入串联缓冲电感,减小电感 L_K,测量⑤与④之间及负载两端波形(包括 GTR 导通与关断时的波形)。

五、注意事项

1. 测量 GTR 特性前,使 PWM 波形发生器有正常的输出波形。

2. 测量过程中防止电流过大。

3. 实验开始前,必须先加 GTR 的控制电压,然后再加主回路电源;实验结束时,必须先切断主回路电源,再切断控制电源。

4. 正确使用示波器,避免造成短路事故。

六、预习要求

1. 预习教材中有关 GTR 的相关内容。

2. 预习缓冲电路的相关内容。

3. 尝试用 Multisim 7 或 MATLAB 软件中实际元件模型仿真。

七、实验报告内容

1. 绘出电阻负载与电阻-电感负载时的 GTR 开关波形,并在图上标出 t_{on}, t_s 与 t_f,并分析不同负载时开关波形的差异。

2. 绘出不同基极电流时的开关波形,并在图上标出 t_{on}, t_s 与 t_f,并分析理想基极电流的形状,探讨获得理想基极电流波形的方法。

3. 绘出不同负载、不同并联缓冲电路参数时的开关波形,对不同波形的形状从理论上加以说明。

4. 试分析串并联缓冲电路对 GTR 开关损耗的影响。

八、思考题

1. 试说明如何正确选用并联缓冲电阻与电容,当 GTR 的最小导通时间已知为 $t_{on(min)}$ 时,你能否列出选择 R, C 应满足的条件?

2. GTR 的开关特性是指开通与关断过程中 i_c 与 i_b 之间的相互变化关系,但因 i_b 与 i_c 之间无共地点,因此无法用双踪示波器同时测试。实验中用基极电压来代替基极电流,试分析这种测试方法的优缺点,你能否设计出更好的测试方法?

实验十五　功率场效应晶体管(MOSFET)特性研究

一、实验目的

1. 掌握电阻负载时 MOSFET 的开关特性。

2. 掌握电阻-电感负载时 MOSFET 的开关特性。

3. 掌握有无并联缓冲电路的开关特性。

二、实验设备

1. PWM 波形发生器电路板　　1 块　　2. MOSFET 电路实验板　　1 块
3. 双踪示波器　　　　　　　　1 台　　4. 万用表　　　　　　　　　1 块

三、实验电路及原理

实验电路如图 2.1.22 所示。

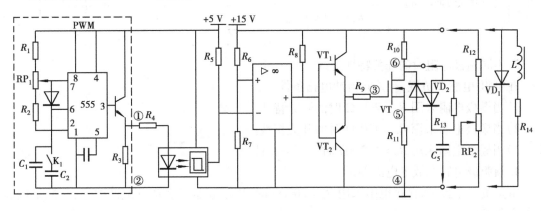

图 2.1.22　功率场效应晶体管特性测试电路

四、实验内容和步骤

1. 电阻负载时 MOSFET 开关特性的测试
1）无并联缓冲时的开关特性测试

按图接线。接入电阻性负载,用示波器观察③与④以及⑤与④之间波形(也可观察⑤与④及⑥与④之间的波形),记录开通时间 t_{on} 与存储时间 t_s。

2）有并联缓冲时的开关特性测试

将缓冲电路(R_{13} 与 C_5)与电阻性负载并联,用上述方法重新测试开通时间 t_{on} 与存储时间 t_s。

2. 电阻-电感负载时 MOSFET 开关特性的测试
1）无并联缓冲时的开关特性测试

接入电阻-电感性负载(将 R_{12} 替换为 L),用示波器观察③与④以及⑤与④之间波形(也可观察⑤与④及⑥与④之间的波形),记录开通时间 t_{on} 与存储时间 t_s。

2）有并联缓冲时的开关特性测试

将缓冲电路(R_{13} 与 C_5)与电阻-电感性负载并联,用上述方法重新测试开通时间 t_{on} 与存储时间 t_s。

负 载	条 件	$t_{on}/\mu s$	$t_s/\mu s$
电阻负载	无并联缓冲电路		
	有并联缓冲电路		
电阻-电感性负载	无并联缓冲电路		
	有并联缓冲电路		
电阻-电感性负载（有并联缓冲电路）	$R_9 = 200\ \Omega$		
	$R_9 = 470\ \Omega$		
	$R_9 = 1.2\ k\Omega$		

3. 不同栅极电阻时的开关特性测试

在电阻-电感性负载,有并联缓冲电路条件下,

1）当栅极电阻采用 $R_9 = 200\ \Omega$ 时的开关特性。

2）当栅极电阻采用 $R_9 = 470\ \Omega$ 时的开关特性。

3）当栅极电阻采用 $R_9 = 1.2\ k\Omega$ 时的开关特性。

4. 栅源极电容充放电电流测试

电阻负载条件下,栅极电阻采用 $R_9 = 200\ \Omega$ 时,用示波器观察 R_9 两端的波形,并记录该波形的正负幅值。

5. 消除高频振荡试验

当采用电阻-电感负载,无并联缓冲,栅极电阻为 $R_9 = 200\ \Omega$ 时,可能会产生较严重的高频振荡,通常可用增大栅极电阻的方法消除,选用栅极电阻值 $R_9 = 1.2\ k\Omega$。

五、注意事项

1. 测量 MOSFET 特性前,先使 PWM 波形发生器有正常的输出波形。

2. 测量过程中防止电流过大。

3. 实验开始前,必须先加控制电压,然后再加主回路电源;实验结束时,必须先切断主回路电源,再切断控制电源。

六、预习要求

1. 预习教材中有关功率场效应晶体管（MOSFET）特性的相关内容。

2. 尝试用 Multisim 7 或 MATLAB 软件中实际元件模型进行仿真实验。

七、实验报告

1. 绘出电阻负载、电阻-电感负载,有与没有并联缓冲时的开关波形,并在图上标出 t_{on}、t_{off}。

2. 绘出不同栅极电阻时的开关波形,分析栅极电阻大小对开关过程影响的物理原因。

3. 绘出栅源极电容充放电电流波形,试估算出充放电电流的峰值。

4. 消除高频振荡的措施与效果。

5. 实验的收获、体会与改进意见。

八、思考题

1. 增大栅极电阻可消除高频振荡,是否栅极电阻越大越好,为什么? 请分析增大栅极电阻能消除高频振荡的原因。

2. 从实验所测的数据与波形,说明 MOSFET 对驱动电路的基本要求有哪一些? 你能否设计一个实用化的驱动电路。

3. 从理论上说,MOSFET 的开、关时间是很短的,一般为纳秒级,但实验中所测得的开、关时间却要大得多,试分析其中的原因。

实验十六 绝缘栅双极型晶体管(IGBT)特性研究

一、实验目的

1. 掌握电阻性负载时 IGBT 的开关特性。
2. 掌握电阻-电感性负载时 IGBT 的开关特性。
3. 掌握有无并联缓冲电路的开关特性。
4. 了解混合集成驱动电路 EXB840 的工作原理与应用。

二、实验设备

1. PWM 波形发生器电路板	1 块		2. IGBT 实验电路板	1 块
3. 双踪示波器	1 台		4. 万用表	1 块

三、实验电路及原理

实验电路如图 2.1.23 所示。IGBT 的驱动采用集成模块(EXB840)驱动电路,具有过流检测输入和过流保护输出。当 IGBT 出现过流时,5 脚出现低电平,光耦有输出, 对 PWM 信号提

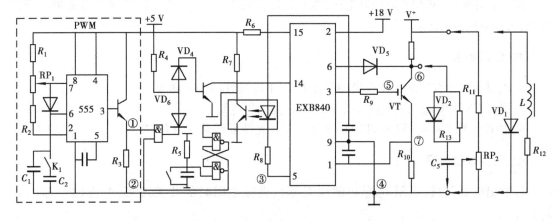

图 2.1.23 IGBT 特性测试电路

供一个封锁信号,该信号使 PWM 驱动脉冲输出转化成一系列窄脉冲,对 EXB840 实行软关断,同时关断 IGBT。EXB840 厚膜驱动集成电路的内部电原理图、工作原理及技术数据详见第 1 篇第 2 章 2.1.4 节。

四、实验内容和步骤

1. 开关特性测试:

1)电阻负载时开关特性测试:

接电阻负载,用示波器分别观察③与④及⑤与④的波形,记录开通延迟时间。

2)电阻-电感负载时开关特性测试:

接电阻-电感性负载,用示波器分别观察③与④及⑤与④的波形,记录开通延迟时间。

3)不同栅极电阻时开关特性测试:

分别接电阻负载,电阻-电感性负载,将栅极电阻 $R_9 = 3 \text{ k}\Omega$ 改为 $R_9 = 27 \text{ }\Omega$,用示波器分别观察③与④及⑤与④的波形,记录开通延迟时间。

负载	栅极电阻	$t_{on}/\mu s$	$t_d/\mu s$
电阻负载	$R_9 = 3 \text{ k}\Omega$		
电阻-电感负载	$R_9 = 3 \text{ k}\Omega$		
电阻负载	$R_9 = 27 \text{ }\Omega$		
电阻-电感负载	$R_9 = 27 \text{ }\Omega$		

2. 并联缓冲电路作用测试:

1)接电阻负载,分别观察并联和不并联缓冲电路时,⑤与⑦及⑥与⑦之间的波形。

2)接电阻-电感负载,分别观察并联和不并联缓冲电路时,⑤与⑦及⑥与⑦之间的波形。

五、注意事项

1. 测量 IGBT 特性前,先使 PWM 波形发生器有正常的输出波形。

2. 测量过程中防止电流过大。

3. 实验开始前,必须先加控制电压,然后再加主回路电源;实验结束时,必须先切断主回路电源,再切断控制电源。

六、预习要求

1. 预习教材中有关绝缘栅双极型晶体管(IGBT)特性的相关内容。

2. 预习 EXB840 驱动模块的工作原理及典型应用电路。

3. 尝试用 Multisim 7 或 MATLAB 软件中实际元件模型进行仿真实验。

七、实验报告内容

1. 绘出电阻负载,电阻-电感负载以及不同栅极电阻时的开关波形,并在图上标出 t_{on} 与 t_{off}。

2. 绘出电阻负载与电阻-电感负载,在有与没有并联缓冲电路时的开关波形,并说明并联缓冲电路的作用。

3. 实验的收获、体会与改进意见。

八、思考题

1. 通过 MOSFET 与 IGBT 器件的实验,请对两者在驱动电路的要求,开关特性与开关频率,有、无反并联寄生二极管,电流、电压容量以及使用中注意事项等方面作一分析比较。

2. 在选用二极管 VD_1 时,对其参数有何要求? 其正向压降大小对 IGBT 的过流保护功能有何影响?

实验十七　单相桥式有源逆变电路实验

一、实验目的

1. 加深理解单相桥式有源逆变的工作原理,掌握有源逆变条件。
2. 了解产生逆变颠覆现象的原因。

二、实验设备

1. 单相桥式有源逆变电路板	1 块	2. 集成触发电路板	1 块
3. 滑线变阻器	1 个	4. 双踪示波器	1 台
5. 万用表	1 块	6. 直流电流表	1 块
7. 直流电压表	1 块	8. 三相芯式变压器	1 台

三、实验电路及原理

单相桥式有源逆变实验电路如图 2.1.24 所示。整流二极管 $VD_1 \sim VD_6$ 组成三相不控整流桥作为逆变桥的直流电源,逆变变压器采用芯式变压器,回路中接入电感 L 及限流电阻 R_d。

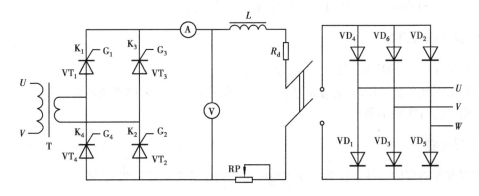

图 2.1.24　单相桥式有源逆变实验电路

四、实验内容及步骤

1. 有源逆变实验

①将限流电阻 RP 调整至最大(约 450 Ω),合上主电源,调节 $U_{uv}=220$ V,用示波器观察锯齿波触发脉冲,调节偏移电位器 RP_2,使 $U_c=0$ 时,$\beta=10°$,然后调节 U_c,使 β 在 30°附近。

②用示波器观察逆变电路输出电压 $U_d=f(t)$,晶闸管两端电压 $U_{AK}=f(t)$ 波形,并记录 U_d 和交流输入电压 U_2 的数值。

③采用同样方法,绘出 $\beta=60°,90°$时,U_d,U_{AK} 波形。

2. 逆变到整流过程的观察

当 $\beta>90°$时,晶闸管有源逆变过渡到整流状态,此时输出电压极性改变,可用示波器观察此变化过程。注意,当晶闸管工作在整流时,有可能产生比较大的电流,需要注意监视。

3. 逆变颠覆的观察

当 $\beta=30°$时,继续减小 U_c,此时可观察到逆变输出突然变为一个正弦波,表明逆变颠覆。当关断触发电路电源,使脉冲消失时,也将产生逆变颠覆。

五、注意事项

1. 电阻 RP 的调节需注意,若电阻过小,会出现电流过大造成过流保护动作(熔断丝烧断,或仪表告警);若电阻过大,则可能流过可控硅的电流小于其维持电流 I_H,造成可控硅时断时续。

2. 电感值可根据需要选择,需防止过大的电感造成可控硅不能导通。

3. 注意同步电压的相位,若出现晶闸管移相范围太小,(正常范围约 30°~180°),可尝试改变同步电压极性。

4. 正确使用示波器,避免造成短路事故。

六、预习要求

1. 阅读电力电子技术教材中有关有源逆变的内容,掌握实现有源逆变的基本条件。

2. 尝试用 Multisim 7 或 MATLAB 软件进行仿真实验。

七、实验报告内容

1. 画出 $\beta=30°,60°,90°$时 U_d,U_{AK} 的波形。

2. 分析逆变颠覆的原因,逆变颠覆会产生什么后果?怎样才能避免逆变颠覆?

3. 附上仿真实验结果。

八、思考题

实现有源逆变的条件是什么?在实验中是如何保证能满足这些条件?

第2章
电力电子电路的计算机仿真实验

电子线路设计仿真软件随着计算机技术水平不断提高而迅速发展,EDA(电子设计自动化)技术应运而起,功能日益强大,运行速度快。当今世界上较为流行的电子CAD仿真软件有ORCAD、PSPICE、SYSTEMVIEW、PROTEL99SE、MULTISIM、MATLAB 等,其中 MULTISIM 和MATLAB 特点突出、功能齐全、操作方便、普及率较高,但它们在电子技术领域的各个范围中各有千秋,不能由一个完全取代,只能相辅相成。下面就以这两个软件为代表,介绍它们的功能和操作方法,以及在电力电子技术实验方面的仿真应用,以加深认识和理解,扩大实验思维,为电力电子电路设计打下一个良好的基础,特别是通过对分析方法的复项设置的使用,可以令所设计的电力电子产品的综合质量和可靠性得到较好的前端保证。

2.1 Multisim 7 仿真实验

利用计算机辅助设计和仿真手段,设计人员可以很方便地在计算机上完成电路的功能设计、逻辑设计、性能分析、时序设计直至印刷电路板的设计等,并可以直接用计算机进行模拟、分析、验证和调试,快速反映出所设计电路的性能指标,而不需要许多昂贵的实验设备,彻底改变了过去"定量估算"、"实验调整"的传统设计方法,大大缩短了设计周期。

Multisim 7 仿真软件是 IIT 公司 2003 年推出的版本,是 Multisim 2001 的升级版。与其他电路仿真软件相比,Multisim 7 仿真软件具有界面直观,操作方便,仿真功能强大,并拥有较丰富的元器件库及元器件编辑功能,能提供众多的虚拟电子测量仪器,其创建的电路,选用的元器件和测试仪器图形与实物外形基本相似,给人一种实际操作的感觉,同时由于文件容量小,可直接拷贝使用。Mutisim 7 软件仿真功能有:

1)仿真环境直观,操作界面简洁明了,操作方便,容易掌握。

2)增强专业版的仿真库提供近16 000 个仿真元件,分别有实际元件和模拟元件,其中虚拟元件方便参数的更改。

3)提供大量各类的激励源(信号源)和数学模型元件,方便各种分析的需要。

4)提供了各种常用的仪器仪表,增加仿真结果的直观度,并允许多个仪表同时调用和重复调用。同时,这些仪器具有存储功能。而一般人在实验室是难以接触到如此众多的仪器仪表的,这对扩宽知识面和增强实验技能具有极大的帮助。

5)除仪表仿真方式外,该软件还具有波形仿真的方式,仿真分析的种类更多,可以单项选择,也可以自定义分析复项选择。

6)提供了各种能发亮的指示元件和发声元件,可供键盘控制电路中的开关、电位器、可调电感器和可调电容器,使仿真过程更为形象。

7)提供了机电元件。可进行自动控制元件的仿真。这也是许多软件不具备的功能。

8)提供了射频软件,可进行射频电路的仿真,此功能为许多软件所不具备。

Multisim 7 还是一种非常优秀的电子技术和电力电子技术的实践训练工具,作为相关课程的辅助教学和实验手段,不仅可以帮助学生更快、更直接地掌握课堂讲述的内容,加深对基本概念、原理的理解,弥补课堂理论教学的不足,而且可以通过电路的仿真,熟悉各种常用电子仪器的测量方法,进一步培养学生的综合分析能力,排除故障的能力,以及科研开发和创新能力。在这里,实验过程是理论化的模拟过程,没有真实元器件参数的离散与变化,没有元器件的损坏与接触不良,也没有操作者的错误操作损坏元器件及仪器设备,没有仪器精度变化带来的影响等,排除了一切干扰和影响,因此,实验结果反映的是实验过程的本质过程,较为准确、真实、形象。故 Multisim 7 在电子工程设计、电工电子类课程的教学与实验等领域得到了广泛的应用。

2.1.1　Multisim 7 窗口界面

启动 Multisim 7 后,将出现如图 2.2.1 所示的主窗口。从图中可以看出,Multisim 7 模仿了一个实际的电子实验台。此窗口显示了 11 个不同的使用区域,下面分别作简单介绍。

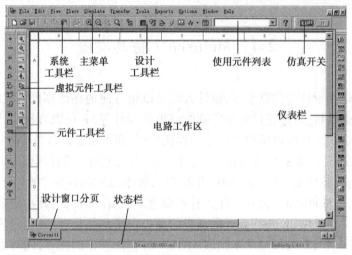

图 2.2.1　Multisim 7 的主窗口界面

（1）主菜单

如图 2.2.2 所示。Multisim 7 的主菜单包括了所有的功能命令,主要操作可归类为:

1)【File(文件)】:含有 New(创建新文件),Open(打开文件),Close(关闭文件);Save(保存文件),Save As(另存为);New Project(创建新项目组),Open Project(打开项目组),Save Project(保存项目组),Close Project(关闭项目组);Print Setup(打印设置),Print Circuit Setup(打印电路图设置),Print Instrument(打印设备),Print Preview(打印预览),Print(打印);Recent Files

（最近执行的文件），Recent Projects（最近执行的项目组）；Exit（退出）等选项。

ꙮ	File	Edit	View	Place	Simulate	Transfer	Tools	Reports	Options	Window	Help
	文件	编辑	查看	放置	仿真	传输	工具	报告	选项	窗口	帮助

图 2.2.2　主菜单栏

2)【Edit（编辑）】：含有 Undo（撤消），Redo（不撤消）；Cut（剪切），Copy（复制），Paste（粘贴），Paste Special（粘贴所选内容），Delete（删除），Delete Multi-page（多页删除）；Select All（全选）；Find（查找）；Flip Horizontal（水平翻转），Flip Vertical（垂直翻转），90 clockwise（顺时针旋转），90 counterCW（逆时针旋转）；Properties（特性）等选项。

3)【View（视图）】：含有 Toolbars（工具条）；Show Grid（显示网格），Show Page Bounds（显示页边界），Show Title Block（显示图明细表），Show Border（显示图边界），Show Ruler Bars（显示标尺条）；Zoom In（放大），Zoom Out（缩小），Zoom Area（面积放大），Zoom Full（全图显示）；Grapher（图形编辑器），Hierarchy（层次），Circuit Description Box（电路描述窗口）等选项。

4)【Place（放置）】：含有 Component（元件），Junction（节点），Bus（总线），Bus Vector Connect（总线矢量连接）；HB/SB Connector（HB/SB 连接器），Hierarchical Block（层次块），Create New Hierarchical Block（创建新的层次块），Subcircuit（子电路），Replace by subcircuit（子电路替代）；Off-Page Connector（Off-Page 连接器），Multi-Page（多页设置）；Text（文本），Graphics（制图）；Title Block（图明细表）等选项。

5)【Simulate（仿真）】：含有 Run（仿真），Pause（暂停）；Instruments（仪器设备），Default Instrument Setting（默认仪器设置），Digital Simulate Settings（数字仿真设置）；Analyses（分析方法），Postprocessor（后分析），Simulate Error Log/Audit Trail（仿真误差记录/查账索引），XSpice Command Line Interface（XSpice 命令行界面）；VHDL Simulation（VHDL 仿真），Verilog HDL Simulation（Verilog HDL 仿真）；Auto Fault Option（自动查错选项），Global component Tolerances（全部元件容差设置）等选项。

6)【Transfer（传输）】：含有 Transfer to Ultiboard V7（传递到 Ultiboard V7），Transfer to Ultiboard 2001（传递到 Ultiboard 2001），Transfer to other PCB Layout（传递到其他电路板）；Forward Annotate to Ultiboard V7（创建 Ultiboard V7 注释文件），Backannotate from Ultiboard V7（修改 Ultiboard 注释文件），Highlight selection in Ultiboard V7（加亮所选区域）；Export Simulation Results to MathCAD（输出仿真结果到 MathCAD），Export Simulation Results to Excel（输出仿真结果到电子表格）；Export Netlist（输出网络表）等选项。

7)【Tools（工具）】：含有 Database Management（数据库管理），symbol Editor（符号编辑器），Component Wizard（元件编辑器）；555 Timer Wizard（555 定时器编辑），Filter Wizard（滤波器编辑）；Electrical Rules Check（电器法则测试），Renumber Components（元件重命名），Replace Component（替代元件），Update HB/SB symbols（HB/SB 符号升级），Covert V6 Database（V6 数据转换）；Modify Title Block Data（更改图明细表数据），Title Block Editor（图明细表编辑器）；Internet Design Sharing（Internet 设计共享），Goto Education Web Page（链接教育网站），EDAparts. com（链接 EDAParts. com 网站）等选项。

8)【Reports（报告）】：含有 Bill of Materials（材料清单），Component Detail Report（元件细节报告）；Netlist Report（网络表报告），Schematic Statistics（简要统计报告），Spare Gates Report

（未用元件门统计报告），Cross Reference Report（元件交叉参照表）等选项。

9）【Options（选项）】：含有 Preferences（参数设置），Customize（常规命令设置），Global Restrictions（软件限制设置），Circuit Restrictions（电路限制设置）；Simplified Version（简化版本）等选项。

10）【Window（窗口）】：含有 Cascade（层选），Tile（平铺），Arrange Icons（重排）；及（当前窗口）等选项。

11）【Help（帮助）】。

（2）系统工具栏

包含一些常用的基本功能按钮，与 Windows 界面相同，不再赘述。

（3）设计工具栏

如图 2.2.3 所示，包含有：

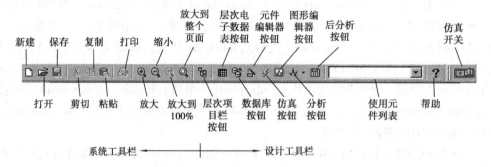

图 2.2.3　系统工具栏和设计工具栏

1）Toggle Project Bar（层次项目栏按钮）：用于层次项目栏的开启。

2）Toggle Spreadsheet View（层次电子数据表按钮）：用于开关当前电路的电子数据表。

3）Database Management（数据库按钮）：可开启数据库管理对话框，对元件进行编辑。

4）Create Component（元件编辑器按钮）：用于调整或增加、创建新元件。

5）Run/stop Simulation（仿真按钮）：用于启动、结束电路仿真。

6）Show Grapher（图形编辑器按钮）：用于显示分析的图形结果。

7）Analysis（分析按钮）：可在下拉菜单中选择分析方法。

8）Postprocessor（后分析按钮）：用以对仿真结果进一步操作。

（4）使用中元件列表

用于列出当前电路所使用的全部元件。

（5）仿真开关

是运行仿真的快捷键。

（6）元件工具栏

如图 2.2.4 所示，包含有：

1）Source（电源库）：含有 40 多个各种电源，信号源及受控源等。

2）Basic（基本元器件库）：含有各种电阻类器件，电容类器件，电感类器件，开关，变压器，继电器，连接器，接插件以及虚拟元件和 3D 虚拟元件等，共 18 个现实元件箱和 3 个虚拟元件箱。

3）Diode（二极管库）：含有各种二极管，稳压管，发光管，整流桥，晶闸管，双向晶闸管，变

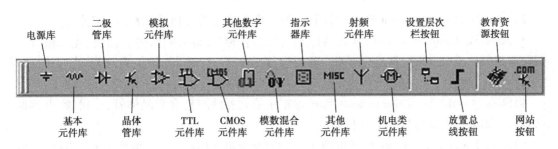

图 2.2.4　元件工具栏

容管,触发二极管,共 9 个元件箱。

4) Transistor(晶体管库):含有各种 NPN,PNP 晶体管,达林顿管,晶体管阵列,MOSFET, JFET 以及 P-MOSFET,单结管,IGBT 等共 30 个元件箱,其中 14 个为现实元件箱。

5) Analog(模拟元器件库):含有各种运算放大器,诺顿运算放大器,比较器,宽带放大器以及特殊功能器件和虚拟元件等共 9 类元器件。

6) TTL(TTL 元器件库):含有 74LS 系列低功耗肖特基型和 74STD 系列标准型数字集成电路。

7) CMOS(CMOS 元器件库):含有 CMOS 系列和 74HC 系列数字集成电路。

8) Miscellaneous Digital(其他数字元器件库):是用 VHDL,Verilog-HDL 等高级语言编辑的模型元件,器件的功能与 spice 编辑的器件相同,有 TTL 系列,VHDL 系列和 Virilog-HDL 系列。

9) Mixed(模数混合元器件库):含有定时器,模数-数模转换器和模拟开关,共 4 个元器件箱。

10) Indicator(指示器库):含有各种指示器,如电压表,电流表,蜂鸣器,灯,数码管,光柱显示器,探针共 8 种可以用来显示电路仿真结果的部件。

11) Miscellaneous(其他元器件库):含有多功能虚拟元件,传感器,晶体,电子管,熔丝,稳压器,各种转换器和传输线,以及网和多功能元器件等。

12) RF(射频元器件库):含有射频电容,射频电感,射频晶体管及 MOS 管,以及隧道二极管和带状线等。

13) Electromechanical(机电类元器件库):含有各种检测开关,瞬时开关,辅助开关,以及继电器,同步触点,变压器和保护装置,输出装置等。

除此之外,还有:

14) Place Hierarchical Block (设置层次栏按钮)。

15) Place Bus (放置总线按钮)。

16) Education Resources (教育资源按钮)。

17) EDA. parts. com (网站按钮)。

(7)虚拟元器件工具栏

如图 2.2.5 所示,它包含有:

1) Show Basic Component Bar(基本元器件库):含有各种电感类器件,电容器,电阻类器件,以及各种变压器和继电器等。

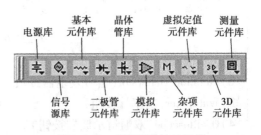

图 2.2.5　虚拟元器件工具栏

2）Show Diodes Component Bar（二极管元器件库）：有虚拟二极管和稳压二极管。

3）Show 3D Component Bar（3D 元器件库）：含有各种三维晶体管,电容器,发光二极管,电感器,电阻器以及二极管,直流电动机,理想运算放大器,计数器,移位寄存器,与非门和开关等。

4）Show Rated Virtual Components Bar（虚拟定值元器件库）：含有晶体管,二极管,电容器,电感器,电阻器以及继电器和电动机等。

5）Show Power Components Bar（电源库）：含有交流电压电源,直流电压电源,数字地,地,三相△交流电源,三相 Y 交流电源,以及 V_{CC}, V_{DD}, V_{SS}, V_{EE} 电压电源等。

6）Show Signal Source Components Bar（信号源库）：含有交流电压和电流源,时钟脉冲电压和电流源,指数电压和电流源,FM 电压和电流源,分段线性电压和电流电源,脉冲电压和电流电源,AM 电压源,直流电流源,以及白噪声电压源等。

7）Show Analog Component Bar（模拟元器件库）：含有限流器和三端、五端理想运算放大器。

8）Show Transistor Component Bar（晶体管库）：含有各种三端、四端晶体管,砷化镓 FET,以及增强型和耗尽型 MOSFET 等。

9）Show Measurement Component Bar（测量元器件库）：含有各种交、直流电压表,电流表,探测针（发光二极管）。

10）Show Miscellaneous Components Bar（其他元器件库）：含有晶体,熔丝,灯,直流电动机,光电耦合器,七段显示器,单稳态触发器,锁相环,555 定时器,以及 4000 系列数字集成电路等。

需要指出的是：虚拟元件与真实元件稍有不同,一是虚拟元件的默认颜色与真实元件不同,二是不会输出到 PCB 布线软件,三是参数可以任意设置,而不是从浏览器中选择。但这些不同,对电路的仿真并无影响。

（8）仪表工具栏

如图 2.2.6 所示,它包含了众多的虚拟测试仪器,是进行虚拟电子实验和电子设计仿真的最快捷,而且又最形象的特殊窗口,也是 Multisim 7 最具特色的地方。

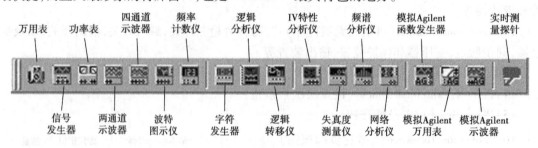

图 2.2.6　仪表工具栏

1）Multimeter（万用表按钮）。

2）Function Generator（信号发生器按钮）。

3）Wattmeter（功率计按钮）。

4）Oscilloscope（双通道示波器按钮）。

5）Four channel oscilloscope（四通道示波器按钮）。

6）Bode plotter（波特图示仪按钮）。

7）Frequency Counter（频率计数器按钮）。

8）Word Generator（字发生器按钮）。

9）Logic Analyzer（逻辑分析仪按钮）。

10）Logic converter（逻辑转换仪按钮）。

11）IV-Analysis（IV 特性分析仪按钮）。

12）Distortion Analyzer（失真度分析仪按钮）。

13）Spectrum Analyzer（频谱分析仪按钮）。

14）Network Analyzer（网络分析仪按钮）。

15）Agilent Function Generator（Agilent 信号发生器按钮）。

16）Agilent Multimeter（Agilent 万用表按钮）。

17）Agilent Oscilloscope（Agilent 示波器按钮）。

18）Dynamic Measurement Probe（实时测量探针按钮）。

Multisim 7 最为方便的是,上述测试仪表可以多次重复使用,单独使用一种测试仪器的次数可达 20 次。混合使用时,将视所用仪器的总数而定。这比 EWB 5 仿真软件中每种仪器只能使用一次要方便的多。

（9）**电路工作区**

是窗口中最大的区域,在这里可以进行电子电路的设计和仿真测试。

（10）**设计窗口分页**

在窗口中允许有多个项目,点击翻页标签,可将相应的项目置于当前电路工作区。

（11）**状态条**

是显示有关当前操作及鼠标所指选项的有用信息。

2.1.2　电路的创建

（1）**建立电路文件**

运行 Multisim 7,它会自动打开一个空白的电路文件。电路的颜色,尺寸和显示模式基于以前的用户喜好设置,也可以单击系统工具栏中的按钮,新建一个空白的电路文件。

（2）**元器件的操作**

Multisim 7 提供三个层次的元件数据库,即 Multisim 主数据库（Multisim master）,用户数据库（User）,有些版本有合作项目数据库[Corporate/Project（或 Corp/Proj）]。

1）元器件的选用有以下几种方法:

①在元件工具栏中,单击包含所要放置元件的图标,弹出"选择元件窗口",从元件库中选中所要的元器件,单击"OK",将该元器件拖拽到电路工作区合适的位置,单击左键固定。

②也可单击虚拟元器件工具栏中相应的图标,弹出"子元器件工具栏",单击所要的元器件,将该元器件拖到合适的位置,单击左键固定。

③还可以单击主菜单中【Place】按钮,选择"Component",弹出"选择元件窗口",再按①的方法操作。

④在电路中需要选中某个元件时,只要左键单击该元器件,该元器件显示四周边框,表示被选中。

2）元器件的移动、旋转

要移动一个元器件，先选中该元器件，然后拖动该元器件到合适的位置，松开左键即可。要移动一组元器件，画出一个矩形区域，选中该区域内的元器件，然后，拖拽被选中的元器件，即可实现元器件移动、编辑。

要对元器件进行顺时针旋转或反转操作，同样应先选中该元器件，然后右击该器件，选择菜单中的"90 Clockwise\90 CounterCW"命令。或选择【Edit】菜单中的"90 Clockwise\90 counterCW"命令。

3）元器件的复制与删除

对选中的元器件，右键单击，使用菜单中的 Cut，Copy 和 Paste，Delete 可实现元器件的剪切、复制、粘贴、删除等操作。此外，还可以在【Edit】菜单中选择同样的命令。

4）元器件的参数设置

双击欲编辑参数的元器件，从弹出的对话框中可以设定元器件的标签、编号、数值和模型参数等。也可在选中元器件后，在【Edit】菜单中选择"Properties"命令。

5）改变元器件的颜色

右击元件，弹出菜单，选择"Color"命令，从出现的对话框中选择合适的颜色。

（3）导线的操作

放置元器件后，就要给元器件连线，以构成电路。Multisim 7 有自动与手工两种连线方法。自动连线为 Multisim 特有，选择管脚间最好的路径可以自动完成连线，它可以避免连线通过元件和连线重叠。手工连线要求用户控制连线路径。自动连线与手工连线可以结合使用。

1）导线的连接

①自动连线：首先将鼠标指向元器件的端点，使其出现一个小黑点，单击左键，并拖出一根导线，拖向另一个元器件的端点使其也出现一个小黑点，再单击左键，则导线连接自动完成。

②手工连线：在【Place】菜单中选择"Junction"命令，或空白处单击右键，选择"Place Junction"命令，将鼠标指向元器件的端点或导线，单击左键，并拖出一根导线，选择连线的路径，在拐弯处单击左键，直到欲连接的另一个元器件端点或导线上，单击左键，手工连线完成。

2）导线的删除与改动

右键单击导线，选择弹出菜单中的"Delete"命令，左键点击即可完成导线的删除。将光标指向元器件与导线的连接点，出现一个粗箭头后，单击左键，此时该连线变为蓝色，将鼠标移向欲连接的元器件或导线，单击左键，可完成导线的改动。

另外，单击导线，连线上出现"小方块"（拖动点），单击拖动点并拖动，可调整连线的形状。也可将光标指向连线，待出现"双箭头"后并拖动，也可调整连线的形状。

3）在线路上插入元器件

直接拖拽元器件放置在导线上，然后释放，即可插入电路连线中。

4）调整元器件的位置

左键单击元器件，并沿导线拖拽元器件到适当位置，然后释放，即可改变元器件在导线上的位置，使电路图更为美观。

5）改变导线的颜色

系统默认导线颜色为红色。也可将导线设置为不同的颜色，有助于对电路图的识别。右键单击该导线，选择弹出菜单中"Colors"命令，在弹出的"Colors"对话框中选择合适的颜色，单击"OK",即可完成导线颜色的更改。

6)增加导线的拖动点

选中连线后,按住【Ctrl】键,单击连线上要增加拖动点的位置即可。按住【Ctrl】键,然后单击拖动点又可以删除该拖动点。

(4)**放置总线**

1)执行菜单"Place/Bus"命令,或单击元件工具栏中"Place Bus"按键,或在窗口空白处单击右键,选择"Place Bus"命令,进入画总线状态。

2)单击总线第一点,第二点,……,直至画完整条总线,单击右键或双击左键可结束画线。

3)元器件可连入总线上任一位置,连接时将出现"Node Name"对话框,如有必要,可修改节点名。

(5)**子电路和层次设计**

当设计的电路较大时,可以创建子电路,子电路以一个元件图标的形式显示在主电路中,就像使用一个元器件一样。

而在有层次设计的电路中,子电路则成为主电路文件的一部分。子电路可以被修改,其修改结果将影响主电路。子电路不能直接被打开,必须从主电路中打开。当保存主电路时,子电路也同时被保存。

1)创建子电路 I/O 端口

①执行【Place】菜单中"HB/SB Connector"命令,或在空白处单击右键,再选择"Place HB/SB Connector"命令。

②将 I/O 端口拖到适当位置,单击左键固定,并根据需求修改端口方向。

③将 I/O 端口连接到子电路的输入或输出端,双击端口符号,设置新端口名。

2)添加子电路

①执行【Place】菜单中"Subcircuit"命令,或在空白处单击右键,再选择"Place as Subcircuit"命令,会在电路工作区中出现一个子电路框,同时创建一个新的子电路工作窗口。

②在子电路工作窗口中,可以绘制子电路,或复制、剪贴子电路。

③在主电路工作窗口空白处,单击右键,选择"Place as Subcircuit"命令,可对该子电路进行命名。

④若要编辑子电路,可双击子电路框,按"Edit Subcircuit"按钮,即可对该子电路再次进行修改。

(6)**为电路添加文本**

1)添加文本:执行【Place】菜单中"Text"命令,或在空白处单击右键,选择"Place Text"命令后,在需添加文本的地方单击,光标改为"文字输入光标"。输入文本后,在空白处单击,以确定输入完毕。

2)移动文本:单击文本并拖动文本框到需要放置文本的位置,再释放左键。

3)删除文本:右击文本,选择"Delete"命令,或选中后按【Delete】键,即可完成删除。

4)改变文本颜色:右击文本,选择"Pen Color"命令,选择合适的颜色。

5)编辑文本:双击文本后,可再次编辑文本。

2.1.3　仪器仪表的使用

Multisim 7 的仪器库中共存放有 17 种仪器仪表可供使用,这些仪器的使用和读数与真实仪器相当,感觉就像在实验室中使用的仪器。使用虚拟仪器仪表显示仿真结果是检测电路状态最好、最简便的方法。这些仪器每种有若干台,连接到电路中每种仪器可以重复使用多次,并且以图标方式出现。当需要观察测试数据和显示波形,以及设置仪器参数时,可以双击仪器图标打开仪器面板。此外,Multisim 7还提供了电压表和电流表,这两种电表的数量是没有限制的,存放在指示元器件库中和测量元件库中,可供多次选用。在电路中对仪器的选用,删除和连接与元器件的使用方法相似。下面主要介绍几种常用仪器的使用。

（1）电压表和电流表

在指示元器件库中,电压表和电流表各有4种不同的形式。单击所要选择的电压表或电流表,用鼠标拖到适当的位置即可。通过旋转操作,可以改变其引线的方向。双击电压表或电流表可以在弹出的对话框中设置工作参数。

（2）数字多用表

数字多用表可以进行交直流电压、电流和电阻的测量,其量程可以自动调整。其图标和面板如图2.2.7(a),(b)所示,单击"Set"(参数设置)按钮弹出图2.2.7(c)所示的对话框,可以设置多用表的内部参数。

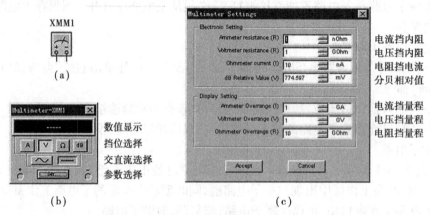

图 2.2.7　数字多用表

（3）示波器

在 Multisim 7 中提供了两种示波器,一种是普通双踪示波器,与实验室中使用的普通双踪示波器的使用方法完全一样,其图标和面板如图 2.2.8(a),(b)所示。

另一种是四通道示波器,其使用方法与双踪示波器类似,只是 4 个通道的挡位设置是靠一个旋钮转换完成,可以同时显示 4 路信号波形。其图标和面板如图 2.2.9(a),(b)所示。

（4）函数信号发生器

函数信号发生器可以产生正弦波、三角波和方波信号。其频率、占空比、幅度、位移以及方波的前后沿时间等参数均可分别设置。图 2.2.10(a),(b)为其图标和面板图。

（5）波特图仪

波特图仪类似通常实验室中的扫频仪,可以用来测量和显示电路的幅频特性与相频特性,其图标和面板图如图 2.2.11 所示。波特图仪有 IN 和 OUT 两对端口,其中 IN 端口接电路的输入端口,OUT 端口接电路的输出端口。在使用波特图仪时,必须在电路的输入端接入 AC(交流)信号源,其频率的设定无特殊要求,频率测量范围由波特图仪的参数设定决定。

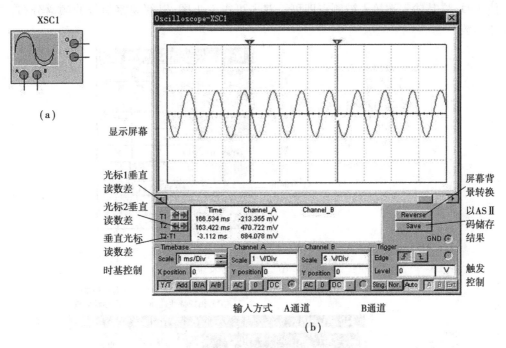

图 2.2.8　双踪示波器

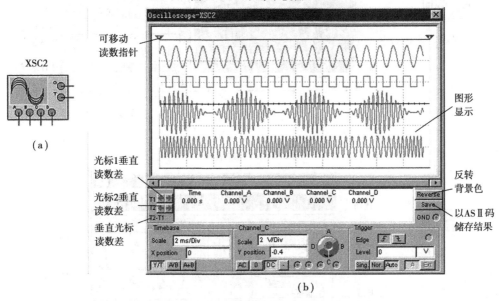

图 2.2.9　4 通道示波器

（6）频率计

频率计与通常实验室中的频率计类似,用来测量电路中被测点信号的频率、周期、相位及脉冲的上升时间和下降时间,其图标和面板图如图 2.2.12 所示。测量时只需将频率计的输入端口接入被测点即可。

（7）频谱分析仪

频谱分析仪通常用来对信号进行频谱分析和谐波分析。其图标和面板图如图 2.2.13 所示。使用时,将其输入端接入被测点即可。双击可得面板图,以便观察信号的频谱分布,并设置仪器参数。

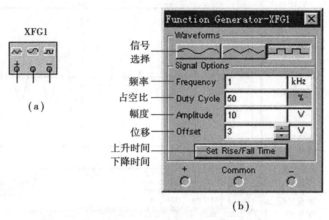

图 2.2.10　函数信号发生器

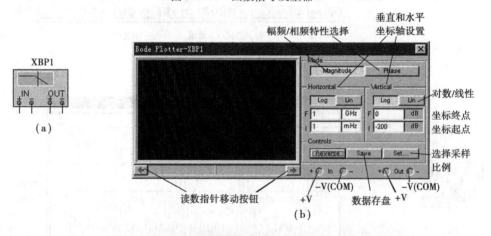

图 2.2.11　波特图仪

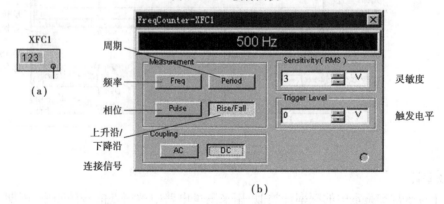

图 2.2.12　频率计

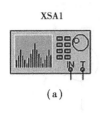

(a)

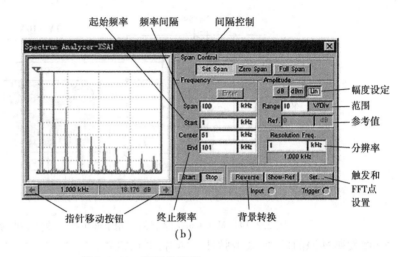

起始频率　　频率间隔　　　间隔控制

幅度设定
范围
参考值
分辨率
触发和
FFT点
设置

指针移动按钮　　终止频率　　背景转换

(b)

图 2.2.13　频谱分析仪

2.1.4　应用举例

本节展示了 Multisim 7 在电力电子电路中的应用实例,通过实例介绍常用仪器仪表的测量方法及电路参数设置方法。

【**例 2.1.1**】　三相半波晶闸管相控整流电路。

(1)实验目的

1)了解 Multisim 7 的友好界面,操作方便,快捷的特点。

2)搭接实验电路及各种测量设备。

3)观察不同触发角 α 时的输出电压波形。

4)了解触发角 α 与触发脉冲延迟时间 t 之间的关系。

(2)实验电路及步骤

晶闸管电路的仿真概要:

晶闸管电路主要以晶闸管为核心构成可控整流电路,在 Multisim 7 中,晶闸管位于二极管库中。如果没有特殊要求,器件可使用库中的任意型号的晶闸管,但需注意所用晶闸管的门极参数。电路的输入信号通常为正弦交流功率源,双击交流功率源图标,打开对话框,可以修改电压有效值、频率和初相位等。控制信号可用脉冲电压源,双击脉冲电压源图标,打开对话框,可以修改脉冲电压源的脉冲幅值、延迟时间、周期、脉冲宽度等。通过改变脉冲电压源的延迟时间,或交流功率源的初相位,均可调节控制角 α。

另外,还需注意触发信号的接入方法和测量输出信号时示波器的接法。

三相半波可控整流电路如图 2.2.14 所示。

1)启动 Multisim 7,利用 File 或工具栏上的快捷键按钮,建立一个新的工作区,在新工作区中绘制出三相半波可控整流实验电路。

2)对交流输入电压及触发脉冲信号参数进行设置。

①三相 Y 形交流电压源的设置:双击三相交流电压源图标,在对话框中设置:

Voltage(电压):100 V;　　　　　　　Frequency(频率):50 Hz;

Time Delay(延迟时间):0 ms;　　　　Damping Factor(衰减因数):0。

137

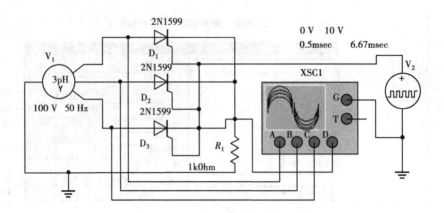

图 2.2.14　Multisim 7 绘制的三相半波可控整流实验电路

②触发脉冲源的设置:双击脉冲电压源图标,设置:

Initial Value(起始值):0 V;　　　　　　Pulsed Value(脉冲幅值):8～10 V;

Delay Time(延迟时间):3.33 ms;(注1)　Pulse Width(脉冲宽度):0.5 ms;

Period(周期):6.67 ms。(注2)

注1:在 Multisim 7 中,触发脉冲的延迟(触发角)不是以角度形式定义的,而是以时间形式定义。两者的换算关系如下:

$$延迟时间\ t = 触发角\ \alpha \times 交流电源周期\ T/360°$$

故触发角 $\alpha = 60°$(相对 a 相的触发角),相当于延迟时间 $t = 3.33$ ms。

注2:在 Multisim 7 中,触发脉冲是以周期来表征的,与触发脉冲频率和电源频率之间的换算关系为:

$$脉冲周期\ T_P = 1/脉冲频率\ f_P = 1/(电源频率\ f \times 相数\ n)$$

故触发脉冲周期 $T_P = 1/(50\ \text{Hz} \times 3) = 6.67$ ms。

3)将 4 通道示波器接在负载电阻两端。按下工具栏上的仿真开关,双击示波器,即可看到图 2.2.15 所示的三相交流电压波形和输出电压波形。

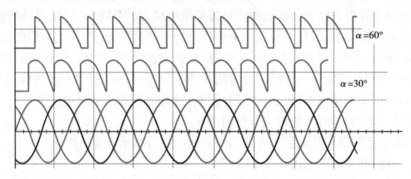

图 2.2.15　用 4 通道示波器观察三相半波可控整流波形

4)重新设置触发脉冲延迟时间,观察输出电压波形的变化。

5)在上述 3)、4)实验中,加入直流电压表,观察输出直流电压值,与理论值进行比较。

【例2.1.2】　单相交流调压电路。

（1）**实验目的**

1）熟悉 Multisim 7 的操作及仿真过程。

2）观察不同触发角 α 对输出电压波形的影响，增强对相控交流调压电路的理解。

（2）**实验电路及步骤**

双向晶闸管单相交流调压电路如图 2.2.16 所示。

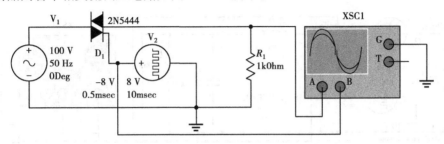

图 2.2.16　双向晶闸管单相交流调压仿真电路

1）启动 Multisim 7，建立新工作区，在新工作区中绘制出单相交流调压仿真电路。

2）对交流电源及触发脉冲信号源参数进行设置。

①双击交流电源图标，在对话框中设置：

电压：100 V；　　　　　频率：50 Hz；　　　　　相位：0°。

②双击脉冲电压源图标，设置：

起始值：-8 V；　　　　　　　　　　脉冲幅值：8 V；

延迟时间：3.33 ms（ $\alpha = 60°$ ）；　　　　脉冲宽度：0.5 ms；

周期：10 ms。

3）将 2 通道示波器接在负载电阻两端，按下仿真开关，双击示波器，即可看到图 2.2.17 所示的单相交流调压输出波形。

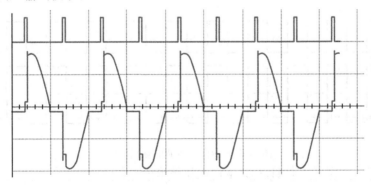

图 2.2.17　单相交流调压波形

4）重新设置触发脉冲延迟时间，观察输出电压波形的变化。

5）加入交流电压表，观察输出交流电压值，与理论值进行比较。

6）将频谱分析仪接入负载电阻上，观察输出电压的频谱结构，与理论上谐波分析进行比较。

【例 2.1.3】　降压直流斩波（Buck）电路。

（1）**实验目的**

1）熟悉 Multisim 7 的操作及仿真过程，了解元件库的结构情况。

2）熟悉降压式直流斩波电路的工作原理及电路组成。

（2）**实验电路及步骤**

降压式 Buck 直流斩波仿真电路如图 2.2.18 所示。

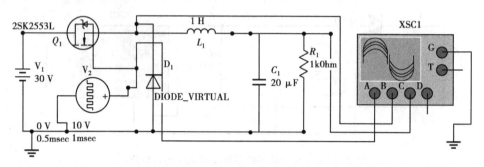

图 2.2.18　降压式 Buck 直流斩波仿真电路

1）启动 Multisim 7，建立新工作区，在新工作区中绘制出降压式 Buck 直流斩波仿真电路。

2）对直流电源及脉冲信号源参数进行设置。

①设置直流电压源参数：电压：30 V。

②设置脉冲信号源参数：

起始值：0 V；　　　　　　　　脉冲幅值：10 V；

周期：1 ms；　　　　　　　　　脉冲宽度：0.5 ms；

上升时间：1 μs；　　　　　　　下降时间：1 μs。

③将 4 通道示波器接入电路，按下仿真开关，双击示波器，即可看到图 2.2.19 所示直流斩波电路的输出波形。

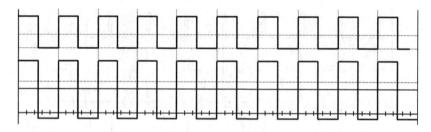

图 2.2.19　直流斩波的输出波形

④重新设置脉冲宽度或周期，观察输出电压波形的变化。

⑤观察改变电路参数 L_1，C_1，R_1 的值后，对输出电压波形会产生何影响？

（3）**思考题**

观察将脉冲信号源的上升时间和下降时间均改到 1 ns 时，输出电压波形将会产生什么变化？为什么？

2.2　电力电子电路的 MATLAB 6.5 仿真

MATLAB 是一种高性能的用于工程计算的编程软件,它把科学计算、程序编写以及结果的可视化等都集中在一个使用非常方便的环境中。MATLAB 具有以下许多典型特点:

1)语言简洁紧凑,运算符十分丰富,使用极为方便灵活。

2)具有结构化的控制语言,又能面向对象编程。

3)语法限制不严格,程序设计自由度大,并且程序的可移植性比较好。

4)具有强大的图像处理功能。

5)拥有功能强劲的工具箱和丰富的模块库,并且可以自定义模块。

6)广泛的开放性,扩展功能强。

7)应用领域包括数值计算和符号运算,建模和动态仿真。

8)仿真过程具有快速准确的特点。

Simulink 是 MATLAB 的一个附加组件,为用户提供了一个建模与仿真的工作平台。实际上,它也是一种用来实现计算机仿真的软件工具。Simulink 采用模块组合的方法来创建动态系统的计算机模型,具有快速准确的特点。Simulink 既可以用于模拟线性与非线性系统,也可以用于连续与非连续系统或是混合系统。Simulink 具有丰富的模块库,并且用户可以自定义模块,方便用户使用。

MATLAB 软件简单易学,代码短小高效,计算功能十分强大,并且扩展功能强,非常方便工程分析应用。

2.2.1　MATLAB 简介

MATLAB 是由美国 MathWorks 公司开发的大型软件。在 MATLAB 软件中,包括了两大部分:数学计算和工程仿真。其数学计算部分提供了强大的矩阵处理和绘图功能。在工程仿真方面,MATLAB 提供的软件支持几乎遍布了各个工程领域,并且不断加以完善。

MATLAB 的系统有 5 大部分组成:

(1)MATLAB **语言**

MATLAB 是一个可视化的计算机程序,被广泛应用于从个人计算机到超级计算机范围内的各种计算机上。MATLAB 包括命令控制、可编程,有上百个预先定义好的命令和函数。这些函数能通过用户自定义函数进一步扩展。

(2)MATLAB **工作环境**

MATLAB 的工作环境是一个集成化的工作空间,它可以让用户输入输出数据,并提供了 M 文件的集成变异和环境调试。它包括命令窗口、M 文件编辑调试器、MATLAB 工作空间和在线帮助文档。

(3)MATLAB **数学函数库**

MATLAB 有许多强有力的数学函数,如正弦、指数运算、求解微分方程、傅里叶变换等复杂函数。例如,MATLAB 能够用一个单一的命令求解线性系统,完成大量的高级矩阵的处理。

（4）MATLAB 图形处理系统

MATLAB 是一种强有力的二维、三维图形工具。MATLAB 能与其他程序一起使用。例如，MATLAB 的图形功能可以在一个 FORTRAN 程序中完成可视化计算。MATLAB 还提供了图形用户界面定制。

（5）MATLAB 应用程序接口（API）

MATLAB 应用程序接口（API）是一个让 MATLAB 语言同 C 语言、FORTRAN 语言等其他高级编程语言进行交互的函数库，该函数库的函数通过动态链接库（DLL）来读写 MATLAB 文件。它的主要功能包括在 MATLAB 中调用 C 语言和 FORTRAN 语言程序，以及在 MATLAB 和其他应用程序间建立客户/服务器关系。

2.2.2　启动和退出 MATLAB 6.5 软件

（1）启动 MATLAB 6.5 软件

在安装 MATLAB 6.5 软件后重新启动计算机，就完成了 MATLAB 6.5 的安装。启动 MAT-LAB 6.5 软件，即可进入 MATLAB 6.5 的主界面，如图 2.2.20 所示。

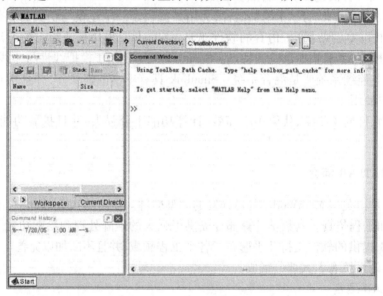

图 2.2.20　进入 MATLAB 6.5 的主体界面

（2）退出 MATLAB 6.5 软件

利用 MATLAB 软件完成数值计算和仿真任务后，可以用以下 4 种方法退出 MATLAB 软件。

1）利用 MATLAB 菜单退出

单击 File 菜单，在弹出的菜单选项中选择"ExitMATLAB"，即可退出 MATLAB 软件。

2）使用"quit"语句退出

在指令窗口（Command Windows）中直接键入"quit"语句，单击回车键，即可退出 MATLAB 软件，如图 2.2.21 所示。

3）使用热键退出

在 MATLAB 窗口中同时按【Ctrl】键+【Q】键，即可退出 MATLAB 软件。

4）直接退出

单击 MATLAB 窗口右上角的 按键,即可直接退出 MATLAB 软件。

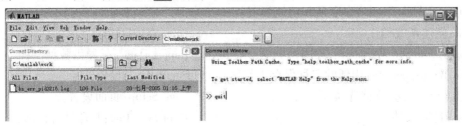

图 2.2.21　使用 quit 语句退出

2.2.3　MATLAB 6.5 主体界面

（1）MATLAB 6.5 主体界面

启动 MATLAB 6.5 软件后,即可进入 MATLAB 主体界面,如图 2.2.20 所示。在主体界面中包括了与 MATLAB 相关的各种图形用户接口工具,用以管理文档、变量和相关的应用软件。

在 MATLAB 主体界面中主要分为以下几个部分:

1）菜单栏区

菜单栏区主要包括:文档（File）菜单、编辑（Edit）菜单、视图（View）菜单、网络（Web）菜单、窗口（Windows）菜单和帮助（Help）菜单,如图 2.2.22 所示。

File　Edit　View　Web　Window　Help

图 2.2.22　菜单栏区

2）常用工具栏区

常用工具栏区主要包括:新建 M 文档按钮、打开按钮、剪切按钮、复制按钮、粘贴按钮、取消按钮、重复按钮、仿真程序库导航按钮、帮助按钮以及当前所示目录按钮,如图 2.2.23 所示。

图 2.2.23　常用工作栏区

3）窗口区

窗口区是主体界面中最大的区域,主要包括:工作区（Workspace）窗口、指令窗口（Command Windows）和指令历史窗口（Command History）,见图 2.2.20 的中间区域。

4）开始导航区

开始导航区由开始（Start）按钮进行引导,如图 2.2.24 所示。利用开始导航区可以运行所有 MATLAB 软件的工具以及访问相关文档。

🔺Start

图 2.2.24　开始导航区

（2）菜单栏区

菜单栏是 MATLAB 必不可少的成分,利用它们可以对自己的工作有一个清晰的导向认识。下面分别介绍,在 MATLAB 6.5 的主体界面中的菜单。

1）文档菜单

文档（File）菜单是最基本的菜单，与别的 Windows 程序相比，MATLAB 的文档菜单有其自身的特点。文档菜单各项命令及其功能如下：

New：创建新文档。 Open：打开文档。

Close Command Windows：关闭指令窗口。 Import Data…：导入数据文档。

Save Workspace As：用新的名称保存工作区。 Set Path…：设置路径。

Preference…：参数首选项。 Page Setup：页面设置。

Print：打印文档。 Print Selection：打印选择区域。

Exit MATLAB：退出。

2）编辑菜单

编辑菜单各项命令如下：

Undo：取消上一次操作。 Redo：恢复上一次操作。

Cut：剪切选定的对象。 Copy：复制选定的对象。

Paste：粘贴剪贴板中的内容，代替选定的对象。 Paste Special：选择性粘贴。

Select All：全选。 Delete：删除选定对象。

Clear Command Windows：清除指令窗口。 Find：搜索指定对象。

Clear Command History：清除历史窗口。 Clear Workspace：清除工作区窗口。

3）视图菜单

视图（View）菜单中的各项命令用来改变和调整窗口的显示方式，并且可以激活正在使用的各个窗口。视图菜单的各项命令如下：

Desktop Layout：桌面格式。

Undock Command Window：将指令窗口变为单独窗口显示。

Command Window：显示指令窗口。

Command History：显示历史窗口。

Current Directory：显示当前目录窗口。

Workspace：显示工作区窗口。

Launch Pad：运行导航窗口。

Profiler：运行 M 文档辅助编辑器。

Help：运行帮助窗口。

Current Directory Filter：改变当前目录窗口所显示的文档。

Workspace View Options：工作区的显示功能。

4）网络菜单

网络（Web）菜单中的各项命令用来进入 MathWorks 公司的网页。网络菜单的各项命令如下：

The MathWorks Web Site：链接网址 http://www.mathworks.com。

MATLAB Central：链接网址 http://www.mathworks.com/MATLABcentral。

MATLAB File Exchange：下载使用 MATLAB 的产品。

MATLAB NewsgroupAccess：进入到 MATLAB 以及相关产品的 USE-NET 新闻组。

Check for Updates：用来更新已经安装的 MATLAB 软件。

Products：链接网址 http：//www. mathworks. com/products/。

Membership：链接网址 http：//www. mathworks. com/mla/index. shtml。

Technical Support Knowledge Base：链接网址 http：//www. mathworks. com/support。

5）窗口菜单

窗口菜单中显示了当前进行操作的各种窗口。如果已经完成相关操作后，单击关闭所有窗口（Close All），即可关闭其他的窗口。

6）帮助菜单

帮助（Help）菜单中的各项命令用来为 MATLAB 软件提供各种帮助，有：

Full Product Family Help：所有 MATLAB 产品的帮助信息。

MATLAB Help：MATLAB 帮助。

Using the Desktop：Desktop 帮助。

Using the Command Window：命令窗口帮助。

Demos：范例程序。

About MATLAB：有关 MATLAB 的信息。

在帮助菜单中，激活 MATLAB 帮助（MATLAB Help）命令，则弹出 MATLAB 帮助对话框，如图 2.2.25 所示。MATLAB 帮助是一个功能齐全的帮助软件，可以查询 MATLAB 软件的相关用法。

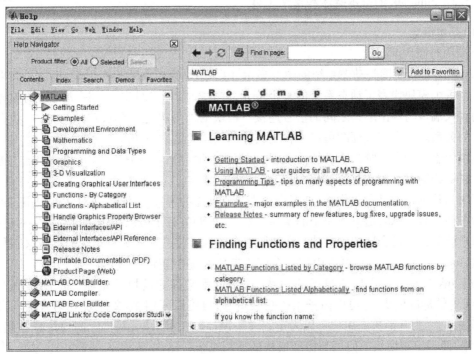

图 2.2.25　MATLAB 帮助

2.3 Simulink 工具箱

2.3.1 Simulink 工具箱简介

Simulink 工具箱的功能是在 MATLAB 环境下,把一系列模块连接起来,构成一个复杂的系统模型,是实现动态系统建模、仿真和分析的一个集成环境,使 MATLAB 的功能得到进一步扩展,它可以非常容易的实现建模,把理论研究和工程实践有机地结合在一起。

大部分专用工具箱只要以 MATLAB 主包为基础就能运行,而少数工具箱则要求有 Simulink 工具箱的支持,如通信工具箱、信号处理工具箱等。

Simulink 具有如下优点:

1)适应面广,可适用于线性、非线性系统,离散、连续系统等。

2)不用命令行编程,由方框图产生 m 文件(s 函数),容易构造,运行速度较快。

3)结构和流程清晰,以方框图形式呈现,比较直观。

4)仿真精细,贴近实际。

2.3.2 Simulink 的基本概念和常用工具

(1)基本概念

1)模块与模块框图

Simulink 模块框图是动态系统的图形显示,由一组称为模块的图标组成,模块之间采用连线连接。每个模块代表了动态系统的某个单元,并且产生一定的输出。模块之间的连线表明模块的输入端口与输出端口之间的信号连接。模块的类型决定了模块输出与输入、状态和时间之间的关系。一个模块框图可以包含更具体的任意类型的模块。

模块代表了动态系统某个功能单元,每个模块一般包括一组输入、状态和一组输出等几个部分。模块的输出是仿真时间、输入或状态的函数。

模块的基本特点是参数化的,许多模块都具有独立的属性对话框,在对话框中用户可定义模块的各种参数,例如,增益模块中的增益参数,这种调整甚至可以在仿真过程中实时进行,从而让用户能够找到最合适的参数值。这种能够在仿真运行过程中实时改变的参数又被称为可调参数(tunable parameter),可以由用户在模块参数中任意指定。

Simulink 还允许用户创建自己的模块,这个过程又称为模块的定制。定制模块不同于 Simulink 中的标准模块,它可以由子系统封装得到,也可以采用 M 文件或 C 语言实现自己的功能算法,称之为 S 函数。用户可以为定制模块设计属性对话框,并将定制模块合并到 Simulink 库中,使得定制模块的使用与标准模块的使用完全一样。

2)信号

Simulink 使用"信号"一词来表示模块的输出值。Simulink 允许用户定义信号的数据类型(8 位,16 位或是 32 位),数值类型(实数还是复数)和维数。需要注意的是,有的模块只能接受特定类型的信号。

3)求解器

Simulink 模块指定了连续状态变量的时间导数,但本身没有定义这些导数的具体值,它们必须在仿真过程中通过微分方程的数值求解方法计算得到。Simulink 提供了一套高效、稳定、精确的微分方程数值求解方法(ODE),用户可以根据需要和模型特点选择最合适的求解算法。

4)子系统

Simulink 允许用户在子系统的基础上构造更为复杂的模型。其中每一个子系统都是相对完整的,完成一定功能的模块框图。通过对子系统的封装,用户还可以实现带触发或使能功能的特殊子系统。子系统的概念体现了分层建模的思想,是 simulink 的重要特征之一。

5)零点穿越

在 Simulink 对动态系统进行仿真的过程中,一般在每一步仿真中都会检查系统状态变化的连续性。如果 Simulink 检测到某个变量的不连续性,为了保持状态突变处系统仿真的准确性,仿真程序就会调整仿真步长,适应这种变化。

Simulink 采用一种称为零点穿越检测(zero crossing detection)的方法来调整仿真步长。采用这种方法,模块首先记录下零点穿越的变量,每一个变量都是有可能发生突变的状态变量的函数。在突变发生时,零点穿越函数也从正数或复数穿越零点。通过观察零点穿越变量的符号变化,就可以判断仿真过程中系统状态是否发生突变的现象发生。

如果检测到零点穿越事件发生,Simulink 将通过对变量的以前时刻和当前时刻的插值来确定突变发生的具体时刻。然后,Simulink 调整仿真的步长,逐步逼近并跳过状态的不连续点,这样就避免了直接在不连续点上进行仿真。因为,对于不连续系统而言,不连续点处的状态值可能是没有定义的。采用零点穿越检测技术,Simulink 可以准确地对不连续系统进行仿真。许多模块都支持这种技术,从而在很大程度上提高了系统仿真的速度和精度。

(2)Simulink 的常用工具

1)仿真加速器

Simulink 加速器能够提高模型仿真的速度,它的基本工作原理是利用 Real-time Workshop 工具将模型方框图转换成 C 语言代码,然后采用编译器将 C 语言代码编译成可执行代码,由于用可执行代码取代了原有的 MATLAB 解释器,仿真速度可能会有本质的提高。

为了使 Simulink 工作在加速模式下,在模型窗口中选择"Simulation:Accelerator"菜单选项。如果要恢复到正常模式,可以选择"Simulation:Normal"菜单选项。

2)模型比较工具

Simulink 当中的模型比较工具(Model Differencing Tool)可以让用户迅速找到两个模型之间的不同点,例如两个相同模型之间的不同版本。

启动模型比较工具的方法是:单击"Tool:Model different"菜单。

3)仿真统计表

Simulink 中的仿真统计表生成器(simulation profiler)可以根据仿真过程中的数据生成一个称为仿真统计表(simulation profile)的报告。该报告可以显示该模型的仿真过程中每一个功能模块所花费的时间,从而可以让用户确认决定模型仿真速度的主要因素,为进一步优化仿真模型提供帮助。

为了使用该工具,用户首先打开指定的模型,选择"SIMULINK:Profiler"菜单。然后启动仿真。当仿真结束后,Simulink 将生成并在 MATLAB 帮助浏览器中显示仿真的统计表。最后,

Simulink 会将该统计表保存到 MATLAB 的工作目录下。

2.3.3 模型的建立与仿真

在 MATLAB 环境中启动 Simulink 的方法是：

1）在 MATLAB 的桌面环境中单击工具按钮 。

2）在命令窗口中输入 simulink 命令。

在 MATLAB 命令窗口中启动 Simulink，选择【File】菜单"New"选项的 Model 命令，出现一个新窗口，即可绘制结构图。方框图绘制完毕，一个动态系统模型也就创建好了。选择【File】菜单"Save"保存图形，就自动生成一个可在 MATLAB 命令窗口中运行的 m 文件。然后就可用 Simulink 菜单中"Start"开始仿真了。

Simulink 启动后，首先出现的是 simulink 库浏览器（SIMULINK Library Browser），如图 2.2.26所示。从图中的界面左侧可以看出，整个 Simulink 模块库是由各个模块组构成，故该界面又称为模型库浏览器。在标准的 simulink 工具箱中，包含有连续模块组（Continuous）、非线性模块组（Discontinuities）、离散模块组（Discrete）、表格模块组（Look-up Tables）、数学运算模块组（Math Operations）、输出模块组（Sinks）、信号源模块组（Sources）、信号分布模块（Signal attributes）、信号组合模块（Signal Routing）、模型确认模块（Model Verification）、模型广泛用途模块（Model-wide Utility）和接口与子系统模块组（Ports & Subsystems）等，以及用户自定义模块组（User-Defined Functions）。

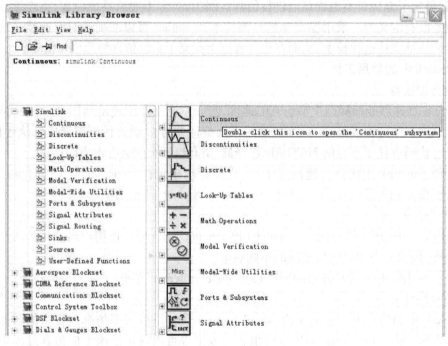

图 2.2.26　Simulink 中的库浏览器

在库浏览器中单击工具条图标 ，即可创建一个新的模型窗口，如图 2.2.27 所示。在该窗口中可以完成模型方框图的绘制。

图 2.2.27　新的模型窗口

(1)模块的基本操作

1)模块的选定

模块的选定是许多其他操作(如复制移动、删除)的前提操作。被选定模块的四个角会出现黑色小矩形,称为柄(handle)。

选定单个模块的操作方法:用鼠标指向待选模块,单击鼠标左键,选中的模块四角出现黑色的柄。一旦选中一个模块,以前选中的所有模块将恢复以前不被选中的状态。

选定多个模块的操作方法有两种:一是按下【shift】键,逐个选定所需选定的模块。二是按住鼠标左键,拉出一个矩形虚线框,将所要选的模块框入其中,松开鼠标,就可一次性选定多个模块。

选定当前窗口中所有的模块的方法:选择编辑菜单"Edit"中的"Select All"项,这时,当前窗口中的所有模块都将被选中。

如果在被选中的模块图标上再次单击左键,就可以取消对该模块的选取。

2)模块的复制

模块的复制可以在模型窗口、库窗口,以及模型窗口和库窗口之间实现。

①不同模型窗口和库窗口之间的模块复制的方法

方法一:在一窗口中选中模块,按下鼠标左键,将它拖到另一模型窗口,释放鼠标。

方法二:在一窗口中选中模块,单击图标 ，然后用鼠标单击目标窗口中需要复制模块的位置,最后用鼠标单击图标 。

②相同模型窗口内的模块复制的方法

方法一:在要复制模块上按下鼠标右键,拖动鼠标到合适的地方,然后释放鼠标。

方法二:按住【ctrl】按键,再在要复制模块上按下鼠标左键,拖动鼠标至合适的地方,然后释放鼠标。

方法三:与不同模型窗口中的复制方法二相同。

3)模块的移动

Simulink 采用一个不可见的 5 像素的网络来简化模块的移动。模型中的所有模块和网格中的一条线对齐。用户也可以采用上、下、左、右 4 个箭头来慢速移动一个模块的位置。用户可以用 Copy,Cut,Paste 命令来拷贝和移动模块,这时,只是它们的图像被拷贝过来,而其参数不进行拷贝。在一个窗口中把一个以上的模块拷贝到另一个窗口,其方法和拷贝时类似的,唯一的区别是在拷贝模块时,按下【shift】键。

①在同一窗口中移动单一模块位置的方法是:将光标置于待移动模块图标上,按住鼠标左

键不放,然后拖动模块图标到一个用户所希望的位置,释放鼠标左键,即可完成模块的移动。Simulink 将自动重新布置该模块与其他模块的连线。

②要移动一个以上的模块(包括它们之间的信号线),其方法如下:

方法一:选中用户所需要移动的模块和连线。

如果用户用逐个法来选中一个以上的对象,在选中最后一个对象后,不要释放鼠标。否则当用鼠标单击一个已被选中的对象时,将导致那个对象不再选中之列。

如果用户用定义方框的方法来选中一个以上的对象,用户只需用鼠标单击任何一个已选中的模块,在拖动该模块的同时,也拖动了方框内的所有对象。注意不要用鼠标单击方框内的信号线,否则,将只有那条信号线被选中。另外,如果在模型窗口中任何对象未曾占有的区域内单击一下,那么所有的对象就不再被选中。

方法二:拖动选中的模块和连线到你所希望的位置,然后释放鼠标。

4)模块的删除

在选中要删除的模块后,可采用以下任何一种方法删除:

①单击键盘上的【Delete】键。

②单击工具图标✄,将选定的对象剪除并放在剪贴板上,以后可以将它从剪贴板上粘贴到模型窗口中。

5)改变模块的大小

首先选中需要改变大小的模块,然后用鼠标拖动该模块的任何一个柄,即可改变模块的大小。一个模块最小可定义为 5×5 的像素,而最大只受计算机屏幕的限制。当用户改变一个模块大小的时候,一个形状如箭头的标志表示所拖动的角和所拖动的方向。当模块被重新定义大小的时候,出现一个矩形虚线框表示改变后的大小。

6)改变模块的方向

Simulink 在默认情况下,信号总是从模块的左边流进,从模块的右边流出,即输入在左边,输出在右边。但在反馈通道中,输入端口是在模块的右侧,输出端口是在模块的左侧,用户可以采用下面的方法来改变模块的方向:

①单击主菜单中 Format 的下拉菜单的 Flip Block,或直接按【Ctrl】+【F】键,可以将模块旋转 $180°$。

②单击主菜单中 Format 的下拉菜单的 Rotate Block,或直接按【Ctrl】+【R】键,可以将选定的模块顺时针旋转 $90°$。

7)模型名的操作

在一个 Simulink 模型当中,所有的模块都必须是唯一的,并且至少含有一个字符,Simulink 在默认情况下,如果一个模块端口在右边的情况下,那么它的名字就在它的下方;如果模块的端口在其上方或下方,那么它的名字就在它的右边。用户可以改变模块名的位置和内容。

①修改模块名:单击需要修改的模块名,在模块名的四周将出现一个编辑框,可在编辑框中完成对模块名的修改。修改完毕,单击编辑框以外的区域,修改结束。

②模块名的字体设置:单击菜单"Format:Font",打开字体设置对话框,设置相应的字体。

③模块名的移动:单击菜单"Format:File Name",可将模块名移动到原来位置的对侧。另一方法是单击模块名,出现编辑框后,用鼠标拖动编辑框至需要的位置。

④模块名的隐藏:选中模块名,单击菜单"Format:Hide Name",可以隐藏模块名,重新单

击菜单"Format：Show Name"，又可显示模块名。

8）断开模块的连接

为了断开与各模块相连的所有连线，按下【shift】键不动，然后将该模块拖动到新的位置即可。

（2）模块的向量化与标量扩展

1）模块的向量化

Simulink 中几乎所有的模块既可以输入标量，也可以输入向量，有的还可以输入矩阵信号。向量化模块输入量和输出量之间的关系，必须符合数学规则的向量或矩阵运算关系。所有向量或矩阵的大小必须相同。

2）标量的扩展

标量扩展（Scalar Expansion）是把一个标量变成一个具有相同元素的向量。Simulink 可以对模块的输入参数进行扩展。

①输入的标量扩展

当某个模块具有一个以上的输入时，用户可以把向量输入和标量输入混合起来，在这种情况下，那个标量输入信号就要进行标量扩展，形成一个具有和向量输入信号维数一样的具有相同元素的向量。

②参数的标量扩展

对于可以进行参数扩展的模块，其参数既可以是标量，也可以是向量。当定义为一个向量参数时，向量参数中的每一个元素与输入向量中的每一个元素相对应。当定义为一个标量参数时，Simulink 就对标量参数进行标量扩展，自动形成具有相应维数的向量。

（3）模块的参数设置

几乎所有的模块都有可以进行属性设置的对话框，用鼠标双击模块，或者选中一个模块，单击菜单"Edit：Block Propertied"，Simulink 将打开一个模块的基本属性对话框。在该对话框中，用户可以对功能描述（Description）、优先级（Priority）、标签（Tag）、打开函数（Open Function）、属性格式（Attributes Format String）等基本属性进行设置。

（4）信号线的操作

1）绘制信号线

Simulink 中模块之间一般用线连接起来，称之为信号线（Signal lines）。信号线的作用是连接功能模块。各个模块的信号是通过这些信号线传送的。在 Simulink 当中，无论哪个模块都是由输入端口接受信号，由输出端口发送信号。

用鼠标在模型窗口间拖动，即可完成信号线的绘制。具体方法是：先将光标指向连线的起点，一般为某个模块的输出端，鼠标光标将以十字显示，按下鼠标，并拖动到终点，一般为另一个模块的输入端，释放鼠标。Simulink 将根据起点和终点的位置，自动完成两个模块之间的连线，这时的连线一般由水平或垂直指向组成。

如果要绘制倾斜的信号线，可以先按下【shift】键，然后再用鼠标进行拖动，可绘制任意角度的信号线。

2）信号线的移动与删除

①可采用下面的方法移动某个信号线：

选中要平行移动的信号线（信号线端口或转折处将出现黑色的小方块），将鼠标指向它，按下鼠标左键,拖动鼠标至希望的地方,然后释放鼠标,平移信号线即完成。

若要改变一段信号线的走向,可在被选中的信号线上要折弯的地方,同时按【shift】+左键,在此处就会出现一个小圆圈,表示折点,利用折点可改变信号线的形状。仅按左键,拖动线段可以直角方式折弯信号线。若按住【shift】+左键,可以任意角度折弯信号线。

②删除信号线的方法比较简单,选中待删除的信号线,按下【Delete】键,或单击窗口菜单中的"Edit：Delete",即可把选中的信号线删除。

3)信号线的分支

在实际模型中,某个模块的信号经常需要和不同的模块进行连接,这时,信号线将出现分支。绘制分支线的步骤如下：

①在信号线上需要分支的某点按下鼠标右键,光标将变成十字,拖动鼠标,可以看到分支信号线自动产生,拖动到终点时,释放鼠标,完成了一条分支线的绘制,并在分支处显示出一个粗点,表示这里是相连的。如果没有这个粗点,则表示两条信号线相互交叉但互不相连。

②也可对选中的信号线,按住【Ctrl】键,在要建立分支的地方,按左键并拉出,即可建立分支线。

4)信号线的显示属性

在 Simulink 模型方框图中,根据传递的信号性质不同,信号线也会显示出不同的宽度和颜色。

为了区分不同信号线所传递的信号的长度,Simulink 可以自动用粗线显示向量信号线,并且在信号线附近的适当位置用数字表明向量的长度。具体方法是：单击菜单"Format：Wide Vector Lines"和"Format：Wide Vector Widths"。

Simulink 在创建的离散系统模型中,允许存在多个不同的采样频率,为了能够区分不同采样频率的模块和信号线,可选择"Format：Sample Time Color",这样,Simulink 将用不同的颜色显示不同采样频率的模块和信号线。默认情况下,黑色表示连续信号通过的模块和信号线,而用红色标明最高的采样频率。

5)注释信号线

添加注释：双击需要添加注释的信号线,弹出文本编辑框。输入结束后,用鼠标单击编辑框以外的地方,即完成注释的输入。

注释的修改：单击需要修改的注释,在注释四周出现编辑框,在编辑框中可以对注释进行修改。

删除注释：单击注释,出现编辑框后,双击注释,这样整个注释都被选中,按下【Delete】键,可删除整个注释。

注释的复制：单击注释,待编辑框出现后,将光标指向注释,按下鼠标右键,或按下【Ctrl】+左键,拖动鼠标到新的注释出现的地方,然后释放鼠标。

(5)创建新模块库

创建新模块库的方法是：在 Simulink 浏览器的菜单中执行 New/Library 命令,这时将打开一个空白的模块库窗口。如图 2.2.28 所示。

用户还可以使用命令方式,例如在 MATLAB 命令窗口中输入如下命令：

>> new_system('new_lib','library')

同样可以达到创建一个名为 new_lib 模块库的目的。用户可以将该模块库保存为新的文

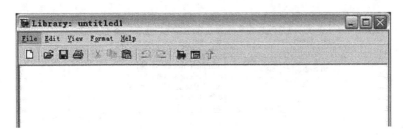

图 2.2.28　新创建一个模块库

件,如 new_lib,此时用户可以在菜单栏中执行 Model browser options 下面的现实模块浏览器、模块库的拦截,以及子系统等三个选项。另外,用户还可以设置该模块库的属性。

建立了这样的模块库之后,用户既可以将自己创建的模块复制到该模块库中,也可以将 Simulink 中的系统模块复制到该模块库中。这样就可以创建出属于自己的模块库。在调用时,用户不必再打开 Simulink 浏览器,只需要在 MATLAB 命令窗中直接输入该模块的名字即可启动该模块。

（6）Simulink **模型的输出和打印**

在 Simulink 的模型编辑窗口下,选择"File：Print",则将给出对话框,按下 OK 按钮,则自动将整个 Simulink 模型按照默认的格式在打印机上打印出来。该对话框有各种各样的选项,如选择打印当前模型、当前模块及上级模块、下级模块等。另外还可以通过属性（Properties）按钮,选择打印的其他属性。当然,由于其属性对话框的标签太多,不宜寻找属性,所以这些参数的设置更适合通过"File：Page Setuo"菜单对应的对话框来设置。

（7）**启动仿真环境**

建立好了 Simulink 模型后就可以启动仿真过程了。最简单的方法当然是按下 Simulink 工具栏下的 ▶ 按钮。启动仿真过程后,将以默认参数为基础进行仿真,而用户还可以自己设置需要的控制参数。仿真控制参数可以由"Simulation：Simulation parameters"菜单项来选择。Simulation 菜单还有：Start（开始）,Stop（停止）,Simulation parameters（仿真参数）,Mechanical environment（机械环境）,Normal（标准）,Accelerator（加速）,External（外部）。

选择了该菜单后,将得到如图 2.2.29 所示的对话框,用户可以从中填写相应的数据,控制仿真过程。在图 2.2.29 的对话框中有 5 个标签。默认的标签为微分方程求解程序 Solver 的设置,在该标签下的对话框主要接受微分方程求解的算法及仿真控制参数。

1）仿真算法选择

通过该对话框可以由 Solver options 栏目选择不同的求解算法,因为 Simulink 仿真必然要涉及微分方程组的数值求解,而控制系统是多样性的,没有哪一种仿真算法是万能的,所以,应根据不同的仿真模型类型,各种算法的特点,仿真性能和适用范围,正确选择合适的算法和适当的仿真参数,才能得到最佳的仿真

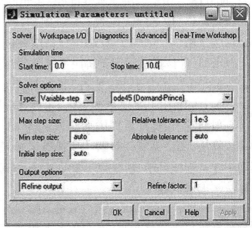

图 2.2.29　仿真参数设置对话框

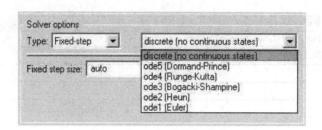

图 2.2.30　定步长仿真算法

结果。

定步长下支持的算法如图 2.2.30 所示。其中：

"ode5"：属于 Dormand Prince 算法，就是变步长下的 ode45 算法。

"ode4"：属于四阶的 Runge-Kutta 算法。

"ode3"：属于 Bogacki-Shampine 算法，就是变步长下的 ode23 算法。

"ode2"：属于 Heuns 法则。

"ode1"：属于 Euler 法则。

"discrete"：不含积分运算的定步长方法，适用于求解非连续状态的系统模型问题。

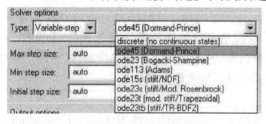

图 2.2.31　变步长仿真算法

而变步长下支持的算法如图 2.2.31 所示。其中：

"ode45"：这种算法特别适用于仿真线性化程度高的系统。由于 ode45 算法计算快，一般来说，在第一次仿真时，首先采用 ode45 算法，因此在仿真软件中，把 ode45 作为默认的算法。

"ode23"：它用来解决非刚性问题，在允许误差方面及使用在 stiffness mode（稍带刚性）问题方面，比 ode45 效率高。

"ode23s"：在允许误差比较大的条件下，ode23s 比 ode15s 更有效。所以在使用 ode15s 处理效果比较差的情况下，宜选用 ode23s 来解决问题。

"ode113"：用于解决非刚性问题，在允许误差要求严格的情况下，比 ode45 算法更有效。

"ode15s"：用于解决刚性（stiff）问题，当 ode45、ode113 无法解决问题时，可以尝试采用 ode15s 去求解。但 ode15s 算法运算精度较低。

"ode23t"：该算法适用于解决系统有适度刚性，并要求无数值衰减的问题。

"ode23tb"：适合于求解刚性问题，求解允许误差比较宽的问题的效果好。

"discrete"：用于处理非连续状态的系统模型。

一般情况下，连续系统仿真应该选择 ode45 变步长算法，对刚性问题可以选择变步长的 ode15s 算法，离散系统一般默认地选择定步长的 discrete（no continuous states）算法，而在仿真模型中含有连续环节，应注意不能采用该仿真算法，而可以采用诸如四阶 Runge-Kutta 法这样的算法来求解问题。

定步长算法的步长应该由 Fixed step size 编辑框中填入指定参数，一般还可以选择 auto，依赖计算机自动选择步长，而变步长下建议步长范围使用 auto 选项。在实时工具中要求必须选用定步长的算法。

2）仿真区间的设置

在该对话框中还可以修改仿真的初始时间和终止时间。另外,用户还可以利用 Sink 模块组中的 Stop 模块来强行停止仿真过程。

3）输出信号的精确处理

由于在仿真中经常采用变步长算法来完成,故有时会发现输出信号过于粗糙,所以要对得出的输出进行更精确的处理,这就需要在 Output options 栏目中选择 Refine output（细化输出）选项,并将其 Refine factor（细化系数）选项选择一个大于 1 的数值,数值越大则输出越平滑。默认值为 1,最大值为 4。

4）MATLAB 工作空间设置

单击对话框中的 Workspace I/O 标签,则打开如图 2.2.32 所示的工作空间输入输出参数设置对话框。在这一标签页中设置参数后,可以从当前工作空间输入数据、初始化状态模块、并把仿真结果保存到当前工作空间。其中各选项的功能为:

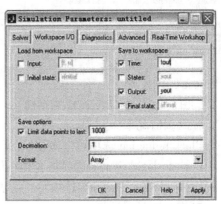

图 2.2.32　工作空间输入输出对话框

Load from workspace：是从 MATLAB 工作空间获取数据输入到模型的输入模块（in1）,可以设定 Input 和 initial state 两项。

Save to workspace：是把仿真结果保存到当前工作空间,可以设定 Time,States,Output,Final state 项。

Save options：是变量存储选项栏,与 Save to workspace 栏配合使用。可以设定 Limit data points to last,Decimation,Format 三项。

可以看出,在默认状态下,时间和输出信号都将写入 MATLAB 的工作空间,分别存入 tout 变量和 yout 变量。在实际仿真中建议保留这两个选项。如果想获得系统的状态,则还可以选中 xout。

在该对话框中,还可以选择输出向量的最大长度,默认值为 1 000,即保留 1 000 组数据,如果因为步长过小,则实际计算出来的数据量很大,超过选择的值,这样在 MATLAB 工作空间中将只保存 1 000 组最新的数据。如果想消除这样的约束,则可以不选中 Limit data points to last 复选框即可。

5）仿真错误警告

在 Simulink 中可能出现一些错误情况,这就需要实现设置出现各类错误时,发出警告的等级。打开仿真参数对话框中的"Diagnostics"（诊断）标签,将出现一个如图 2.2.33 所示的对话框,用户可以对可能发生的错误设置警告类型。

6）高级仿真属性设置

单击对话框中的 Advanced 标签,则得到如图 2.2.34 所示的对话框,在该对话框中用户可

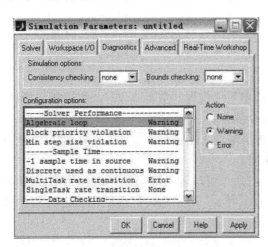

图 2.2.33　仿真错误诊断对话框

以选择一些进一步的属性,更好的控制仿真过程。

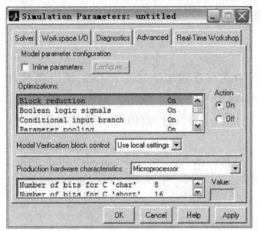

图 2.2.34　高级属性设置对话框　　　　图 2.2.35　实时控制设定对话框

在默认情况下:

Block reduction 选项可以做模块的简化,这样可以加速仿真过程。

Boolean logic signals 选项将允许在仿真中使用逻辑信号。

Zero-crossing detection 选项将在仿真过程中精确计算过零点。

7)实时工具对话框

单击仿真参数对话框中的 Real-Time Workshop 标签,则可以得出如图 2.2.35 所示的对话框。在该对话框中可以设置若干实时工具中的参数,如果没有安装实时工具,则将不出现对话框标签。

在 Simulink 的实时工具中引入了目标语言编译(target language compiler)的概念,允许用户自己指定目标语言,最终将 Simulink 模型翻译成优化的代码,经过编译过程最终生成可执行文件,脱离 MATLAB/Simulink 环境执行。

在该对话框中允许用户选择目标语言模板、系统目标文件等,如果选择了 Generate code only(只生成代码)选项,则实时工具只将 Simulink 模型翻译成目标语言代码,不进行编译、生成可执行文件。

2.3.4　简单应用实例

(1)开始

以一个简单的模型为例,说明 Simulink 进行动态系统仿真的主要流程。基本步骤包括:模型的创建,仿真的配置,启动仿真和结果显示等几个部分。

该模型的框图如图 2.2.36 所示。其基本功能是对输入的正弦信号进行积分,然后将积分后的信号连同正弦信号本身送到示波器中显示出来。

仿真的第一步是启动 Simulink,在 MAYTLAB 的命令窗口输入 Simulink 指令,回车后,首先出现的是 Simulink 的库浏览器。为了创建新的模型,单击"New Model"按钮,Simulink 将生成新的模型窗口。至此,创建新的模型的环境已经建立。

(2)创建模型

创建模型的第一步是确定模型中包含哪些模块,在这个例子当中,模型包含四个模块,分

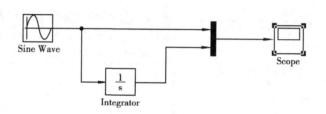

图 2.2.36　实例模型方框图

别是正弦波模块、积分模块、示波器模块以及 Mux 模块,涉及的模块库包括:

Source 库(正弦波模块)　　　　　　Sink 库(示波器模块)

Continuous 库(积分模块)　　　　　Signals & Systems 库(Mux 模块)

可以使用库浏览器,将需要的模块从模块库中拷贝到模型窗口中。以正弦波模块为例,首先展开库浏览器中的目录树,显示 Source 模块库,然后再从浏览器的右方选择正弦波模块,如图 2.2.37 所示。

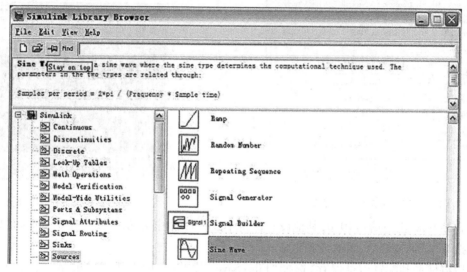

图 2.2.37　从库浏览器中选择正弦模块

用鼠标双击正弦波模块,弹出图 2.2.38 显示的属性对话框。调整好参数后,按下"OK"按钮后,关闭属性对话框。用同样的方法,分别在相应得模块库中将剩下的几个模块拖到模型窗口中,按照要求调整它们的位置,这时就完成了模块的创建。观察各个模块,可以找到模块的输入输出端口,下面要做的工作就是将这些模块用连线连接起来。

首先将正弦波模块与 Mux 模块的第一个输入口连接起来。将鼠标指向正弦波模块的输出端口,光标将变成十字形,按下鼠标,并拖动到相应的 Mux 模块的第一个输入端口处,注意这时的连线是虚线。最后释放鼠标,两个模块之间自动采用实线相连,表示两个模块已经用线连接起来,如图 2.2.39 所示。采用同样的方法,我们将其他的模块也用连线连接起来。这样就完成了整个模型的创建工作。

(3)仿真配置

创建模型后,接下来需要对仿真的环境和参数进行配置。为此,在模型窗口中选择"Simulation:Simulation Parameters"菜单项,弹出图 2.2.40 所示的配置对话框。

157

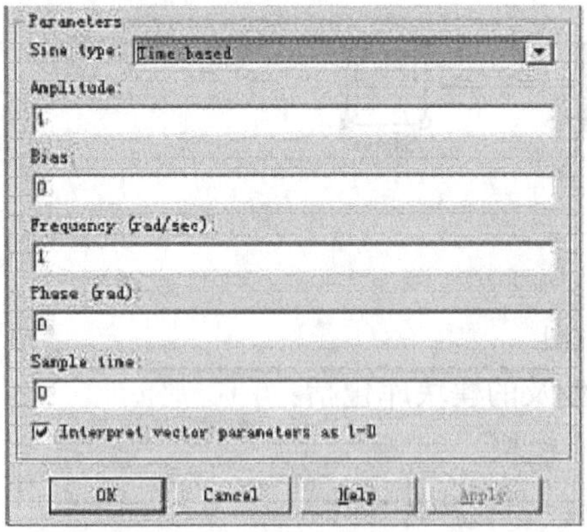

图 2.2.38　正弦波模块的属性对话框

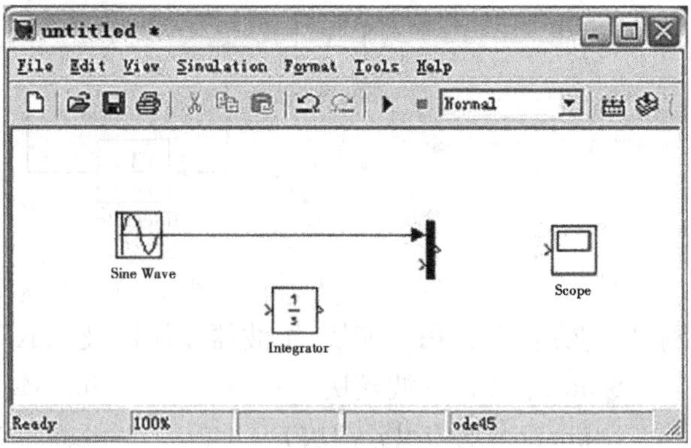

图 2.2.39　连线的生成

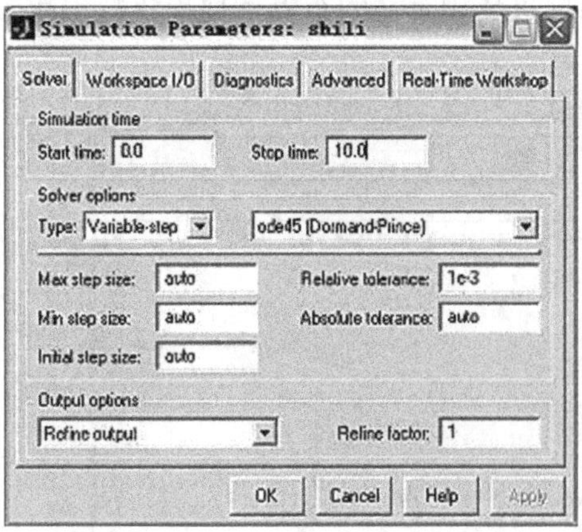

图 2.2.40　仿真配置对话框

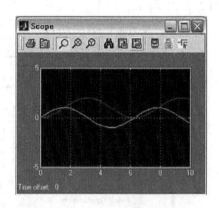

图 2.2.41　示波器中的仿真曲线

在 Stop time 栏中输入 10.0,其他设置保持不变,目的是描绘仿真模型在 0～10 s 内的动态曲线。按下"OK"按钮后,新的设置生效。

最后将模型和配置信息保存,选择"File:Save"菜单项,输入适当的模型名,这个模型将以…. mdl 文件形式保存起来。

（4）启动仿真

完成仿真参数配置后,接下来就可以启动仿真过程了。可以通过指令和图形两种方式来启动模型的仿真。指令方式在这里不做介绍,主要介绍图形方式。在模型窗口中选择"Simulation:Start"菜单,仿真开始。仿真完成后,系统发出"哗"的声音提醒用户仿真结束。

（5）结果

如果用户在创建模型时就打开了示波器显示窗口（通过双击示波器模块）,则在仿真进行当中,可以看到结果的实时显示。如果示波器显示窗口没有打开,也可以在仿真过程中或结束后,随时双击示波器模块来激活示波器显示窗口,这时,示波器将以不同颜色的曲线分别显示正弦波信号以及积分后的曲线,如图 2.2.41 所示。

以上的过程是使用 Simulink 进行仿真的一般步骤,无论多么复杂的系统模型都基本上包含以上四个步骤,所不同的是操作的复杂程度不一样。

通过上面操作可以创建一个新的模型,可以在此基础上进行调试和仿真。对于电力电子电路的仿真主要用到的是电力系统工具箱,下面介绍一下电力系统工具箱。

2.4　电力系统(Power System)工具箱简介

电力系统工具箱(Power system)是在 Simulink 环境下使用的仿真工具箱,其功能非常强大,可用于电路、电力电子系统、电机系统、电力传输等领域的仿真,它提供了一种类似电路搭建的方法,用于系统的建模。

2.4.1　启动电力系统元件库

启动电力系统元件库有多种方法,这里介绍最常用的两种方法。

(1)利用指令窗口(Command Window)启动

在指令窗口中键入" >> powerlib"指令,单击回车键即可,如图 2.2.42 所示。则 MATLAB 软件中弹出电力系统元件库对话框(powerlib),如图 2.2.43 所示。

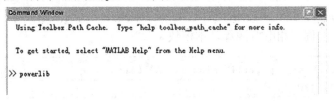

图 2.2.42　启动电力系统元件库方法 1

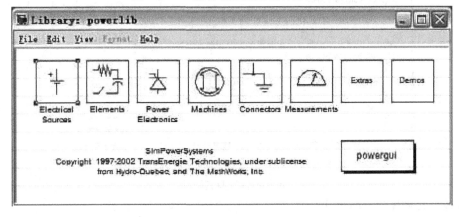

图 2.2.43　电力系统元件对话框

(2)利用开始(Start)导航区启动

利用开始导航区同样可以启动电力系统元件库对话框,单击开始按钮。选择仿真(Simulink)命令,在弹出的子命令中选择电力系统仿真(SimPowerSystem)命令。弹出的菜单中包括电力系统元件库(Block Library)、帮助(Help)、演示教程(Demos)和产品网站[Product Page (Web)]4 个选项。单击电力系统元件库(Block Library)命令,即可启动电力系统元件库对话框。

2.4.2　退出电力系统元件库

退出电力系统元件库的方法有两种：一是在使用完电力系统元件库后，单击电力系统元件库对话框中的文档菜单，激活退出"Exit MATLAB"命令即可。二是单击电力系统元件库对话框右上角的▨按钮，即可完成退出。

2.4.3　电力系统元件库简介

在电力系统元件库对话框中包含了多种电力系统元件的图标，按照类别的提示可以进行各种操作。电力系统元件库包括 10 类库元件，分别是电源元件（Electrical Sources）、线路元件（Elements）、电力电子元件（Power Electronics）、电机元件（Machines）、连接器元件（Connectors）、电路测量仪器（Measurements）、附加元件（Extras）、演示教程（Demos）、电力图形用户接口（powergui）和电力系统元件库模型（powerlib_models）。下面简要介绍各库元件的内容。

（1）**电源元件库**（Electrical Sources）

电源元件库（Electrical Sources）中各基本模块及其图标如图 2.2.44 所示。电源元件中包含了产生电信号的各种元件，其包括直流电压源、交流电压源、交流电流源、受控电压源和受控电流源、三相源、可编程三相电压源等基本模块。

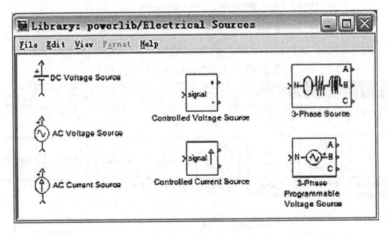

图 2.2.44　电源元件库（Electrical Sources）中
各基本模块及其图标

（2）**线路元件库**（Elements）

线路元件库（Elements）中各基本模块及其图标如图 2.2.45 所示。线路元件库包括了各种线性网络电路元件和非线性网络电路元件，其中包括各种电阻、电容和电感元件，各种变压器元件，另外还有一个附加的三相元件子库。

但在线路元件库中，不包含单独的电阻、电容和电感元件，要想使用单个的电阻、电容或电感元件，只能通过改变串联或并联 RLC 分支或负载模块的参数设置来达到。然而，单个元件的参数设置，在串联或并联 RLC 分支中是不同的，具体设置如表 2.2.1 所示。

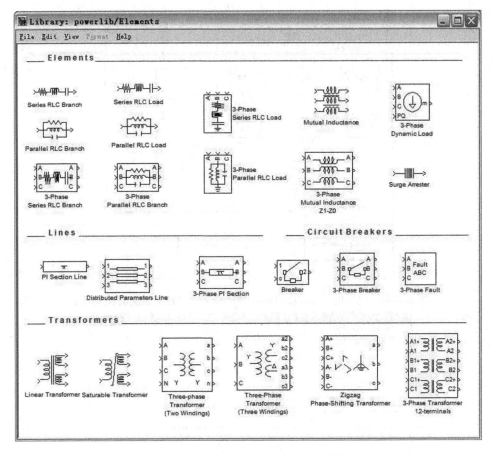

图 2.2.45　线路元件库(Elements)中各基本模块及其图标

表 2.2.1　单个电阻、电容、电感元件的参数设置

元　件	串联 RLC 分支			并联 RLC 分支		
类　型	电阻数值	电感数值	电容数值	电阻数值	电感数值	电容数值
单个电阻	R	0	∞	R	∞	0
单个电容	0	L	∞	∞	L	0
单个电感	0	0	C	∞	∞	C

（3）**电力电子元件库**（Power Electronics）

电力电子元件库(Power Electronics)中各基本模块及其图标如图 2.2.46 所示。电力电子元件库包括理想开关（ideal Switch）、二极管（Diode）、晶闸管（Thyristor）、可关断晶闸管（GTO）、功率 MOS 场效应管（MOSFET）、绝缘门极晶体管（IGBT）等元件，此外还有两个附加的控制元件库和一个普通整流桥（Universal Bridge），以及一个三相桥（Three-Level Bridge）。

（4）**电机元件库**（Machines）

电机元件库(Machines)中各基本模块及其图标如图 2.2.47 所示。电机元件库包括简单同步电机、永磁同步电机、直流电机、异步电机、汽轮机和调节器、电机输出信号测量分配器等模块。

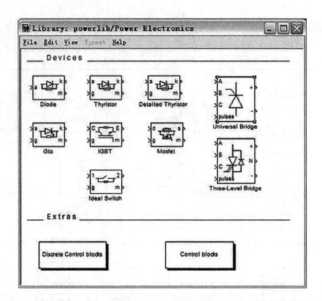

图 2.2.46　电力电子元件库（Power Electronics）中各基本模块及其图标

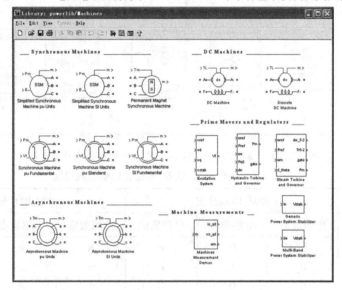

图 2.2.47　电机元件库（Machines）中各基本模块及其图标

（5）**连接器元件库**（Connectors）

连接器元件库（Connectors）中各基本模块及其图标如图 2.2.48 所示。连接器元件库包括在不同条件下用于互相连接的 10 个常用的连接器元件。

（6）**电路测量仪器**（Measurements）

电路测量仪器（Measurements）中各基本模块及其图标如图 2.2.49 所示。电路测量仪器包括电压表、电流表、阻抗表、多用表和各种附加的子库等基本元件。

（7）**附加元件**（Extras）

可以通过在指令窗口键入如下命令进入附加元件库。

　>> powerlib_extras

附加元件（Extras）中各基本模块及其图标如图 2.2.50 所示。附加元件主要有附加测量子库(Measurements)、离散型附加测量子库(Discrete Measurements)、附加控制子库(Control Blocks)、离散型附加控制子库(Discrete Control Blocks)、附加电机子库(Additional Machines)、三相电气子库(Three-Phase Library)。而每个附加子库又包括了多个元件。

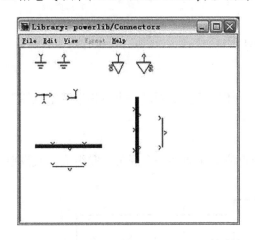

图 2.2.48　连接器元件库(Connectors)中
各基本模块及其图标

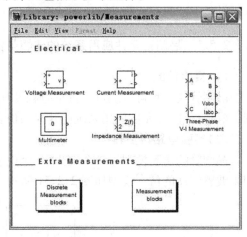

图 2.2.49　电路测量仪器(Measurements)中
各基本模块及其图标

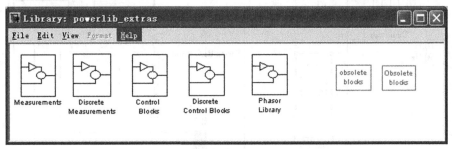

图 2.2.50　附加元件(Extras)中各基本模块及其图标

（8）**演示教程**(Demos)

演示教程(Demos)主要提供一些演示实例。

（9）**电力图形用户接口**(powergui)

电力图形用户接口用来进行电力系统稳态分析。

（10）**电力系统元件库模型**(powerlib_models)

电力系统元件库模型包含了电力系统各种非线性模块的仿真模型。电力系统元件库模型用来建立电力系统电路的等值仿真电路模型。电力系统元件库模型的启动方法,是在指令窗口键入如下命令:

　　>> powerlib_models。

2.5 电力电子电路的建模与仿真实例

2.5.1 晶闸管元件应用系统的建模与仿真实例

(1)实验目的

晶闸管是一种可以通过门极信号触发导通的半导体器件。下面以一个单相半波整流器为例,来讨论晶闸管元件应用系统的建模与仿真。

(2)实验电路与步骤

晶闸管的仿真模型由一个电阻、一个电感、一个直流电压源和一个开关串联组成。假设单相半波整流器的仿真模型如图2.2.51所示。

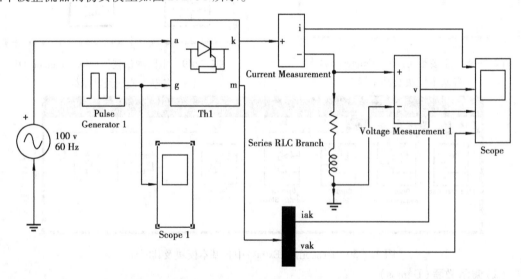

图 2.2.51 单相半波整流器仿真模型

1)建立一个新的模型窗口,命名为"vt"。

2)在相应库中选择相应模块,并照图2.2.51进行连接。

3)对模型中相关元件进行参数设置。其中最主要的晶闸管参数设置对话框如图2.2.52所示。要设置的参数有:

①晶闸管元件内电阻 $R_{on}(\Omega)$,当电感参数设置为0时,内电阻 R_{on} 不能为0。

②晶闸管元件内电感 $L_{on}(H)$,当电阻参数设置为0时,内电感 L_{on} 不能为0。

③晶闸管元件的正向管压降 $V_f(V)$。

④初始电流 $I_C(A)$,通常将 I_C 设为0。

⑤缓冲电阻 $R_S(\Omega)$,为了在模型中消除缓冲,可将 R_S 参数设置为∞。

⑥缓冲电容 $C_S(F)$,为消除缓冲可设置 C_S 为0。为得到纯电阻 R_S,可设置 C_S 为∞。

⑦擎住电流 $I_L(A)$,该参数在晶闸管详细(标准)模型中出现。

⑧关断时间 $T_q(s)$,该参数也只在晶闸管详细(标准)模型中出现。

晶闸管模块图标有2个输入端口和2个输出端口,其中a,k,g分别对应晶闸管的阳极、阴

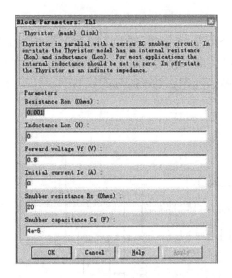

图 2.2.52　晶闸管参数设定对话框

图 2.2.53　单相半波整流器的仿真参数设置

极和门极,输出端口 m 用于测量输出向量 $[I_{AK}, V_{AK}]$。

对于模型中的串联 RL 模块,也打开其参数设置对话框,按照要求设置参数。其中,$R = 1\ \Omega, L = 10$ mH。

4)运行仿真,并设置仿真参数。在仿真含有晶闸管的电路时,必须使用刚性积分算法。在 Solver 标签下设置仿真为变步长,采用 ode23tb 算法,其仿真参数如图 2.2.53 所示。也可使用 Oder15 算法,以获得较快的仿真速度。运行之后的仿真结果图如图 2.2.54 所示。

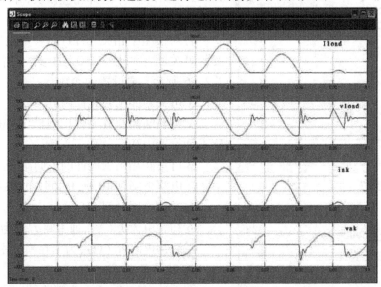

图 2.2.54　单相半波整流器仿真结果

2.5.2　可关断晶闸管的仿真模型及仿真实例

(1)实验目的

可关断晶闸管 GTO 是一种可以通过门极信号触发导通和关断的电力半导体器件。下面通过一个有可关断晶闸管元件组成的系统,来研究可关断晶闸管元件的设置与仿真。

(2)实验电路与步骤

可关断晶闸管 GTO 的仿真模型由一个电阻、一个电感、一个直流电压源和一个开关串联组成,该开关受一个逻辑信号控制,该逻辑信号又由可关断晶闸管的电压 V_{AK}、电流 I_{AK} 和门极触发信号(U_g)决定。可关断晶闸管元件应用系统的模型如图 2.2.55 所示。

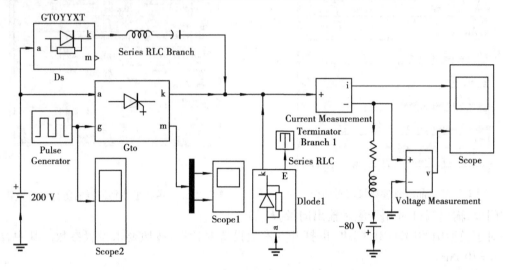

图 2.2.55 可关断晶闸管元件应用系统模型

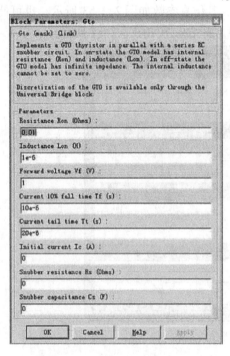

图 2.2.56 GTO 参数设定对话框

1)建立一个新的模型窗口,命名为"gto"。

2)在相应库中选择相应模块,并照图 2.2.55 进行连接。

3)对模型中相关元件进行参数设置。其中最主要的可关断晶闸管(GTO)的参数设置对话框如图 2.2.56 所示。要设置的参数有:

①可关断晶闸管元件内电阻 $R_{on}(\Omega)$。

②可关断晶闸管元件内电感 $L_{on}(H)$。注意:电感不能设置为0。

③可关断晶闸管元件的正向压降 $V_f(V)$

④电流下降到 10% 的时间,单位:秒(s)。

⑤电流拖尾时间 $T_t(s)$。

⑥初始电流 $I_C(A)$,通常将 I_C 设为0。

⑦缓冲电阻 $R_S(\Omega)$,为了在模型中消除缓冲,可将 R_S 参数设置为 ∞。

⑧缓冲电容 $C_S(F)$,为消除缓冲可设置 C_S 为0。为得到纯电阻 R_S,可设置 C_S 为 ∞。

普通晶闸管导通后,只有等 $I_A = 0$ 时,才能关断;而 GTO 则可在任何时刻,通过施加 $U_g = 0$ 信号就可将其关断。

对于模型中的串联 LC 模块,也打开其参数设置对话框,其中 $L = 1$ mH,$C = 1$ μF。

对于模型中的串联 RL 模块,也打开其参数设置对话框,按照要求设置参数。其中,$R =$

1 Ω;$L = 10$ mH。

4)运行仿真,并设置仿真参数。在 Solver 标签下设置仿真为变步长,仿真应使用刚性积分算法,使用 ode23tb 算法。其仿真参数设置类似于图 2.2.53。运行之后的仿真结果,如图 2.2.57所示。

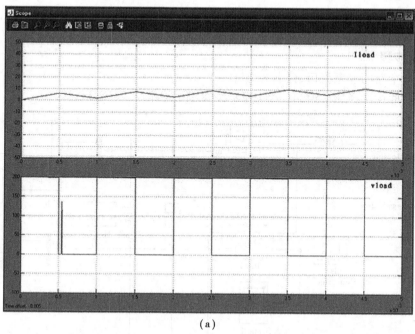

(a)

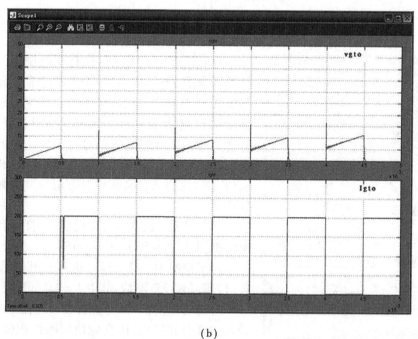

(b)

图 2.2.57　可关断晶闸管元件系统的仿真结果

2.5.3　绝缘栅双极型晶体管元件的仿真模型及应用实例

（1）实验目的

IGBT 模块是一个受门极信号控制的电力半导体器件，它由一个电阻、一个电感和一个直流电压源与一个由逻辑信号控制的开关串联组成。下面通过由 IGBT 元件组成的 Boost 变换器来研究 IGBT 元件的建模与仿真。

（2）实验步骤

1）建立一个新的模型窗口，命名为 igbt。

2）在相应库中选择相应模块，并照图 2.2.58 进行连接。

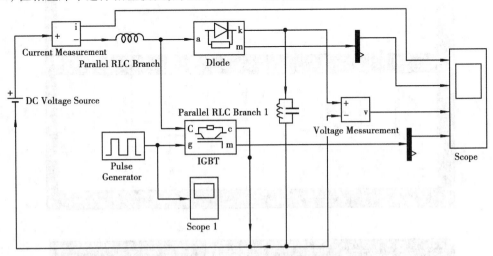

图 2.2.58　IGBT 元件组成系统模型

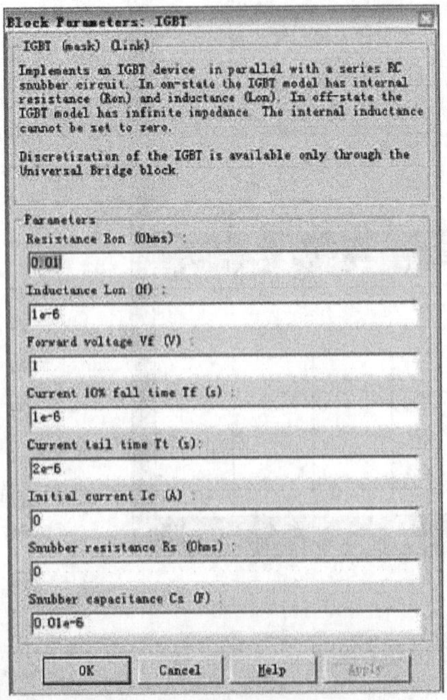

3）对模型中相关元件进行参数设置。其中最主要的绝缘栅双极型晶体管（IGBT）的参数设置对话框如图 2.2.59 所示。设置的参数包括绝缘栅双极型晶体管的内电阻 R_{on}（Ω），电感 L_{on}（H），正向管压降 V_f（V），电流下降到 10% 的时间 T_f（s），电流拖尾时间 T_t（s），初始电流 I_c（A），缓冲电阻 R_s（Ω）和缓冲电容 C_s（F）等，它们的含义和设置方法与可关断晶闸管元件相同。

对于模型中的串联 RC 模块，也打开其参数设置对话框，其中 $R = 50\ \Omega$，$C = 3\ \mu F$。

对于模型中的 L 模块，也打开其参数设置对话框，按照要求设置参数，其中 $L = 0.5\ mH$。

4）运行仿真，并设置仿真参数。在 Solver 标签下设置仿真为变步长，仿真应使用刚性积分算法，使用 ode23tb 或 ode15s 算法，以获得较快的仿真速度。其仿真参数设置类似于图 2.2.53。

图 2.2.59　IGBT 元件的参数设置对话框

运行仿真后的仿真曲线如图 2.2.60 所示。

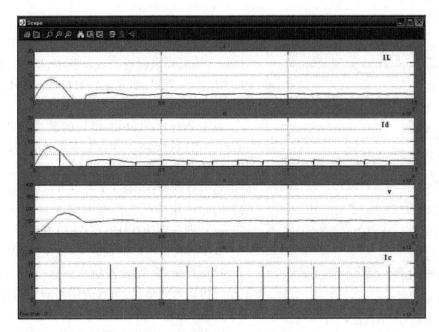

图 2.2.60 IGBT 元件系统仿真结果

2.5.4 晶闸管交流调压器及其应用仿真

(1)实验目的

晶闸管交流调压器是交流-交流变换器的典型变换方式之一,应用较为广泛。下面讨论相位控制的晶闸管单相交流调压器带电阻性负载时的系统的建模与仿真。

(2)实验电路与步骤

1)建立一个新的模型窗口,命名为"jlty"。

2)在相应库中选择相应的模块,并照图 2.2.61 进行连接。

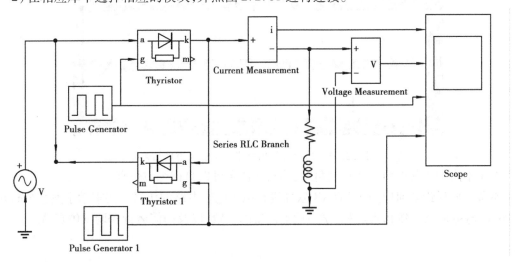

图 2.2.61 晶闸管单相交流调压电路

3)对模型中相关元件进行参数设置。其中最主要的晶闸管的参数设置对话框如图

169

Block Parameters: Thyristor

Thyristor (mask) (link)

Thyristor in parallel with a series RC snubber circuit. In on-state the Thyristor model has an internal resistance (Ron) and inductance (Lon). For most applications the internal inductance should be set to zero. In off-state the Thyristor as an infinite impedance

Parameters

Resistance Ron (Ohms) :

1e-03

Inductance Lon (H) :

0.01

Forward voltage Vf (V) :

0

Initial current Ic (A) :

0

Snubber resistance Rs (Ohms) :

20

Snubber capacitance Cs (F) :

4e-6

| OK | Cancel | Help | Apply |

图 2.2.62　晶闸管单相交流调压电路
晶闸管参数设置对话框

运行仿真结果如图 2.2.63 所示。

2.2.62 所示。

对于模型中的串联 RL 模块,也打开其参数设置对话框,按照要求设置参数。其中,$R = 2\ \Omega;L = 0$ H 时,为电阻性负载;如 $R = 2\ \Omega;L = 0.02$ H 为电感性负载时。

对于 Pulse 和 Pulse1 模块的脉冲周期设为 100 ms,移相角通过调整"相位延迟"对话框进行设置,对于移相角为 60°和 108°时的工作情况,对应的相位角延迟分别为 0.016 6 s 和 0.03 s;而触发反向晶闸管的脉冲相位延迟角时间需要再增加半个周期(50 ms),即分别为 0.066 6 s 和 0.08 s。

本实验讨论电阻性负载,移相角为 60°的情况。

4)运行仿真,并设置仿真参数。在 Solver 标签下设置仿真为变步长,仿真应使用刚性积分算法,使用 ode23tb 算法。其仿真参数设置类似于图 2.2.53。

假设负载性质为电阻性负载,控制角为 60°时,

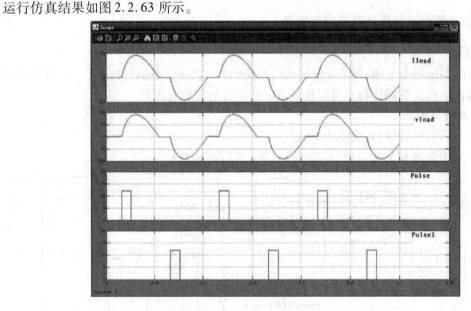

图 2.2.63　晶闸管单相交流调压电路仿真结果

对于不同的负载性质以及控制角度,感兴趣读者可以自行练习仿真。

本节主要讨论如何应用 MATLAB 软件进行电力电子电路的仿真。要求学生熟悉 Simulink 和 Power System 的系统仿真过程,学会设置需要的参数,以及如何运行和调试仿真结果。

第**3**章
电力电子技术课程设计

3.1 课程设计的目的和要求

课程设计是《电力电子技术》课程的实践性教学环节,通过课程设计,可使学生在综合运用所学理论知识,拓宽知识面,理论分析和计算,实验研究以及系统地进行工程实践训练等方面得到训练和提高,从而培养学生具有独立解决实际问题和从事科学研究的初步能力。通过设计过程,可使学生初步建立正确的设计思想,熟悉工程设计的一般顺序、规范和方法,提高正确使用技术资料、标准、手册等工具书的能力。通过设计工作还可培养学生实事求是和一丝不苟的工作作风,树立正确的生产观点、经济观点和全局观点,为后续课程的学习和毕业设计,乃至向工程技术人员的过渡打下基础。

通过课程设计,应使学生对本课程达到以下要求:

1)熟悉和掌握电力电子电路的基本工作原理及参数计算方法。

2)掌握电力电子器件在相关电路中的工作特点,并能根据设计要求,正确计算元件参数,合理选择元件型号。

3)了解常用触发电路的特点,并能根据实际电路选择合理的触发电路形式。

4)对常用的保护电路具有一定的分析和设计能力。

5)具有初步发现和解决设计中出现的问题的能力。

3.2 课程设计的过程及方式

3.2.1 课程设计过程

课程设计分指导教师讲解和学生独立设计两个阶段。指导教师讲解内容包括:

1)本课程设计的目的及意义。

2)本课程设计的内容与要求。

3）分组,布置设计任务书。

4）介绍设计步骤和重点设计环节。

5）说明本课程设计时间安排、纪律要求及考核方法。

其他时间由学生自己按要求独立完成课程设计,指导教师进行有针对性的辅导,随时解答学生们的疑问,及时处理设计中遇到的问题。

3.2.2　课程设计方式

为了提高效率、讲求实效、取得预期的收获,课程设计建议按以下方式进行。

（1）设计前预习

预习是课程设计前的重要准备工作,是保证课程设计顺利进行的必要步骤,也是培养学生独立工作能力,提高课程设计质量与效率的重要环节,要求做到:

1）复习相关课程的内容,熟悉有关理论知识。

2）认真阅读课程设计任务书,了解本课程设计的内容及要求。

3）查找有关设计资料和手册。

4）进行学生分组,课程设计以组为单位进行,安排组长 1 人,明确分工,预习需人人进行,由组长负责检查,设计前每组应对有关设计内容进行讨论,做到心中有数。

（2）设计阶段

1）预习检查,严格把关

设计开始前应由指导教师检查预习质量,当确认已做好准备工作后,方可允许开始设计。

2）独立设计,协调工作

本课程设计要求每个学生独立完成,提倡同学间的积极讨论,大胆提出新思路、新见解,对于设计中采用创新的设计思路、设计电路及新型元器件的同学,评定成绩时从优掌握。

3）认真负责,按时完成

整个课程设计过程中必须严肃认真,集中精力按时完成设计。

（3）设计报告

设计报告是课程设计工作的最后成果和总结提高,是课程设计的重要环节,也是对学生分析、归纳等工作能力的进一步培养和锻炼,因此必须独立撰写,每人 1 份。撰写设计报告应有实事求是的科学态度,报告要求条理清楚,简明扼要,字迹端正,图表规范,计算准确,结论明确。

课程设计报告内容应主要包括以下几方面:

1）课程设计名称,专业,班级,组别,姓名,学号,指导教师,设计日期。

2）设计目的和要求,设计技术指标。

3）根据设计任务书,进行方案论证。

4）写出详细的设计过程,包括相关参数计算及元器件选择等。

5）按照工程绘图标准,绘制系统的电气原理图,列出元器件明细表。

6）分析讨论设计过程中遇到的问题,写出心得体会以及合理化建议和改进措施。

3.3 课程设计的内容

课程设计是运用《电力电子技术》课程的相关理论知识,并根据给定设计任务书,设计一个满足性能要求的电力电子电路。具体步骤应包括以下内容:

1)根据设计要求确定电气系统方案。

2)绘制系统框图和电气原理草图。

3)主电路参数计算和元器件选择。

4)系统保护环节设计。

5)触发电路选择和校验。

6)绘制系统电气原理总图,列出元器件明细表。

7)完成设计报告。

8)对设计进行全面总结。

3.3.1 设计方案的确定

设计一个电力电子变流装置(电路),必须满足用户要求,首先要考虑技术性能指标;第二是经济指标;第三是先进性、合理性和可行性。因此,为确保控制系统的设计的技术指标先进、合理,经济指标良好,又为今后的发展和进一步技术改造留有余地,就必须对设备的使用条件,被控制设备的工艺要求进行充分调研,搜集与设计有关的技术资料,了解国内外同类产品的技术水平和发展趋势,然后对系统设计的总体方案进行必要的比较和论证,使之变成一个可以付诸实施的技术方案。下面以直流电动机调速系统为例。

(1)对电气控制系统的技术要求

1)输出一定的直流电压和电流。

2)输出电压的脉动指标在允许范围内。

3)具有自动稳压功能和一定的稳压精度。

4)对调速系统应有静态技术指标和动态技术指标的要求。

静态技术指标是指系统的调速范围 D 和静差率 s。不同的生产机械要求也不同,表 2.3.1 给出了常见生产机械的静态调速指标。

表 2.3.1 几种常见生产机械的静态调速指标

生产机械类型	调速范围 D	静差率 s
热连轧机	3 ~ 10	< 0.01 ~ 0.005
冷连轧机	> 15	< 0.02
机床主传动	2 ~ 4	0.05 ~ 0.1
造纸机	3 ~ 20	0.01 ~ 0.001
龙门刨床	20 ~ 40	≤ 0.05

调速范围
$$D = \frac{n_{\max}}{n_{\min}}$$

式中　$n_{\max}$——额定负载时电动机最高转速,即额定转速 n_N(r/min);

　　　$n_{\min}$——额定负载时电动机最低转速(r/min)。

额定负载下最低速时的静差率
$$s = \frac{\Delta n_N}{n_{0\min}} \times 100\%$$

式中　$\Delta n_N = \dfrac{I_N R_\sum}{C_e \Phi}$ —— 电动机额定负载下的静态转速降(r/min);

　　　$R_\sum$ —— 电枢回路总电阻(Ω);

　　　$C_e \Phi$ —— 电动机电动势常数;

　　　$n_{0\min}$ —— 电动机理想空载最低转速(r/min)。

$D, s, \Delta n_N$ 之间是相互关联的,它们满足下列关系式

$$D = \frac{s n_N}{\Delta n_N (1 - s)}$$

当 $s \ll 1$ 时,$(1-s)$ 值接近 1,则 $D \approx s n_N / \Delta n_N$。

调速系统的动态指标是指系统在稳定的前提下,对阶跃信号的跟随性能指标和在扰动信号作用下的抗扰动性能指标,有超调量、过渡过程时间、动态速降及振荡次数等。

此外,在设计一个实际系统时,还要考虑系统的可靠性、使用寿命、工作环境以及尽量做到体积小、重量轻、外形美观、使用维护方便等。

(2)直流电动机选择

设计一个电力拖动系统时,需要根据被控对象的特点和技术要求,合理选择电动机。

1)电动机类型的选择

要根据负载性质来选定。对起动、制动及调速有较高要求的生产机械,宜选用直流他励电动机;而需要较大起动转矩和恒功率调速的机械(如电车、蓄电池车、牵引机械等)常用直流串励电动机或直流积复励电动机。

2)电动机容量的选择

要根据生产机械的负载功率,电力拖动系统的运行情况(连续、断续、短时),电动机的允许温升限度、过载能力和起动转矩要求进行选择。

常用的有两种方法,一种是分析计算法,即按照生产机械的功率、工作情况,预选一台电动机,然后按照电动机的实际负载情况作出负载图,根据负载图进行发热校验以及过载能力校验,从而确定预选电动机是否合格,直至合格为止。另一种是调查统计类比法,它是在调查研究了经过长期运行的同类生产机械的电动机容量后,然后通过对主要参量、工作条件类比的方法来确定电动机容量。

3)电动机转速的选择

直流电动机的最高转速应与生产机械的最高转速相适应,同时还应考虑调速方式,即减压调速还是调磁调速,以便充分利用电动机功率。

4)电动机结构型式的选择

电动机的结构型式应根据使用场所而选定。可供选择的电动机结构型式有防护式电动机,封闭式电动机,湿热带型电动机,户外电动机,防爆型电动机和防腐式电动机等。

除上述四点外,还应考虑直流电动机的额定电压(如 110 V、220 V、440 V 等),是单端出轴还是两端出轴,是立式安装还是卧式安装,电动机转速较高时还应考虑机械减速装置等,这些都必须在设计时根据具体条件,经过经济核算,合理地选择电动机。

（3）**主电路的选择**

主电路的型式是根据负载性质,输出额定直流电压、电流及变化范围,对电压、电流所要求的稳定程度、纹波大小及功率因数等来确定的。一般说来,对于晶闸管整流装置在整流器功率较小时(4 kW 以下),用单相整流电路,功率较大时用三相整流电路。在单相整流电路中,在要求脉动成分小,滤波容易的场合,多用全波电路。但对脉动要求不高的场合(如小型充电机)也可采用半波整流电路。单相桥式电路具有变压器利用率高、器件反向电压低等优点,故比双半波电路应用多。双半波整流电路由于使用的整流器件少,在电压不高的小功率电路中也被采用。在需要有源逆变的场合应采用单相全控桥式整流电路。

在三相整流电路中,三相零式电路突出的优点是:电路简单,用晶闸管少,触发器也少,对需要 220 V 的用电设备可直接用 380 V 电网供电,而不需要整流变压器。其缺点是:要求晶闸管耐压高,整流输出电压脉动大,需要平波电抗器容量大,电源变压器二次电流中有直流分量,增加了发热和损耗。此外,因零线流过负载电流,在零线截面小时压降大,往往需要从变压器单独敷设零线。而三相桥式整流电路,在输出整流电压相同时,电源相电压可较零式整流电路小一半。故其优点是:变压器和晶闸管的耐压要求低,变压器利用率高,二次绕组电流中没有直流分量,输出整流电压脉动小,平波电抗器容量可小一些。其缺点是:整流器件用得多,全控桥需要六个触发电路,需要 220 V 的设备不能用 380 V 电网直接供电,而要用整流变压器。三相半控桥式整流电路,虽然只用三只晶闸管、三个触发电路,但整流输出电压脉动大,且不能用于需要有源逆变的场合,故在要求较高的场合还应选择三相全控桥式整流电路。

在需要低电压大电流供电的场合(如电解、电镀),可采用带平衡电抗器的双反星形晶闸管整流电路。对于特大功率的整流装置(数千千瓦),为了减轻对电网的干扰,特别是减轻整流装置对电网的影响,可采用 12 相及 12 相以上的多相整流电路。

对于电动机可逆运行系统,根据容量不同可选择不同的可逆运行方案。4 kW 以下的小容量直流电动机,可采用接触器实现反转的电枢可逆系统。容量较大的电动机,可采用两套反并连接或交叉连接的晶闸管整流装置来实现电枢反接的可逆系统。在可逆系统中,多采用容量对称两套晶闸管装置实现。只有在电动机正反向负载电流相差十分悬殊的场合,需要根据正反两个方向实际负载电流大小分别选择两套整流装置的容量,这对大系统来说可以达到节省投资的目的。对于磁场可逆方案,其优点是:磁场回路可用两套小容量晶闸管整流装置供电,可节省投资。其缺点是:控制电路复杂,过渡过程时间长,电动机换向条件恶化,因此只适用于大容量系统和对快速性要求不高的场合。

（4）**触发电路的选择**

晶闸管触发电路性能的好坏,直接影响到系统工作的可靠性。因此触发电路必须保证迅速、准确、可靠地送出脉冲。为达到这个目的,正确选用或设计触发电路是非常重要的,一个触发电路性能的优劣常用下列几点来衡量:

1）触发脉冲必须保持与主电路的交流电源同步,以保证每个周期的延迟角 α 都相同。

2）触发脉冲应能在一定的范围内移相。

对于不同的主电路要求的移相范围也不同,见表 2.3.2。

表 2.3.2 可控整流电路的移相范围

电路形式	电阻负载	大电感负载(电流连续)	大电感负载(整流、逆变)
单相半波	0° ~ 180°		
单相全波	0° ~ 180°	0° ~ 90°	
单相桥式	0° ~ 180°	0° ~ 90°	
三相半波	0° ~ 150°	0° ~ 90°	30° ~ 150°
三相全控桥	0° ~ 120°	0° ~ 90°	30° ~ 150°
三相半控桥	0° ~ 180°	0° ~ 180°	

3)触发信号应有足够的功率(电压与电流)。为使所有合格的器件在各种可能的工作条件下都能可靠触发,要求触发电路送出的 $U_G > U_{GT}, I_G > I_{GT}$。例如 KP50 要求 $U_{GT} \not< 3.5$ V, $I_{GT} \not< 100$ mA;KP200 则要求 $U_{GT} \not< 4$ V,$I_{GT} \not< 200$ mA。故触发电压在 4 ~ 10 V 为宜,这样就能保证任何一个合格的器件换上去都能正常工作。在触发信号为脉冲形式时,只要触发功率不超过规定值,触发电压、电流的幅值在短时间内可大大超过额定值。

4)不该触发时,触发电路的漏电压应小于 0.15 ~ 0.2 V,以防误触发。

5)触发脉冲的上升前沿要陡,一般要求在 10 μs 以内为宜。否则,会因温度、电源电压等因素变化时将造成晶闸管的触发时间不准确。

6)触发脉冲应有一定的宽度。一般晶闸管的开通时间为 6 μs 左右,故触发脉冲宽度应 >6 μs,最好在 20 ~ 50 μs。对于电感负载,触发脉冲宽度应 $\not< 100$ μs,最好达到 1 ms,相当于 50 Hz 正弦波的18°,否则会因 $I_A < I_H$,晶闸管又重新关断。对于三相桥式全控整流电路,若采用宽脉冲触发,则脉冲宽度应大于60°,一般设计成90°(5 ms),对于较宽的触发信号也可用脉冲列的形式代替。图 2.3.1 表示常用的三种触发脉冲波形。

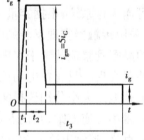

图 2.3.1 三种常用触发脉冲波形　　图 2.3.2 强触发脉冲波形

在功率较大的系统中或主回路有电容放电以及晶闸管串、并联使用的场合,均可能造成通过晶闸管的电流上升率 di/dt 过高,若导通面积的扩展速度不够快,将引起局部结温过高而损坏器件。因此,在晶闸管电流上升率 di/dt 较大的场合,必须采用强触发。强触发脉冲的幅值 $I_{gm} \approx 5I_G$,前沿宽度 t_1 小于几微秒,脉冲宽度 $t_2 > 50$ μs(但也不能太大,以防超过门极允许功率),脉冲持续时间 $t_3 > 550$ μs,如图 2.3.2。

晶闸管的触发电路种类很多,表 2.3.3 列出了几种常用的触发电路类型、优缺点和适用范围,可供设计时参考。

表 2.3.3　常用触发电路比较表

触发电路名称	优　点	缺　点	适用范围
单结晶体管触发电路	电路简单、成本低、触发脉冲前沿陡,工作可靠、抗干扰能力强,易于调试	脉冲宽度窄,输出功率小,控制线性度差,移相范围一般小于180°。电路参数差异大,在多相电路中使用不易一致	可直接触发50 A 以下的晶闸管,常用于要求不高的小功率单相或三相半波电路中,但在大电感负载中不宜采用
用小晶闸管放大脉冲功率的触发电路	电路简单、可靠,触发功率大,可获得宽脉冲	需要单结晶体管电路触发小晶闸管,用的器件相应增多	用于触发大功率晶闸管或多只晶闸管串并联的场合
正弦波同步触发电路	触发电路简单,易于调整,能输出宽脉冲,直流输出电压 U_d 与控制电压 U_c 为线性关系,能部分补偿电网电压波动对输出电压的影响。在引入正反馈时,脉冲前沿陡度可提高	由于同步信号为正弦波,故受电网电压的波动及干扰影响大,实际移相范围只有 150° 左右	不适用于电网电压波动较大的场合。可用于功率较大的晶闸管装置中
锯齿波同步触发电路	不受电网电压波动与波形畸变的直接影响,抗干扰能力强,移相范围宽。具有强触发、双脉冲和脉冲封锁等环节,可触发200 A 的晶闸管	整流输出电压 U_d 与控制电压 U_c 间不是线性关系,电路比较复杂	在大中容量晶闸管装置中得到广泛的应用
集成触发电路	体积小、功耗低、调试方便、性能稳定可靠	移相范围小于180°,为保证触发脉冲对称度,要求交流电网波形畸变率小于5%	广泛应用于各种晶闸管装置中
数字式触发电路	触发准确、精度高	线路复杂、成本高	用于要求较高的场合

触发电路的可靠性对整个系统的正常工作起着至关重要的作用,在实际应用中,需根据系统的设计要求,全面考虑各项因素,最终确定合适的触发电路,同时对电路中的某些参数进行计算,必要时需对脉冲输出级进行校验。对于集成触发电路,外围元件参数可参照典型线路进行选择,一般不需重新计算。

（5）保护电路的设置

晶闸管有许多优点,但它的主要弱点是:承受过电压和过电流的能力很差,短时间过压过流就会使器件损坏。另外,晶闸管承受电压和电流上升率也是有一定限制的,当电流上升率过大时,会使器件局部烧穿而损坏。当电压上升率太大时,又会导致晶闸管误导通,使运行不正常。为了使器件可靠地长期运行,除了合理选择晶闸管外,还必须针对过电压和过电流采取恰当的保护措施。

1)所谓过电压,是指超过整流电路正常工作时的最大峰值电压,它分为操作过电压和浪涌过电压两种。操作过电压是指晶闸管装置拉闸、合闸和晶闸管关断等电磁过程引起的过电压。浪涌过电压是由于雷击等原因从电网侵入的偶然性过电压。在整流装置中,任何偶然出现的过电压均不应超过元件的不重复峰值电压 U_{RSM},而任何周期性出现的过电压则应小于元件的重复峰值电压 U_{RRM}。因此,在变流电路中,必须采取各种有效的保护措施,抑制各种暂态过电压,以保护晶闸管不受损坏。

抑制暂态过电压的方法一般有三种:①用电阻消耗过电压的能量;②用非线性元件限制过电压的幅值;③用储能元件吸收过电压的能量。

阻容吸收装置可将操作过电压抑制在规定范围之内,但对浪涌过电压不能有效的抑制,还需设置非线性电阻元件来吸收浪涌过电压。目前常用的非线性电阻元件主要有硒堆和压敏电阻两种,还有 TVS 瞬态电压抑制器,SIDACtor 双向瞬态过电压保护器和 MMC 防雷管等。

压敏电阻是一种新型的过电压保护元件,是由氧化锌、氧化锡等烧结制成。压敏电阻具有很陡的正反向对称的稳压管特性,平时漏电流很小(微安级),而放电时可通过高达数千安的冲击电流,抑制过电压的能力很强。对浪涌过电压反应快,而且本身体积小,是一种较好的过电压保护元件,目前已基本取代硒堆。

若以过电压保护装置的位置来分有交流侧保护、直流侧保护和器件保护三种。

2)产生过电流的原因有:生产机械过载,输出端短路,某一器件被击穿短路,器件误触发或逆变失败等。如不采取措施就会烧毁晶闸管,影响电路的正常工作。常用的过电流保护措施有:交流断路器,进线电抗器,灵敏过电流继电器,断路器,电流反馈控制电路,直流快速开关和快速熔断器等,如图2.3.3所示。

①在交流侧串入进线电抗器(图2.3.3中的 A)或采用漏抗较大的变压器,可以有效地限制短路电流,从而限制了晶闸管中的电流。但在负载电流较大时会产生较大的压降。

②在控制电路中设置电流调节器或电流截止反馈环节,当检测出过电流信号时,利用它去控制触发器,封锁触发脉冲或把脉冲迅速移到逆变区,使输出电压减小,抑制过电流。特点是:动作快(<10 ms),无过电压。

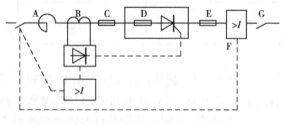

图 2.3.3　过电流保护措施

③采用过电流继电器和断路器。在交流侧经过电流互感器接入或在直流侧接入过电流继电器(图2.3.3中的 B,F)。当发生过电流故障时,过电流继电器动作,引起交流输入端的断路器跳闸。由于过电流继电器和断路器的动作时间需几百毫秒,故只保护过载电流。

④用直流快速断路器作过电流保护(图2.3.3中的 G)。直流快速断路器的动作时间仅有2 ms,全部断弧时间不超过25~30 ms,是目前较好的直流侧过电流保护装置,多用于大容量系统中。缺点是:不能保护内部短路故障。选用原则是:a. 开关的额定电流、电压不小于变流装置的额定值;b. 分断电流能力大于变流器的外部短路电流值;c. 在开关的保护范围内,其动作时间应小于快速熔断器的熔断时间。

⑤快速熔断器是一种最简单、有效而应用最普通的过电流保护元件,其熔断时间一般都小

于 10 ms,一旦发生过电流可及时熔断,保护晶闸管。选用原则是:a. 快熔额定电压不小于线路正常工作电压的有效值;b. 快熔额定电流应大于元件实际电流的有效值。

在设计晶闸管装置过电流保护环节时,可根据需要选择其中一种或几种进行过电流保护。此外,由于电路中电感的存在,器件关断时易产生过电压和较大的 $\mathrm{d}u/\mathrm{d}t$,给器件安全运行带来威胁。同时在器件开通时又可能产生过大的 $\mathrm{d}i/\mathrm{d}t$ 而烧毁器件。为此,设置缓冲保护电路是必要的。缓冲保护电路各不相同,经常采用的方法是利用串联电感来限制 $\mathrm{d}i/\mathrm{d}t$,利用并联电容来抑制过电压和 $\mathrm{d}u/\mathrm{d}t$。

3.3.2　晶闸管整流主电路的计算

主电路计算包含的内容有:①整流变压器额定参数计算;②整流元件的计算与选择;③晶闸管保护电路的计算;④电抗器的参数计算。

(1)整流变压器额定参数的计算

一般情况下,整流装置所要求的交流供电电压与电网电压不一致,因此需要使用整流变压器。此外,整流变压器还可减小电网和整流装置的相互干扰。

已知条件:①一次电压;②整流电路接线方式和负载性质;③整流输出电压和电流。

计算参数:①二次相电压 U_2 和相电流 I_2;②一次相电流 I_1;③一次侧容量 S_1、二次侧容量 S_2 和平均容量 S。

具体设计方法可参考第四章 4.1 节。

(2)整流元件的选择

晶闸管和整流管的选择主要指合理地选择器件的额定电压和电流。

1)晶闸管的额定电压

在已知 U_2 的条件下,由表 2.3.4 查得晶闸管实际承受的最大峰值电压 U_{Tm},乘以 2～3 倍的安全裕量,参照标准电压等级,即可确定晶闸管的额定电压 U_{TN}。即:

$$U_{\mathrm{TN}} = (2 \sim 3) U_{\mathrm{Tm}}$$

表 2.3.4　整流元件的最大峰值电压 U_{Tm} 和通态平均电流的计算系数 K

整流主电路		单相半波	单相全波	单相桥式	三相半波	三相桥式	带平衡电抗器的双反星形
U_{Tm}		$\sqrt{2}U_2$	$2\sqrt{2}U_2$	$\sqrt{2}U_2$	$\sqrt{6}U_2$	$\sqrt{6}U_2$	$\sqrt{6}U_2$
$K(\alpha = 0°)$	电阻负载	1	0.5	0.5	0.374	0.368	0.185
	电感负载	0.45	0.45	0.45	0.368	0.368	0.184

2)晶闸管的额定电流

选择晶闸管额定电流的原则是:必须使管子允许通过的额定电流有效值 I_{TN} 大于实际流过管子电流最大有效值 I_{T},即:　　$I_{\mathrm{TN}} = 1.57 I_{\mathrm{T(AV)}} > I_{\mathrm{T}}$

或　　　　　　　　　　　　　$I_{\mathrm{T(AV)}} > \dfrac{I_{\mathrm{T}}}{1.57} = \dfrac{I_{\mathrm{T}}}{1.57} \dfrac{I_{\mathrm{d}}}{I_{\mathrm{d}}} = K I_{\mathrm{d}}$

考虑 1.5～2 倍的裕量　　　　　$I_{\mathrm{T(AV)}} = (1.5 \sim 2) K I_{\mathrm{d}}$

式中　$K = I_{\mathrm{T}}/(1.57 I_{\mathrm{d}})$——电流计算系数,可由表 2.3.4 查得。

选择 K 值时应注意负载的性质,除恒流负载应按 $\alpha_{\max}$ 来选择外,其他均以 $\alpha_{\min}$ 来选择。

整流二极管的选择与计算可参照晶闸管的选择与计算方法进行,这里不再重述。此外,还需注意以下几点:

①当周围环境温度超过 $+40\ ℃$ 时,应降低元件的额定电流值。

②当元件的冷却条件低于标准要求时,也应降低元件的额定电流值。

③关键、重大设备,电流裕量可适当选大些。

目前由于晶闸管元件制造工艺水平不断改进,元件的耐压和电流容量都有较大提高,对于中、小功率晶闸管整流装置来说,采用晶闸管串、并联情况已逐步减少,故这里不再介绍串、并联问题。如果采用串、并联方式,一定要注意晶闸管元件串联时的均压问题和并联时的均流问题,相关内容请参考教材。

(3)晶闸管保护环节的设计与计算

1)过电压保护

设计要求:①把操作过电压抑制在元件额定电压 U_{TN} 以下;②把浪涌过电压抑制在元件的断态和反向不重复峰值电压 U_{DSM} 和 U_{RSM} 以下。

抑制过电压的方法有三种:用非线性元件限制过电压的幅度;用电阻消耗产生过电压的能量;用储能元件吸收产生过电压的能量。以过电压保护部位来分,有交流侧过电压保护,直流侧过电压保护和器件两端的过电压保护三种。

①交流侧过电压保护措施

A. 阻容保护

即在变压器二次侧并联电阻 R 和电容 C 进行保护,各种接线方式如图 2.3.4 所示。利用电容两端电压不能突变的特性,可以有效地抑制变压器绕组中的过电压,串联的电阻能消耗部分过电压能量,同时抑制 L-C 回路的振荡。其中图(a)为单相接法,图(b)为三相变压器二次侧 Y 连接,阻容保护 Y 连接,图(c)三相变压器二次侧 Y 连接,阻容保护 △ 连接。

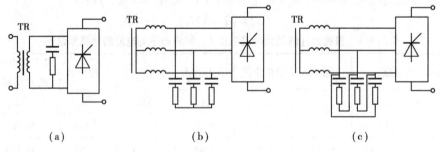

(a)　　　　　　　　　(b)　　　　　　　　　(c)

图 2.3.4　阻容保护的接法

对于单相电路　　　　　　$C \geqslant 6 I_{\mathrm{em}} \dfrac{S}{U_2^2}(\mu\mathrm{F})$

电容 C 的交流耐压　　　　$U_{\mathrm{C}} \geqslant 1.5 U_{\mathrm{m}}(\mathrm{V})$

$$R \geqslant 2.3 \frac{U_2^2}{S}\sqrt{\frac{U_{\mathrm{ah}}}{I_{\mathrm{em}}}}(\Omega)$$

电阻功率　　　　　　　　$P_{\mathrm{R}} \geqslant (3 \sim 4) I_{\mathrm{R}}^2 R\ (\mathrm{W})$

$$I_{\mathrm{C}} = 2\pi f C U_{\mathrm{C}} \times 10^{-6}(\mathrm{A})$$

式中　　S——变压器每相平均计算容量(VA)；

　　　　U_2——变压器二次相电压有效值(V)；

　　　　I_{em}——变压器励磁电流百分数，10～1 000 kVA 的变压器对应的 $I_{em}=10\sim4$；

　　　　U_{ah}——变压器的短路比，10～1 000 kVA 的变压器对应的 $U_{ah}=5\sim10$；

　　　　I_C,U_C——当 R 正常工作时电流电压的有效值(A,V)；

　　　　U_m——正常工作时阻容两端交流电压峰值(V)。

对于三相电路，如图 2.3.4(b)，(c)中 R 和 C 的数值可按表 2.3.5 进行换算。

表 2.3.5　变压器和阻容装置不同接法时电阻和电容的数值

变压器接法	单　相	三相、二次 Y 连接		三相、二次△连接	
阻容装置接法	与变压器二次侧并联	Y 连接	△连接	Y 连接	△连接
电容	C	C	$1/3C$	$3C$	C
电阻	R	R	$3R$	$1/3R$	R

在实际应用中，由于触头断开时电弧的耗能和其他放电回路的存在，变压器磁场能量不可能全部转换为阻容吸收能量，因此，按上述计算所得 C 和 R 值偏大，可适当减小。至于 RC 电路采用何种接法，可根据实际使用情况而定。△接法时，C 容量小而耐压高；Y 接法时，C 容量大而耐压低，电阻值小。

对于大容量的晶闸管装置，三相阻容保护装置体积比较庞大，这时，可以采用图 2.3.5 所示的整流式接法。虽然多了一个三相整流桥，但只用了一个电解电容器，从而减小了保护装置的体积。三相整流式阻容保护装置的参数可按表 2.3.6 计算。

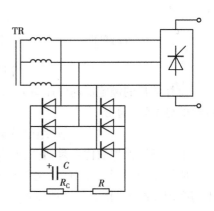

图 2.3.5　三相整流式阻容保护的接法

表 2.3.6　三相整流式阻容保护参数计算

变压器接法	Y 接法	△接法
$C(\mu F)$	$\geqslant 6I_{em}S/U_2^2$	$\geqslant 18I_{em}S/U_2^2$
电容器直流耐压(V)	$>1.5\sqrt{2}U_{2l}$	
$R_C(\Omega)$	$\geqslant 10^4/3C$，$\leqslant 10^6/5C$	
$P_{RC}(W)$	$(3\sim4)(\sqrt{2}U_{2l})^2/R_C$	
$R(\Omega)$	$\geqslant 3.3\dfrac{U_2^2}{S}\sqrt{\dfrac{U_{ah}}{I_{em}}}$	$\geqslant 1.1\dfrac{U_2^2}{S}\sqrt{\dfrac{U_{ah}}{I_{em}}}$
$P_R(W)$	很小，不必考虑，一般可取 4～10 W	

B. 非线性元件保护

阻容吸收保护简单可靠，应用较广泛，但当发生雷击或从电网入侵很大的浪涌电压时，仅用阻容保护是不够的，此时过电压仍可能超过元件所承受的电压值，因此必须同时设置非线性元件保护。非线性元件具有与稳压管相近的伏安特性,可以把浪涌电压抑制在晶闸管元件允许的范围。目前较多采用非线性元件吸收装置接入整流变压器二次侧,以吸收较大的过电压能量。

常用的非线性元件有硒堆和压敏电阻等,也可采用新型的瞬态过电压保护元件 TVS 和 SIDACtor,以及 DSA,DSS 防过电压保护器(见第 1 篇第 3 章 3.7 节)。

a. 硒堆

通常用的硒堆就是成组串联的整流硒片。单相时用两组对接后再与电源并联,三相时用三组对接成 Y 形或用六组接成△形,如图 2.3.6 所示。

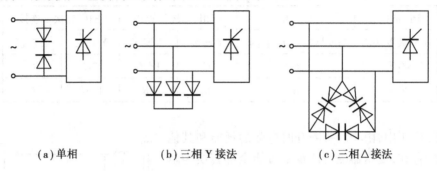

(a)单相 (b)三相 Y 接法 (c)三相△接法

图 2.3.6 硒堆保护的接法

每片硒片的额定反向电压有效值一般为 20～30 V。考虑到电网电压的可能升高和硒片特性的分散性,通常

$$每组硒片数 = (1.1 \sim 1.3) U_{2l} / (20 \sim 30)$$

采用硒堆保护的优点是:它能吸收较大的浪涌能量,缺点是:体积大,反向伏安特性不陡,长期放置不用会产生"贮存老化",即正向电阻增大,反向电阻降低,性能变坏,失去效用。使用前必须先经过"化成",才能复原。"化成"的方法是:先加 50% 的额定交流电压 10 分钟,再加额定交流电压 2 小时。由此可见,硒堆并不是一种理想的保护元件。

b. 压敏电阻

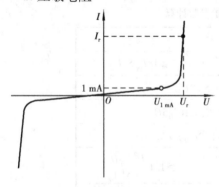

图 2.3.7 压敏电阻的伏安特性

金属氧化物压敏电阻是近几年发展的一种新型过电压保护元件。它是由氧化锌、氧化铋等烧结制成的非线性电阻元件,在每一颗氧化锌晶粒外面裹着一层薄的氧化铋,构成类似硅稳压管的半导体结构,它具有正、反两个方向相同但都很陡的伏安特性,如图 2.3.7 所示。

正常工作时压敏电阻没有击穿,漏电流极小(μA 级),故损耗小;遇到尖峰过电压时,可通过高达数 kA 的放电电流 I_r,因此抑制过电压的能力强。此外还具有反应快、体积小、价格便宜等优点,是一种较好的过电压保护元件,目前已逐步取代硒堆保护。它的主要缺点是持续平均功率很小,仅几瓦,一旦正常工作电压超过其额定值,则会在很短时间内烧毁。

压敏电阻的主要参数有:

- 额定电压 U_{1mA}:指漏电流为 1 mA 时压敏电阻上的电压值;
- 通流量:在规定冲击电流波形(前沿 8 μs,脉宽 20 μs)下,允许通过的浪涌峰值电流;
- 残压:通过浪涌电流时,压敏电阻两端的电压降。

　　压敏电阻承受的电压应低于额定电压 U_{1mA}。由于压敏电阻正反向特性对称,因此在单相电路中只用一个压敏电阻,而在三相电路中用三个压敏电阻接成 Y 形或△形,常用的几种按法如图 2.3.8 所示。

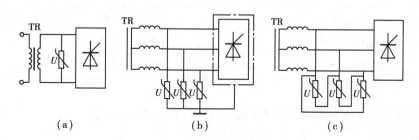

图 2.3.8　压敏电阻保护的接法

　　压敏电阻的选择为:

- 额定电压 U_{1mA}:
$$U_{1mA} = 1.3\sqrt{2}U$$

式中　U——压敏电阻两端正常工作电压有效值/V。

- 通流量:应大于实际可能产生的浪涌电流值,但实际浪涌电流很难计算,故当变压器容量大、距外线路近、无避雷器时,尽可能取大值,一般取 5 kA 以上。
- 残压:由被保护元件的耐压决定,对于晶闸管,应使得在通过浪涌电流时,残压被抑制在晶闸管额定电压以下,并留有一定裕量。

　　总的来说,压敏电阻可在晶闸管变流装置上代替交流侧、直流侧的阻容保护,起到过电压保护作用,但不能代替晶闸管关断过电压的阻容保护。

　　②直流侧过电压保护措施

　　造成直流侧过电压的原因有:直流侧快速开关断开时变压器储能的释放,以及桥臂快速熔断时直流电抗器储能释放产生的过电压等原因。

　　原则上直流侧保护可采用与交流侧保护相同的方法,可采用阻容保护和压敏电阻保护。但采用阻容保护易影响系统的快速性,并且会造成 di/dt 加大,增大能耗。因此,一般不采用阻容保护,而主要采用压敏电阻等非线性元件作过电压保护,如图 2.3.9 所示。

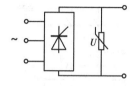

图 2.3.9　直流侧压敏
电阻保护电路的接法

图 2.3.10　晶闸管两
端阻容保护电路的接法

　　压敏电阻的额定电压 U_{1mA},一般用下面公式计算,即:
$$U_{1mA} \geq (1.8 \sim 2)U_{DC}$$

式中　U_{DC}——正常工作时加在压敏电阻两端的直流电压/V。

通流量和残压的选择同交流侧。

③晶闸管两端的过电压保护措施

抑制晶闸管的关断过电压,一般采用在晶闸管两端并联阻容保护电路的方法,如图2.3.10所示。串联电阻 R 的作用:一是阻尼 LC 回路的振荡,二是限制晶闸管开通瞬间的损耗,而且还可减少电流上升率 di/dt。实际应用中,阻容保护元件的数值一般根据经验选定,见表2.3.7。

表2.3.7　晶闸管保护阻容元件经验数据

晶闸管额定电流/A	10	20	50	100	200	500	1 000
电容/μF	0.1	0.15	0.2	0.25	0.5	1	2
电阻/Ω	100	80	40	20	10	5	2

电容的耐压应大于晶闸管两端工作峰值电压 U_m 的 1.1~1.5 倍。

电阻功率 P_R 为:
$$P_R = (fCU_m^2 \times 10^{-6})\,\text{W}$$

式中　f——电源频率/Hz;

　　　C——与电阻串联电容值/μF;

　　　U_m——晶闸管工作峰值电压/V。

目前阻容保护参数计算还没有一个比较理想的公式,因此在选用阻容保护元件时,根据上述介绍公式计算出数据后,还要参照用得较好且相近装置中阻容保护元件参数进行确定。

2)过电流保护

由于晶闸管等功率半导体器件承受过电流的能力很低,若过电流数值较大,而且切断电路的时间又稍长,则晶闸管元件会因热容量小而产生热击穿造成损坏。因此,必须设置过流保护,其目的在于,一旦变流电路出现过电流,就把电流限制在器件允许范围之内,在晶闸管损坏之前就迅速切断过电流,并断开桥臂中的故障元件,以保护其他元件。过电流保护措施很多,如过电流继电器、断路器和快速熔断器、直流快速开关等。这里主要介绍快速熔断器的选择方法。

快速熔断器简称快熔,其断流时间短,一般小于 10 ms,保护性能较好,是目前应用最普遍、最简单且有效的保护措施。快速熔断器可以安装在交流侧、直接与晶闸管串联和直流侧,如图 2.3.11 所示。其中以图(b)接法保护晶闸管最为有效;图(c)只能在直流侧过载、短路时起作用;图(a)对交流、直流侧过流均起作用,但正常运行时通过快熔的有效值电流往往大于

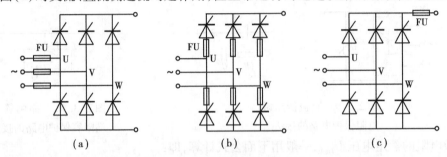

(a)　　　　　　　　　(b)　　　　　　　　　(c)

图 2.3.11　快速熔断器的接法

晶闸管的有效值电流,故在产生过电流时对晶闸管的保护作用就差些,使用时可根据实际情况选用其中的一、二种甚至三种。

目前常用保护晶闸管的快速熔断器有 RLS 系列和 RS3 系列,它们的特性见表 2.3.8。快速熔断器的选择主要考虑以下两个方面:

①快速熔断器的额定电压 U_{RN} 应大于线路正常工作电压的有效值。

②快速熔断器熔体的额定电流(有效值) I_{RN} 应小于 $1.57I_{T(AV)}$。同时又应大于正常运行时晶闸管(或线路)通过的电流有效值 I_T,即: $1.57I_{T(AV)} \geqslant I_{RN} \geqslant I_T$

值得指出的是:由于快熔价格高,更换费事,通常只作为过电流保护的最后一种措施,非不得已,不应熔断。故一般装置中多采用过电流信号控制触发脉冲拉逆变,再配合快熔的方法抑制过电流。(反馈控制过电流保护可参阅其他书籍)。

表 2.3.8 RLS 系列和 RS3 系列熔断器的技术参数

型　号	额定电压 /V	额定电流 /A	熔体额定电流 /A	极限分断电流 /kA	保护特性	
					电流	熔断时间
PLS-10		10	3,5,10		$1.1I_{\text{Ⅱ}}$	5 h 内不断
					$3I_{\text{Ⅱ}}$	0.3 s 内断
PLS-50	500	50	15,20,25, 30,40,50	40	$3.5I_{\text{Ⅱ}}$	0.12 s 内断
					$4I_{\text{Ⅱ}}$	0.06 s 内断
PLS-100		100			$5I_{\text{Ⅱ}}$	0.02 s 内断
	额定电压 /V		熔体额定电流 /A	极限分断电流 /kA	保护特性	
					电流	熔断时间
	250		10,15,20,25 30,40,50,80	25	$3.5I_{\text{Ⅱ}}$	
					$4.5I_{\text{Ⅱ}}$ (100 A 以下)	<0.06 s <0.02 s
	500		100,150,200, 250,300	50	$4I_{\text{Ⅱ}}$	<0.06 s
	750		200		(100 A 以上)	

3)电压和电流上升率的限制

①电压上升率 du/dt 的限制:

正向电压上升率 du/dt 较大时,会使晶闸管误导通。因此,作用于晶闸管的正向电压上升率应有一定的限制。造成电压上升率 du/dt 过大的原因一般有两个:

一是交流侧产生的 du/dt:由电网侵入的过电压。

二是换相时产生的 du/dt:由于晶闸管换相时相当于线电压短路,换相结束后线电压又升高,每一次换相都可能造成 du/dt 过大。

限制 du/dt 过大的措施:在电源输入端串联交流进线电感 LT,和交流侧 RC 吸收回路组成滤波环节,利用电感的滤波特性,使 du/dt 降低。串联电感后的电路如图 2.3.12 所示。

进线电感 L_T 的近似计算:
$$L_T = \frac{U_2}{2\pi f I_2} U_{sh}$$

式中　U_2, I_2——交流侧相电压和相电流;

　　　f——电压频率;

　　　U_{sh}——整流变压器的短路比。

也可在每个桥臂上串接一个桥臂电感: $L_s = (20 \sim 30)\mu H$,如图 2.3.13 所示。或在桥臂上

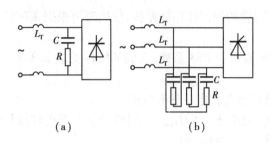

图 2.3.12　串联进线电感直接接入电网

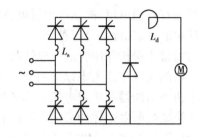

图 2.3.13　晶闸管串接桥臂电抗器

套 1～2 个小铁淦氧磁环,也能起到抑制换流 du/dt 的效果。

②电流上升率 di/dt 的限制

导通时电流上升率 di/dt 太大,则可能引起门极附近因局部电流密度很大而过热,造成晶闸管损坏。因此,对晶闸管的电流上升率 di/dt 必须有所限制。

产生 di/dt 过大的原因,大致有以下几个方面:一是晶闸管从阻断到导通的换向电流增长过快;二是晶闸管导通时,与晶闸管并联的阻容保护中的电容向晶闸管放电电流;三是直流侧阻容吸收装置的电容量太大,引起晶闸管开通时流过附加的电容充放电电流;四是直流侧负载突然短路等等。

限制 di/dt 的措施,除在阻容保护中选择合适的电阻外,还可采用以下几种方法:①利用整流变压器的漏抗或加接交流进线电抗器。②在桥臂中串入电感 L_s = (20～30) μH 的空心电抗器,或在桥臂上套一个或几个铁淦氧小磁环,将流经晶闸管的电流上升率限制在允许范围。③交、直流侧采用图 2.3.5 所示的整流式阻容保护,使电容放电电流不经过晶闸管。

(4)**电抗器参数计算**

为了使直流负载得到平滑的直流电流,通常在整流输出电路中串入带有气隙的铁心电抗器 L_d,称平波电抗器。一般流过电抗器的电流是已知的,因此电抗器参数计算主要是电感量的计算。主要从三个方面考虑:①从减小电流脉动出发选择电抗器;②从保持电流连续出发选择电抗器;③从限制环流出发选择电抗器。此外,还应考虑限制短路电流上升率。

具体设计计算详见第四章 4.3 节。

3.3.3　电力电子器件选用原则

电力电子器件应用广泛,为达到应用电路功能良好、经济、维护方便,恰当地选用电力电子器件是十分重要的。

1)品种选择

目前普通晶闸管输出功率最大,但工作频率最低,在几十～几百赫兹内工作最为理想。GTO 输出功率稍低一些,但工作频率要高一些,它是快速晶闸管最有力的竞争者,而且逐渐显示出优势,它的最佳工作频率为几百～1.2 kHz。GTR 的容量和 IGBT 大体相当,输出功率都低于 GTO,最佳工作频率约为 1～10 kHz,IGBT 为 20～50 kHz,IGBT 输入功率远比 GTR 低,控制更加方便,但它是电压控制器件,抗干扰能力稍差。MOSFET 的电流和电压容量都比 IGBT 低,但工作频率高,可达 50～100 kHz。因此,除考虑电路是否简单外,还应按照输出功率和频率选用电力电子器件。

2)器件额定电压选择

一般电力电子器件均应设置缓冲及 R-C 或浪涌吸收元件电路。对于有保护的电路,器件的重复峰值电压(额定电压)应不低于工作电压峰值的 2～3 倍。

3)电流等级的选择

电路设计人员必须弄清电路在各种工作状态下,通过器件的稳态电流和浪涌电流。一般要根据可能出现的最大浪涌电流选择器件和电流等级,再根据稳态电流和高频时的开关损耗,计算出总功耗进而选择适当的散热器。

不同器件额定电流的表达方式不同,要特别注意。如普通整流二极管、普通晶闸管是工频正弦半波平均电流。快速晶闸管也是工频正弦半波平均电流,但高频应用时,要计算开关损耗。双向晶闸管是用有效值表示。GTR,MOSFET,IGBT 和 GTO 等用峰值电流表示。

3.4　设计实例

设计题目:龙门刨晶闸管直流电动机调速系统主电路的设计。

1)已知条件及设计要求:

某台龙门刨原采用 A-G-M 控制系统,主电机型号:ZBD-93,额定功率 $P_{dN} = 60$ kW,额定电压 $U_{dN} = 220$ V,额定电流 $I_{dN} = 305$ A,额定转速 $n_e = 1\ 000$ r/min,电枢电阻 $r_e = 0.05$ Ω,$C_e = 0.2$ V·min/r,励磁电压 $U_L = 220$ V,励磁电流 $I_L = 2$A。

试设计一个晶闸管直流电动机调速系统的主电路,取代原系统,以节约电能和提高工作效率。

2)技术要求:

电网供电电压:三相 380 V;电网电压波动 +5% ～ −10%;要求连续调速,可逆运行,回馈制动,如图 2.3.14 所示;调速比 $D = 15$,电流脉动 $s_i \leq 10\%$,静差率 $s \leq 1\%$。

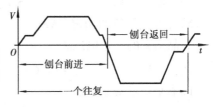

图 2.3.14　龙门刨晶闸管直流调速系统一个往复的电压变化

3)确定主电路方案和系统方框图

根据设计任务,为满足调速比要求,决定采用改变直流电动机电枢供电电压(励磁回路恒定)的调速方案。主电路采用两组三相晶闸管全控桥式可控整流电路反并联方式供电,以实现可逆运行;为满足电流脉动及调速性能,设置平波电抗器;电网电压 380 V,相电压 220 V,为实现小控制角运行,用整流变压器变换电压等级。触发电路选用 TC787 集成触发电路。还设置了转速负反馈和电流截止负反馈和回馈制动方式,使系统调速性能满足工艺要求。

电路方案框图如图 2.3.15 所示,主电路如图 2.3.16 所示。

4)计算整流变压器定额

a. 计算二次相电压 U_2:变压器采用△-Y 接线,由近似估算公式

$$U_2 = (1 \sim 1.2) \frac{U_d}{A \varepsilon B} = (1 \sim 1.2) \frac{220\ \text{V}}{2.34 \times 0.9 \times 0.985} = (106 \sim 127)\text{V} \qquad 取 U_2 = 110\ \text{V}。$$

式中　$A = U_{d0}/U_2$,取 $A = 2.34$;$B = U_d/U_{d0}$,取 $\alpha = 10°$,$B = 0.985$;ε——电网最大波动系数,$\varepsilon = 0.9$。

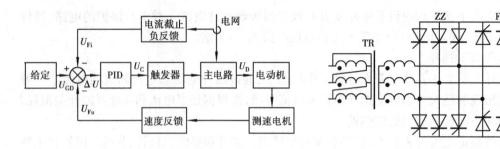

图 2.3.15　电路框图　　　　　　　图 2.3.16　主电路图

故变压器的变压比为　　　　　　　$K = U_1/U_2 = 380\ \text{V}/110\ \text{V} = 3.45$

b. 计算变压器一次、二次相电流 I_1, I_2：

设变压器效率为 0.95，二次绕组按 Y 连接，则

$$I_2 = \sqrt{\frac{2}{3}}I_{\text{dN}} = 0.816\ I_{\text{dN}} = 0.816 \times 305\ \text{A} = 249\ \text{A}$$

$$I_1 = 1.05 I_2/K = 1.05 \times 249\ \text{A}/3.45 = 75.8\ \text{A}$$

c. 计算变压器的容量：

一次容量　　　　　$S_1 = 3U_1 I_1 = 3 \times 380\ \text{V} \times 75.8\ \text{A} = 86.4\ \text{kVA}$

二次容量　　　　　$S_2 = 3U_2 I_2 = 3 \times 110\ \text{V} \times 249\ \text{A} = 82.2\ \text{kVA}$

视在功率　　　　　$S = (S_1 + S_2)/2 = 84.6\ \text{kVA}$

考虑励磁功率　　　$PI_{\text{L}} = 220\ \text{V} \times 4\ \text{A} = 0.88\ \text{kW}$，故选取容量为 90 kVA 的变压器。

变压器的规格：　　　　　　ZSG□-90/380 V/110 V

5）计算晶闸管的额定参数

a. 晶闸管的额定电压为

$U_{\text{Tn}} = (2 \sim 3) U_{\text{M}} = (2 \sim 3)\sqrt{6} \times 110\ \text{V} = (539 \sim 808)\ \text{V}$　　　　　取 $U_{\text{Tn}} = 800$ V。

b. 晶闸管的额定电流为

$I_{\text{T(AV)}} \geq (1.5 \sim 2) K_{\text{IT}} I_{\text{dmin}} = 2 \times 0.367 \times 1.5 \times 305\ \text{A} = 335\ \text{A}$　　　　取 $I_{\text{T(AV)}} = 400$ A。

式中　$K_{\text{IT}} = I_{\text{T}}/1.57 I_{\text{dN}} = 0.367$，$I_{\text{dmin}} = 1.5 I_{\text{dN}} = 1.5 \times 305$ A，安全裕量 = 2。

故选用 KP-400/8 平板型晶闸管，并选配 SF-15 型风冷散热器。

6）计算直流电抗器参数

a. 电动机电枢电感 L_{D}　　$L_{\text{D}} = K_{\text{D}} \dfrac{U_{\text{N}}}{2pn_{\text{e}}I_{\text{N}}}10^3\ \text{mH} = 8\dfrac{220 \times 10^3}{2 \times 2 \times 1\,000 \times 305} = 1.5\ \text{mH}$

式中　对于快速无补偿电机 $K_{\text{D}} = 8$，极对数 $p = 2$。

b. 变压器电感 L_{T} 为　　　$L_{\text{T}} = K_{\text{T}} U_{\text{dl}} \dfrac{U_2}{I_{\text{dN}}} = 3.9 \times 0.05 \times \dfrac{110\ \text{V}}{305\ \text{A}} = 0.07\ \text{mH}$

式中　$K_{\text{T}} = 3.9$，U_{dl} 取 0.05。

c. 计算平波电抗器电感

电流连续时平波电抗器电感量 L_{B} 为

$$L_{\text{B}} = L_1 - (2L_{\text{T}} + L_{\text{D}}) = K_1 \dfrac{U_2}{I_{\text{dmin}}} - (2L_{\text{T}} + L_{\text{D}})$$

$$= 0.693 \times \frac{110\ \text{V}}{0.05 \times 305\ \text{A}} - (2 \times 0.07 + 1.5) = 5.0 - 1.64 = 3.36\ \text{mH}$$

式中 $K_1 = 0.693$,I_{dmin} 取额定电流的 5%。

当输出电流脉动 $S_i \leqslant 10\%$ 时,平波电抗器电感量 L_P 为

$$L_P = L_2 - (2L_T + L_D) = K_2 \frac{U_2}{S_i I_{\text{dN}}} - (2L_T + L_D)$$

$$= 1.045 \times \frac{110\ \text{V}}{0.1 \times 305\ \text{A}} - 1.64 = 3.77 - 1.64 = 2.13\ \text{mH}$$

故选取平波电抗器的电感量为 4 mH,能同时满足电流连续和脉动的要求。

7)计算桥臂串接快速熔断器参数

a. 快速熔断器的额定电压 U_{Rn}　　$U_{\text{Rn}} \geqslant \dfrac{K_{\text{UT}}}{\sqrt{2}} U_2 = (2.45/1.414) \times 110\ \text{V} = 191\ \text{V}$

b. 快熔额定电流 I_{FU}　　　　　　$I_{\text{T(AV)}} = I_{\text{FU}} = 400\ \text{A}$

所以,选取快速熔断器参数为:额定电压 250 V,额定电流 400 A。

3.5　电力电子技术课程设计题目

下面列举一些电力电子技术课程的设计题目,以供参考。

(1)大功率高频软开关逆变式充电机

1)设计任务:设计一个具有自动控制功能的充电机。蓄电池充电设备的基本原理就是以直流电源作用于蓄电池两端,当电源电压高于蓄电池电动势时,电池处于充电状态。随着充电的进行,蓄电池电动势增加,充电电流相应减小,为了使充电机以一定的电流对蓄电池充电,则应增加充电电压,使电流稳定在给定值上。其结构框图如图 2.3.17 所示。

2)设计要求:

①采用绝缘栅双极晶体管(IGBT)以及新型软开关谐振脉宽调制(PWM)电路的充电系统。

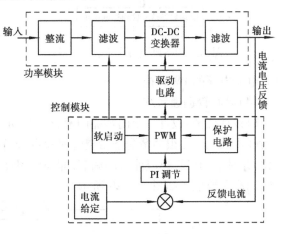

图 2.3.17　大功率高频软开关逆变式充电机
系统结构框图

②充电机能自动充电,正常充电电流为 5 A 左右,负载为 1~5 个蓄电池,系统能根据设定完成对不同个数蓄电池的充电。

(2)电子整流器

1)设计任务:设计一个荧光灯电子整流器。电子整流器是用于给放电灯供电的电力变换器,它可以在数千赫兹的频率上为荧光灯供电,高频供电也可提高灯的发光效率。电子整流器随着低成本的 MOSFET 的发展而日益流行,MOSFET 的独特性质使其成为固态整流器的重要

选择。典型电子整流器的结构如图 2.3.18 所示。

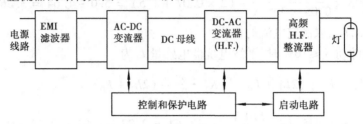

图 2.3.18　典型电子整流器的结构

2)设计要求：

①采用 MOSFET 器件,工作频率高于 20 kHz。

②控制保护电路应具有电流、功率可调,过压、过流保护和灯故障保护等功能。

(3)直流电动机传动系统

1)设计任务:设计一个直流电动机传动系统。直流电动机被大量用于对动态响应和静态性能具有高要求的变速传动和位置控制系统中。直流电动机,特别是他励直流电动机,由于采用了内置的换向器,控制比较简单。在磁场电流恒定的情况下,换向器电刷使电动机所产生的转矩与电枢电流成正比。典型的传动系统框图如图 2.3.19 所示。

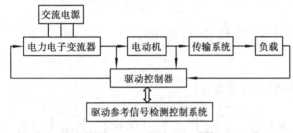

图 2.3.19　典型的传动系统框图

2)设计要求：

a. 变流器采用晶闸管交-直变流器或 GTO,IGBT,MOSFET 斩波器。

b. 控制可采用具有电流内环的相控或具有电流内环的 PWM 控制。

(4)晶闸管调速系统

1)设计任务:设计一个闭环晶闸管直流电动机调速系统。不能自动纠正转速偏差的方式称为开环系统。在很多情况下希望转速稳定,即转速不随负载及电网电压等外界因素变化而变化,此时电动机转速应能自动调节,即采用闭环控制。这样的系统称为闭环系统。典型的晶闸管调速系统框图如图 2.3.20 所示。

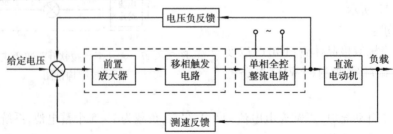

图 2.3.20　晶闸管调速系统框图

2)设计要求：

①采用单相全控整流电路,输出电压为:50～220 V,输出电流为:20 A。

②移相触发电路要求移相范围:$\alpha = 0° \sim 150°$。

（5）双向晶闸管交流调功器

1）设计任务：设计一个采用双向晶闸管的交流调功器。调功器主要用于以镍铬或铁铬铝等电阻材料为发热元件的电加热器的温度自动控制。晶闸管交流调功器采用过零触发电路、周波数控制方式，输出 0% ~ 100% 可调节的波形呈正弦波群的电压和电流，使负载从电源吸取功率的平均值连续平滑可调。双向晶闸管过零交流调功器的框图如图 2.3.21 所示。

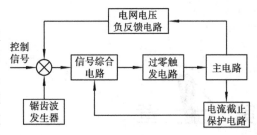

图 2.3.21　双向晶闸管交流调功器框图

2）设计要求：

①设计交流通断控制主电路。输出电压为电网电压的 20% ,40% ,60% ,80% 和 100% ,根据被控对象选择控制器件的功率。

②设计过零触发器控制电路。

③设计具有电网电压负反馈、过流截止保护的交流调功器。

（6）电动汽车用变频调速系统的开发

（7）2.5 MW 电力机车 GTO 牵引变流器的研制

（8）50 kHz IGBT 超音频感应加热电源的开发

（9）单电源双 IGBT 触发电路的研制

（10）电压型 GTO 逆变器的计算机仿真

第 $\boldsymbol{4}$ 章
整流变压器、脉冲变压器、平波电抗器参数计算

4.1 整流变压器参数计算

整流变压器是整流电路的电源变压器,任务是与整流元件一起,把交流电变为直流电。整流变压器与普通变压器除结构上有所区别外,在负载特性上也不相同,电力变压器的二次负载一般认为是恒定阻抗,输出电流为正弦波形。整流变压器由于整流器的整流作用,二次侧线圈中的工作电流波形是不规则的非正弦波形。这个非正弦波电流所产生的漏抗电压降,会影响整流变压器二次侧的端电压,因而也就影响整流器直流电压的特性。

按用途分类,整流变压器主要分为冶金、化工和牵引用三大类。它们在调压方式、调压范围和二次侧相电压上有所区别,共同特点是二次电压低、电流大。另外直流输电、静电除尘用整流变压器则要求二次电压高。

整流变压器的参数计算是根据已选定的整流主电路形式、电网电压 U_1、直流平均电压 U_d、直流平均电流 I_d,计算出整流变压器的额定参数:次级相电压 U_2,初、次级相电流 I_1,I_2,初、次级容量 S_1,S_2 及平均计算容量 S。根据以上计算所得额定参数,再选用成品变压器或自行设计制造变压器。

为方便起见,本节以具有大电感的直流电动机负载的晶闸管整流装置为例,讨论整流变压器参数的计算。

1. 次级电压 U_2 的计算

U_2 是一个重要参数,选择过低,无法保证输出额定电压。选择过高,又会造成延迟角 α 加大,功率因数变坏,整流元件的耐压升高,增加了装置的成本。影响 U_2 的因素有:最小延迟角 $\alpha_{\min}$,电网电压的波动,变压器漏抗引起的换相压降,整流元件的正向导通压降以及主回路其他电阻压降等。

一般 U_2 可按下式计算,即:

$$U_2 = \frac{U_{d\max} + nU_T}{A\varepsilon\left(\cos\alpha_{\min} - CU_{sh}\dfrac{I_2}{I_{2N}}\right)}$$

在要求不高的场合或近似估算时,可用下式计算,即:

$$U_2 = (1 \sim 1.2)\frac{U_d}{A\varepsilon B} \quad \text{或} \quad U_2 = (1.2 \sim 1.5)\frac{U_d}{A}$$

式中　U_{dmax}——整流电路输出电压最大值;

　　　nU_T——主电路电流回路 n 个晶闸管正向压降;

　　　C——线路接线方式系数,见表2.4.2;

　　　U_{sh}——变压器的短路比,对 $10 \sim 100$ kVA 变压器,$U_{sh} = 0.05 \sim 0.1$;

　　　I_2/I_{2N}——变压器二次实际工作电流与额定电流之比,应取最大值;

　　　A——理想情况下,$\alpha = 0°$ 时整流电压 U_{d0} 与二次电压 U_2 之比,即 $A = U_{d0}/U_2$,见表2.4.1;

　　　B——延迟角为 α 时,输出电压 U_d 与 U_{d0} 之比,即 $B = U_d/U_{d0}$,见表2.4.1;

　　　ε——电网波动系数,通常取 $\varepsilon = 0.9$。

　　　系数 $1 \sim 1.2$,$1.2 \sim 1.5$:考虑各种因素的安全系数。

2. 二次相电流 I_2 和一次相电流 I_1 的计算

$$I_1 = K_{I1}I_d/K$$
$$I_2 = K_{I2}I_d$$

式中　K_{I1},K_{I2}——由表2.4.1选取;

　　　$K = N_1/N_2$——变压器的匝数比。考虑变压器的励磁电流时,I_1 应乘以 1.05 左右的系数。

表 2.4.1　整流变压器的计算系数 1(电阻负载)

整流主电路	单相双半波	单相半控桥	单相全控桥	三相半波	三相半控桥	三相全控桥	带平衡电抗器的双反星形
$A = U_{d0}/U_2$	0.9	0.9	0.9	1.17	2.34	2.34	1.17
$B = U_d/U_{d0}$	$\frac{1+\cos\alpha}{2}$	$\frac{1+\cos\alpha}{2}$	$\frac{1+\cos\alpha}{2}$	$\cos\alpha(\alpha=0°\sim30°)$ $0.577[1+\cos(\alpha+30°)]$ $(\alpha=30°\sim150°)$	$\frac{1+\cos\alpha}{2}$	$\cos\alpha(\alpha=0°\sim60°)[1+\cos(\alpha+60°)]$ $(\alpha=60°\sim120°)$	$\cos\alpha(\alpha=0°\sim60°)$ $[1+\cos(\alpha+60°)]$ $(\alpha=60°\sim120°)$
$K_{I2} = I_2/I_d$	0.785	1.11	1.11	0.587	0.816	0.816	0.294
$K_{I1} = I_1/I_d$	1.11	1.11	1.11	0.480	0.816	0.816	0.415
m_2	2	1	1	3	3	3	6
m_1	1	1	1	3	3	3	3
S_1/S_2	0.707	1	1	0.816	1	1	0.707
S_2/P_d	1.75	1.23	1.23	1.51	1.05	1.05	1.51
S_1/P_d	1.23	1.23	1.23	1.23	1.05	1.05	1.05
S/P_d	1.49	1.23	1.23	1.37	1.05	1.05	1.28

3. 变压器容量的计算

$$S_1 = m_1 U_1 I_1$$
$$S_2 = m_2 U_2 I_2$$
$$S = (S_1 + S_2)/2$$

式中　m_1, m_2——一次侧、二次侧绕组的相数,对不同接线方式可由表2.4.1查得。

在已知整流功率 $P_d = U_d I_d$ 的情况下,也可应用表2.4.1中的容量比值对变压器进行计算。

【例2.4.1】　在直流调速系统中,电网电压 $U_1 = 220$ V,直流电动机额定值为 $U_d = 230$ V,$I_d = 291$ A,$P_d = 67$ kW。晶闸管变流装置主电路采用三相全控桥电路,电动机短时过载倍数为 $I_{dmin}/I_d = 1.6$,电网电压波动系数 $\varepsilon = 0.9$,晶闸管正向压降 $U_T = 1$ V,整流变压器短路电压为 $U_{sh} = 5\%$,忽略其他电阻,并假设平波电抗器电感量无穷大,试求变压器额定参数。

解　设主电路无续流二极管,取 $\alpha_{min} = 30°$,按表2.4.2求得 $A = 2.34$,$B = 0.866$,$C = 0.5$。

表2.4.2　整流变压器的计算系数2(电感负载)

整流主电路		单相双半波	单相半控桥	单相全控桥	三相半波	三相半控桥	三相全控桥	带平衡电抗器的双反星形
$A = U_{d0}/U_2$		0.90	0.90	0.90	1.17	2.34	2.34	1.17
$B = U_d/U_{d0}$	带续流二极管	$\frac{1+\cos\alpha}{2}$	$\frac{1+\cos\alpha}{2}$	$\frac{1+\cos\alpha}{2}$	$\cos\alpha(\alpha=0°\sim30°)$ $0.577[1+\cos(\alpha+30°)]$ $(\alpha=30°\sim150°)$	$\frac{1+\cos\alpha}{2}$	$\cos\alpha(\alpha=0°\sim60°)$ $[1+\cos(\alpha+60°)]$ $(\alpha=60°\sim120°)$	$\cos\alpha(\alpha=0°\sim60°)$ $[1+\cos(\alpha+60°)]$ $(\alpha=60°\sim120°)$
	不带续流二极管	$\cos\alpha$	$\frac{1+\cos\alpha}{2}$	$\cos\alpha$	$\cos\alpha$	$\frac{1+\cos\alpha}{2}$	$\cos\alpha$	$\cos\alpha$
C		0.707	0.707	0.707	0.866	0.5	0.5	0.5
$K_{t2} = I_2/I_d$		0.707	1	1	0.577	0.816	0.816	0.298
$K_{I1} = I_1/I_d$		1	1	1	0.471	0.816	0.816	0.408
m_2		2	1	1	3	3	3	6
m_1		1	1	1	3	3	3	3
S_1/S_2		0.707	1	1	0.816	1	1	0.707
S_2/P_d		1.57	1.11	1.11	1.48	1.05	1.05	1.48
S_1/P_d		1.11	1.11	1.11	1.21	1.05	1.05	1.05
S/P_d		1.34	1.11	1.11	1.34	1.05	1.05	1.26

U_2 的精确值为

$$U_2 = \frac{U_{dmax} + nU_T}{A\varepsilon\left(\cos\alpha_{min} - CU_{sh}\dfrac{I_2}{I_{2N}}\right)} = \frac{230 + 2(2.5 \times 1)}{2.34 \times 0.9(\cos 30° - 0.5 \times 0.05 \times 1.6)} = 135 \text{ V}$$

U_2 的近似估算值为 $U_2 = (1 \sim 1.2)\dfrac{U_d}{A\varepsilon B} = (1 \sim 1.2)\dfrac{230}{2.34 \times 0.9 \times 0.866} = 126 \sim 151$ V

或 $U_2 = (1.2 \sim 1.5)\dfrac{U_d}{A} = (1.2 \sim 1.5)\dfrac{230}{2.34} = 118 \sim 147 \text{ V}$

取 $U_2 = 135 \text{ V}$,则变压器变比　　$K = U_1 / U_2 = 220/135 = 1.63$

次级相电流　　　　　　　$I_2 = K_{I2}I_d = 0.816 \times 291 = 237.5 \text{ A}$

初级相电流　　　　　　　$I_1 = K_{I1}I_d/K = 0.816 \times 291/1.63 = 145.7 \text{ A}$

次级容量　　　　　　　　$S_2 = m_2 U_2 I_2 = 3 \times 135 \times 237.5 = 96.2 \text{ kVA}$

初级容量　　　　　　　　$S_1 = m_1 U_1 I_1 = 3 \times 220 \times 145.7 = 96.2 \text{ kVA}$

平均计算容量　　　　　　$S = (S_1 + S_2)/2 = 96.2 \text{ kVA}$

4.2　脉冲变压器参数计算

4.2.1　脉冲变压器波形参数

脉冲变压器主要传递的是前沿陡峭、单一方向变化的脉冲信号,因此,对脉冲变压器最基本的要求是传递脉冲波形的畸变最小,其次,要求是效率高、功耗小。理想的脉冲波形是指矩形脉冲波,由于电路参数的影响,实际的脉冲波形与矩形脉冲有所差异,其典型波形如图2.4.1所示。脉冲波形参数定义如下:

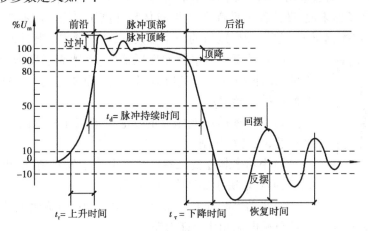

图 2.4.1　脉冲波形及其参数

1)峰值脉冲幅度 U_m:是指通过脉冲顶部的平滑曲线部分的最大值,而不计小于脉冲持续时间 10% 的起始"尖峰"或"过冲"。

2)脉冲持续时间 t_d:是指脉冲前后沿上幅度为 $0.5U_m$ 处两点之间的时间间隔。

3)脉冲上升时间 t_r:是指脉冲前沿从 $0.1U_m$ 上升到 $0.9U_m$ 所需的时间,除去波形中不需要或无关的部分。

4)脉冲下降时间 t_τ:是指脉冲后沿从 $0.9U_m$ 下降到 $0.1U_m$ 所需的时间,除去波形中不需要或无关的部分。

5)顶降 λ:是指峰值脉冲幅度(除去起始"尖峰"或"过冲")与脉冲顶部平滑曲线下降点的脉冲幅度之差的百分比。

6）脉冲顶峰：是指脉冲的最大幅度。

7）过冲 θ：是指脉冲顶峰超过峰值脉冲幅度的数值，以峰值脉冲幅度的百分比表示。

8）反摆：是指零电平以下反向脉冲的最大幅度，以峰值脉冲幅度的百分比表示。

9）回摆：是反摆之后回转的最大幅度，以峰值脉冲幅度的百分比表示。

10）恢复时间：是指脉冲下降时间终止与脉冲幅度最后达到 $0.2U_{\mathrm{m}}$ 的时间间隔。在可使用小于 10% 的数字的特殊情况下，将此时间间隔称为"$x\%$ 恢复时间"。

影响脉冲变压器输出脉冲波形畸变的主要因素有：分布电容、漏感、铁芯材料和截面积，以及绕制工艺等。尤其是在进行矩形脉冲变换时，脉冲前沿和顶部极易产生明显的畸变。由理论分析，分布电容和漏感非常小时，脉冲变压器输出波形畸变也最小。要减小分布电容和漏感，就必须减小线圈匝数和铁芯截面积，但这会减小磁化电感，引起顶降增大。

脉冲变压器设计计算的难点，在于如何处理脉冲变压器等效电路参数和结构参数之间复杂而又相互矛盾的关系。在实际计算时，只能折中考虑，对其取舍应以所要求参数的重要程度来决定。例如，晶闸管触发脉冲主要考虑的是前沿时间短和脉冲电流幅度大。目前，脉冲变压器的设计方法有多种，本文仅介绍小功率脉冲变压器的计算。

4.2.2 小功率脉冲变压器的计算

（1）小功率脉冲变压器的特点

小功率脉冲变压器通常用于间歇振荡器和脉冲触发电路。小功率脉冲变压器的设计较之大、中功率脉冲变压器来说，设计程序要简单一些，这体现在高压绝缘可以不考虑，变压器的温升也可以忽略。这样就便于控制脉冲变压器的分布参数，以达到预定的脉冲波形要求。

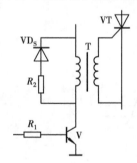

1）在计算小功率脉冲变压器时，磁感应强度增量 ΔB 不是最重要的，在许多情况下，其取值都较低。重要的是要求铁芯材料具有较高的初始磁导率 μ_{i}。

2）小功率脉冲变压器的铁芯一般采用标准的 E 形、环形和 CD 形铁芯，无需特殊制造。

3）小功率脉冲变压器尺寸不取决于发热情况，也不取决于绝缘强度，而是取决于制造上的可能性。

4）小功率脉冲变压器负载电流较小，由磁化电感产生的激磁电流与负载电流相比不能忽略。

图 2.4.2 晶闸管脉冲变压器控制电路

（2）晶闸管控制电路触发脉冲变压器计算举例

1）用于计算的原始数据：电路图如图 2.4.2 所示。

①次级脉冲电压 $U_2 = 6\ \mathrm{V}$；　②次级脉冲电流 $I_2 = 2\ \mathrm{A}$；

③脉冲持续时间 $t_{\mathrm{d}} = 20\ \mu\mathrm{s}$；　④脉冲重复频率 $F = 5\,000$ 个/秒；

⑤变压比 $n = N_2/N_1 = 0.25$；　⑥脉冲源内阻 $R_{\mathrm{i}} = 2\ \Omega$；

⑦脉冲上升时间 $t_{\mathrm{r}} \leqslant 0.3\ \mu\mathrm{s}$；　⑧顶降 $\lambda < 5\%$；

⑨换算到初级的负载并联电容 $C_{\mathrm{L}} = 10\ \mathrm{pF}$。

2）功率计算

①脉冲功率：　$P_{\mathrm{m}} = U_2 \times I_2 = 6 \times 2 = 12\ \mathrm{W}$

②平均功率：　$P_{\mathrm{e}} = P_{\mathrm{m}} t_{\mathrm{d}} F \times 10^{-6} = 12 \times 20 \times 5\,000 \times 10^{-6} = 1.2\ \mathrm{W}$

3）确定导线直径

①次级有效电流：$\qquad I_{2e} = I_2 \sqrt{t_d F \times 10^{-6}} = 2 \times \sqrt{20 \times 5\ 000 \times 10^{-6}} = 0.63\ \text{A}$

②初级有效电流：

$$I_{1e} = 1.05 I_1 \sqrt{t_d F \times 10^{-6}} = 1.05 \times 2 \times 0.25 \times \sqrt{20 \times 5\ 000 \times 10^{-6}} = 0.166\ \text{A}$$

式中　$I_1 = n I_2$。

③次级导线直径：取 $j = 2$ A/mm，故

$$d_2 = 1.13 \sqrt{\frac{I_{2e}}{j}} = 1.13 \times \sqrt{\frac{0.63}{2}} = 0.63\ \text{mm}$$

式中　j——电流密度（A/mm^2），电流密度 j 的选择：对中小功率脉冲变压器，j 取 2 ~ 4 A/mm^2，对大功率油浸脉冲变压器，j 取 4 ~ 6 A/mm^2。选用 $\phi 0.47$ mm 的 QZ-2 漆包线 2 根并联使用，外径 $d_{m2} = 0.53$ mm。

④初级导线直径：

$$d_1 = 1.13 \sqrt{\frac{I_{1e}}{j}} = 1.13 \times \sqrt{\frac{0.166}{2}} = 0.33\ \text{mm}$$

选用 $\phi 0.23$ mm 的 QZ-2 漆包线 2 根并联使用，外径 $d_{m1} = 0.28$ mm。

4）选铁芯，确定 ΔB 值

①选冷轧硅钢带：根据表 2.4.3，脉冲持续时间 $t_d = 20$ μs，可选用厚 0.08 mm 冷轧硅钢薄带。

表 2.4.3　不同脉冲持续时间所允许的钢带厚度

脉冲持续时间 t_d/μs	1.5	6	12	80	250
钢带厚度/mm	0.03	0.05	0.08	0.20	0.35

②选铁芯型式：选 BCD 型铁芯。

③确定脉冲磁导率：取 $\Delta B = 0.3$ T，确定脉冲磁导率 $\mu_p = 1\ 500$。

5）计算铁芯最大截面积

次级负载电阻　$\qquad R_L = U_2 / I_2 = 6/2 = 3\ \Omega$

换算到初级　$\qquad R_2' = R_L / n^2 = 3/(0.25)^2 = 48\ \Omega$

从满足顶降出发计算磁化电感，按式

$$L_m = \frac{R_i R_2' t_d}{\lambda(R_1 + R_2')} = \frac{2 \times 48 \times 20}{0.05 \times (2 + 48)} = 768\ \mu\text{H}$$

取 $L_m = 1\ 000$ μH，则铁芯最大截面积 S_{cmax} 按式：

$$S_{cmax} = \frac{U_1 t_d \times 10^{-4}}{\Delta B} = \sqrt{\frac{40 \pi \mu_p (S_c / l_c)}{L_m}} = \frac{24 \times 20 \times 10^{-4}}{0.3} \sqrt{\frac{40 \times 3.14 \times 1\ 500 \times 0.11}{1\ 000}} = 0.728\ \text{cm}^2$$

式中　$U_1 = U_2 / n = 6/0.25 = 24$ V；

S_c / l_c——铁芯结构因子/cm，对高压大功率油浸脉冲变压器，S_c / l_c 可取 0.2 ~ 0.4（$t_d = 1 ~ 3$ μs）和 0.5 ~ 0.8（$t_d = 5 ~ 50$ μs）；对中小功率脉冲变压器，采用标准矩形（CD 型）铁芯时，S_c / l_c 可取 0.08 ~ 0.15，采用环形铁芯时，S_c / l_c 可取 0.03 ~ 0.08左右。本式（BCD 型铁芯）初选 $S_c / l_c = 0.11$。

6）选铁芯

选择标准铁芯 BCD6.5 × 12.5 × 12.5。由此得：$a = 6.5$ mm，$b = 12.5$ mm，$c = 8$ mm，$h = 12.5$ mm，$S_c = 0.691$ cm^2，$l_c = 5.97$ cm。

7）匝数计算

按式

$$N_1 = \frac{U_1 t_d}{\Delta B S_c} \times 10^{-2} = \frac{24 \times 20 \times 10^{-2}}{0.3 \times 0.691} = 24 \text{ 匝}$$

$$N_2 = n N_1 = 0.25 \times 24 = 6 \text{ 匝}$$

8）绕组配置及绝缘

为减小变压器漏感，将绕组配置在两个铁芯柱上，初级绕组与次级绕组均为并联连接。次级绕组与铁芯间为底筒，底筒壁厚为 0.8 mm，底筒上包两层 DLZ-08 电缆纸（厚度 0.08 mm），因此

$$\delta_{X2} = 0.8 + 0.08 \times 2 = 0.96 \text{ mm} = 0.096 \text{ cm}$$

初、次级绕组间用两层 DLZ-08 电缆纸，这样可得

$$\delta_{X1} = 0.08 \times 2 = 0.16 \text{ mm} = 0.016 \text{ cm}$$

9）脉冲变压器顶降

①脉冲变压器磁化电感：

$$L_m = \frac{0.4\pi\mu_p N_1^2 S_c}{l_c \times 10^2} = \frac{0.4 \times 3.14 \times 1\,500 \times 24^2 \times 0.691}{5.97 \times 10^2} = 1\,257 \ \mu H$$

②脉冲顶降：

$$\lambda = \frac{R_i R_2' t_d}{I_m(R_i + R_2')} = \frac{2 \times 48 \times 20}{1\,257 \times (2 + 48)} = 3\%$$

所算得的顶降小于要求值 5%。

10）脉冲变压器漏感 L_s

高度系数：$\qquad K_p = p_2 d_{m2}/c_2 = 2 \times 0.53/1 = 1.06$

式中　$p_2 = 2$（导线根数），$c_2 = 1$（次级绕组层数）。

初级绕组高度：$\quad h_{m1} = d_{m1} N_1 K_p = 0.28 \times 24 \times 1.06 = 7.12$ mm

次级绕组高度：$\quad h_{m2} = d_{m2} N_2 K_p = 0.53 \times 6 \times 1.06 = 3.4$ mm

绕组总厚度为：$\quad D_m = \delta_{X1} + \delta_{X2} + \delta_1 + \delta_2 = \delta_{X1} + \delta_{X2} + d_{m1} + d_{m2}$

$$= 0.096 + 0.016 + 0.028 + 0.053 = 0.193 \text{ cm}$$

绕组平均匝长为：$\quad l_m = k_1 \sqrt{S} \approx (5 \sim 6)\sqrt{0.691} \approx 4.43 \text{ cm}（取 k_1 = 5.33）$

脉冲变压器漏感为：

$$L_s = \frac{0.4\pi N_L^2 l_m \times 10^{-8}}{2h_m}\left(\delta_{x1} + \frac{d_{m1} + d_{m2}}{3}\right)$$

$$= \frac{0.4 \times 3.14 \times 24^2 \times 4.43 \times 10^{-8}}{2 \times 0.526}\left(0.016 + \frac{0.028 + 0.053}{3}\right) = 1.31 \ \mu H$$

式中　$h_m = (h_{m1} + h_{m2})/2 = (0.712 + 0.34)/2 = 0.526$ cm

11）分布电容计算

计算分布电容系数 K_d：$\qquad k_d = \frac{1}{3U_1^2}\sum \frac{\varepsilon_i}{\delta_{zi}}(U_{ai}^2 + U_{ai}U_{bi} + U_{bi}^2)$

式中　U_1——初级电压（V），$U_1 = 24$ V；

$\quad\quad\varepsilon_i$——各绕组的介电常数，纸类为 $3 \sim 4$，取 $\varepsilon_i = 3$；

$\quad\quad\delta_{zi}$——各绕组间绝缘厚度（cm），各绕组间两层 DLZ-08 电缆纸，取 $\delta_{zi} = 0.016$；

$\quad\quad U_{ai}$——被计算各绕组电容两电极间一端的电位差（V），$U_{a1} = 18$ V，$U_{a2} = 24$ V，$U_{a3} = 24$ V，$U_{a4} = 18$ V；

$\quad\quad U_{bi}$——被计算各绕组电容两电板间另一端的电位差（V），$U_{bi} = 0$ V。

这样　　　　$K_d = (60\ 750 + 108\ 000 + 108\ 000 + 60\ 750)/(3 \times 24^2) = 195.3$

换算到初级的总分布电容 C_2'：

$$C_2' = 0.088\ 6\ k_d l_m h_m = 0.088\ 6 \times 195.3 \times 4.43 \times 0.526 = 40.32 \text{ pF}$$

总的分布电容 C_s' 为（换算到初级的总分布电容 C_2' 与换算到初级的负载并联电容 C_L' 并联）：

$$C_s' = C_2' + C_L' = 40.3 + 10 = 50.32 \text{ pF}$$

12）脉冲上升时间计算

$$k = \frac{\alpha_r}{\sqrt{\beta_r}} = \frac{C_s' R_i R_2' \times 10^{-3} + L_s \times 10^3}{2\ \sqrt{L_s C_s' R_2'(R_i + R_2')}} = \frac{50.32 \times 2 \times 48 \times 10^{-3} + 1.31 \times 10^3}{2 \times \sqrt{1.31 \times 50.32 \times 48 \times (2 + 48)}} = 1.65$$

根据 k 值可取 $\sigma_r = 1.4$，则脉冲上升时间为

由 $\sigma_r = \dfrac{t \cdot \sqrt{\beta_r}}{2\pi} = \sqrt{1 + \dfrac{R_i}{R_2'}}\ \dfrac{t_r \times 10^3}{2\pi\ \sqrt{L_s C_2'}}$ 得

$$t_r = \frac{2\pi\sigma_r\ \sqrt{L_s C_s'} \times 10^{-3}}{\sqrt{1 + \dfrac{R_i}{R_2'}}} = \frac{2 \times 3.14 \times 1.4 \times \sqrt{1.31 \times 50.32} \times 10^{-3}}{\sqrt{1 + \dfrac{2}{48}}} = 0.070\ \mu s$$

所得脉冲上升时间 t_r 小于要求值 $0.3\ \mu s$。

13）变压器的损耗和温升计算（略）。

4.3　平波和均衡电抗器计算

4.3.1　平波和均衡电抗器在主回路中的作用及布置

晶闸管变流器输出的是脉动直流电，除直流成分外，还包含有其他高次谐波，当控制角 α 增大时，输出的电压、电流脉动更为严重，甚至会出现电流断续现象，如此电源特性对负载是十分有害的。当负载为直流电动机时，电流断续和直流脉动还会使晶闸管导通角减小，整流器内阻增大，电动机机械特性变软，换向条件恶化，增加电动机的损耗，系统调速性能下降。

在有环流系统中，由于存在环流回路，环流不通过负载，而在正反向两组变流器之间流通，可能造成晶闸管过流损坏。

为了限制输出电流的脉动或为了在负载电流最小时能保持输出电流的连续，通常在变流器的直流侧接入带有气隙的平波电抗器。而在有环流可逆系统中的直流侧接入均衡电抗器（又称环流电抗器），将两组变流器中的环流值限制在规定的数值内，同时还可抑制当逆变换相失败时短路电流的上升率，使直流快速开关或快速熔断器能及时切除故障。

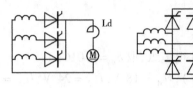

图 2.4.3　平波电抗器的位置

电抗器在回路中的位置,对于不可逆系统,是在电动机电枢端串入一个平波电抗器。合适的电感量,不仅能使电动机得到平滑的直流电流,在正常工作范围内不出现电流断续,还能抑制短路电流上升率,使直流快速开关在过流切断瞬间能与快熔保护协调工作,如图 2.4.3 所示。

对于有环流系统,一般有两种安排方式:

1)限制环流用的环流电抗器和平波电抗器合并。这时只用两只电抗器,分别放在每组变流器的输出端,电抗器既起抑制环流作用,又起平波作用,如图 2.4.4 所示。

2)环流电抗器和平波电抗器分开设置。在电枢端专设一个平波电抗器,在两组变流器的环流电路中分别设置环流电抗器,如图 2.4.5 所示。

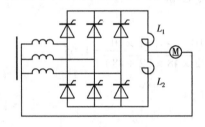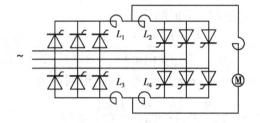

图 2.4.4　三相零式电路中均衡电抗器的位置　　　图 2.4.5　三相桥式电路中均衡电抗器的位置

4.3.2　平波电抗器和均衡电抗器的选择计算

电抗器的主要参数有:电抗器电感值,电抗器的额定电流,电抗器的额定电压降,以及结构型式等。正确选用电抗器是保证调速系统可靠工作和使变流器设备获得合理的经济指标的一个重要因素。

计算各种整流电路中平波电抗器和均衡电抗器的电感值时,主要应根据电抗器在电路中的作用,从下面三方面考虑:1)从减小电流脉动出发选择电抗器;2)从保持电流连续出发选择电抗器;3)从限制环流出发选择电抗器。此外,还应考虑限制短路电流上升率等。

由于一个整流电路中,通常包含有电动机电枢电抗,变压器漏抗和外接电抗器的电抗三个部分,因此,应先求得电动机电枢(或励磁绕组)及整流变压器的漏感,才能计算外接电抗器的电感值。

(1)电动机的电感

电动机的电感 L_M 可按下式计算

$$L_M = K_D \frac{U_D}{2pnI_D} 10^3 \ (\text{mH})$$

式中　U_D, I_D ——直流电动机额定电压(V)和额定电流(A);

　　　n, p ——直流电动机额定转速(r/min)和磁极对数;

　　　K_D ——计算系数。一般无补偿电动机取 8~12,快速无补偿电动机取 6~8,有补偿电动机取 5~6。

(2)整流变压器的漏感

整流变压器每相折合到二次侧的漏感 L_T 可按下式计算

$$L_{\text{T}} = K_{\text{T}} \frac{u_{\text{k}}\% \, U_2}{100 \, I_{\text{d}}} (\text{mH})$$

式中　K_{T}——计算因数,三相全控桥取 3.9,三相半波取 6.75,单相全控桥取 3.18;

$u_{\text{k}}\%$ ——整流变压器短路比,一般取 5 ~ 10;

U_2—— 整流变压器二次相电压有效值(V);

I_{d}—— 晶闸管装置直流侧的额定负载电流(A)。

（3）**保证电流连续所需电抗器的电感值**

当电机负载电流小到一定程度时,会出现电流断续的现象,将使直流电机的机械特性变软。为了使输出电流在最小负载电流时仍能连续,所需的临界电感值 L_1 可用下式计算

$$L_1 = K_1 \frac{U_2}{I_{\text{dmin}}}$$

式中　K_1——临界计算系数:单相全控桥取 2.87,三相半波取 1.46,三相全控桥取 0.693;

I_{dmin}——最小负载电流平均值(A),一般取电动机额定电流的 5% ~ 10%。

（4）**限制电流脉动所需电抗器的电感值**

由于晶闸管整流装置的输出电压是脉动的,含有一定的直流分量和交流分量。通常负载需要的只是直流分量,过大的交流分量会使电机换相恶化和铁耗增加,引起过热。因此,应在直流侧串接平波电抗器限制输出电流的脉动量。将输出电流的脉动量限制在要求范围内的最小电感量 L_2 可按下式计算

$$L_2 = \frac{(U_{\text{dM}}/U_2) \times 10^3}{2\pi f_{\text{d}}} \times \frac{U_2}{S_i I_{\text{d}}} \ (\text{mH})$$

式中　U_{dM}/U_2——最低频率谐波电压幅值与交流侧相电压之比:单相全控桥 1.2;三相半波 0.88;三相全控桥 0.8;

S_i——电流最大允许脉动系数,通常单相电路 $S_i \leqslant 20\%$,三相电路 $S_i \leqslant (5 ~ 10)\%$;

I_{d}——额定负载电流平均值(A);

f_{d}——输出电流最低谐波频率(Hz),单相全控桥 100 Hz;三相半波 150 Hz;三相全控桥 300 Hz。

（5）**平波电抗器的实际电感量**

以上算出的 L_1 和 L_2 是直流负载回路中应有的总电感量,平波电抗器的实际电感量应除去电动机的电感 L_{M} 和变压器漏感 L_{T},故保证最小负载电流连续的平波电抗器的电感量为

$$L_{\text{P1}} = L_1 - (L_{\text{M}} + N L_{\text{T}})$$

限制输出电流脉动的平波电抗器的电感量为

$$L_{\text{P2}} = L_2 - (L_{\text{M}} + N L_{\text{T}})$$

式中　N——在三相桥路中取 2,其余电路取 1。

（6）**限制环流均衡电抗器的电感值**

限制环流所需的电感值 L_{R} 的计算公式为

$$L_{\text{R}} = K_{\text{R}} \frac{U_2}{I_{\text{R}}} \ (\text{mH})$$

式中　K_{R}——计算系数,与整流主电路形式有关,三相全控桥反并联电路 2.52,交叉电路 0.67;

I_R——环流平均值（A），通常取 $I_R = (3\% \sim 10\%)I_d$。

实际均衡电抗器的电感量为

$$L_{RA} = L_R - L_T$$

式中 L_T——整流变压器每相折合到二次侧的漏感。

如果均衡电流经过变压器两相绕组，计算 L_{RA} 时应代入 $2L_T$。

【例2.4.2】 某车床刀架采用小惯量 GZ-100 快速无补偿直流电动机，其额定容量 $P_D =$ 5.5 kW，$U_D = 220$ V，$I_D = 28$ A，$n = 1\,350$ r/min，$2p = 4$。采用三相桥式整流电路供电，变压器次级相电压 $U_2 = 220$ V，短路比 $u_k\% = 5$。整流器输出额定电流 $I_d = 30$ A。求当额定电流 $S_i \leqslant$ 0.05，且负载电流降至 3 A 时电流仍连续时的平波电抗器的电感量。

解 电动机电感 $L_M = K_D \dfrac{U_D}{2pnI_D}10^3 = 8\dfrac{220 \times 10^3}{4 \times 1\,350 \times 28} = 11.64$ mH

变压器漏感 $L_T = K_T \dfrac{u_k\% \ U_2}{100 \ I_d} = 3.9 \times 0.05\dfrac{220}{30} = 1.43$ mH

保持电流连续的平波电抗器电感量

$$L_{P1} = L_1 - (L_M + NL_T) = K_1\dfrac{U_2}{I_{dmin}} - (L_M + NL_T) = 0.693\dfrac{220}{3} - (11.64 + 2 \times 1.43) = 36.32 \text{ mH}$$

限制输出电流脉动的平波电抗器电感量

$$L_{P2} = L_2 - (L_D + NL_T) = \dfrac{(U_{dM}/U_2) \times 10^3}{2\pi f_d} \times \dfrac{U_2}{S_iI_d} - (L_D + NL_T)$$

$$= \dfrac{0.8 \times 10^3}{2\pi \times 300} \times \dfrac{220}{0.05 \times 30} - 11.64 - 2.86 = 47.75 \text{ mH}$$

根据以上计算，取较大者，即平波电抗器电感量应大于 47.75 mH，额定电流为 $1.1 \times 30 =$ 33 A，1.1 为安全系数。

4.3.3 电抗器的选用

平波电抗器和均衡电抗器是在带有气隙的铁芯上，采用绝缘导线绕制而成，由于电抗器有较大的工作电流通过，电抗器必须有良好的散热条件及绝缘要求。电抗器的铁芯有单相芯式和壳式，三相分为组合式和同体式、不同体式。实用中，根据额定电流和电感量选用合适的电抗器，天津某公司生产的部分平波电抗器技术数据参见表1.3.3。

第**3**篇
电力电子装置的认识实习与调试

第1章
成套电力电子装置的认识实习

1.1 开关电源

1.1.1 开关电源的基本构成

开关电源就是采用功率半导体器件作为开关元件,通过周期性通断开关,控制开关元件的占空比来调整输出电压。开关电源的构成框图如图3.1.1所示,由输入电路、变换电路、输出电路和控制电路等部分组成。

输入电路包括线路滤波器、浪涌电流抑制电路以及整流电路。线路滤波器的主要作用是衰减电网电源线进入的外来噪声。浪涌电流抑制电路主要用于抑制浪涌电流。整流电路是把输入交流变为直流,分为电容输入型和扼流圈输入型两大类,开关电源中通常采用电容输入型。

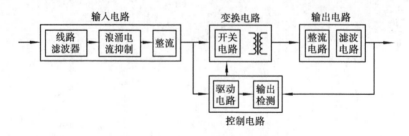

图3.1.1 开关电源的构成框图

功率变换电路是开关电源的核心部分,主要由开关电路和变压器组成。开关电路的驱动方式分为自激式和他激式两大类。功率变换电路分为非绝缘型、绝缘型和谐振型等。开关变压器因是高频工作,其铁芯通常采用铁氧体磁芯或坡莫合金磁芯。开关器件要采用开关速度快、导通和关断时间短的电力电子器件,最典型的功率开关器件有功率晶体管(GTR)、功率场效应管(MOSFET)和绝缘型双极型晶体管(IGBT)等3种。控制方式分为脉宽调制、频率调制、脉宽和频率混合调制等3种,其中最常用的是脉宽调制(PWM)方式。

控制电路的主要作用是向驱动电路提供矩形脉冲列,控制脉冲的宽度从而达到改变输出电压的目的。

　　输出电路是将高频变压器次级方波电压整流成单向脉动直流,并将其平滑成设计要求的低纹波直流电压。

1.1.2　IBM-PC 微机开关电源

　　IBM-PC 微机开关电源的外形结构如图 3.1.2 所示。其主要技术指标如下:

1)输出功率:350 W;　　　　　　　2)输入电压:220 ± 20 VAC;

3)输出电压:±5 VDC, ±12 VDC;　4)输入电源频率:50 ± 10 Hz;

5)输出稳定度:0.5%(典型值);　　6)输出电压微调范围:±10% ~ ±15%;

7)负载稳定度:1%(典型值);　　　8)纹波及噪声:1%,峰峰值(100 mV p-p 典型值);

9)过电压保护:115% ~135%;　　 10)工作环境温度: − 10 ~ +55 ℃。

　　IBM-PC 微机开关电源的电路原理框图如图 3.1.3所示,主要由输入、整流及滤波电路,辅助电源电路,主变换电路和推动电路,控制及保护电路,PG 信号产生电路,输出电路等组成。其电原理图如图 3.1.4 所示,控制电路采用 SG3524 单相 PWM 专用集成控制器,主变换电路采用 GTR 半桥式逆变器。

图 3.1.2　IBM-PC 微机开关电源外形图

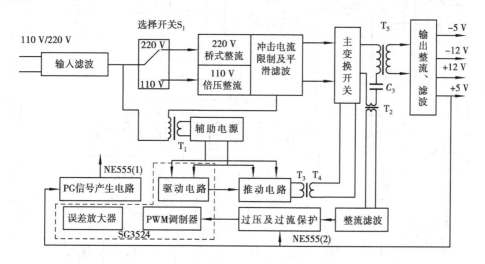

图 3.1.3　IBM-PC 开关电源原理框图

各部分的工作原理简介如下:

　　1)输入、整流及滤波电路:当 S_1 拨向 220 V 时,输入 220 V 交流电压经 BD_1 进行桥式整流,整流后的脉冲电压经 R_{T1},R_{T2} 限流,C_1,C_2 滤波后,在 C_1 正极与 C_2 负极之间得到 310 V 的直流电压,并送主变换电路。当 S_1 拨向 110 V 时,输入 110 V 交流电压经由 BD_1 和 C_1,C_2 组成 2 倍压整流滤波电路,最后也在 C_1 正极与 C_2 负极之间得到 310 V 的直流电压,并送主变换电路。

　　2)辅助电源电路:辅助电源电路主要由 T_1,VD_7,VD_8,C_1,C_2,C_{13} 等组成。当输入交流 220 V

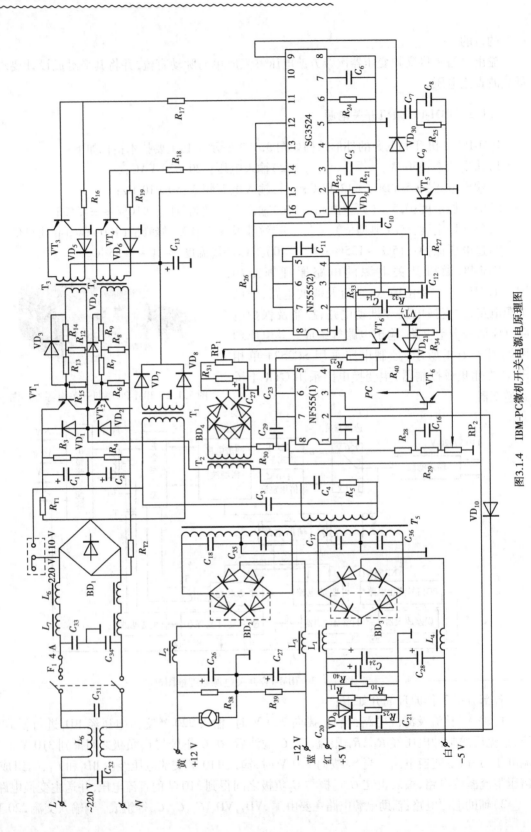

图3.1.4　IBM-PC微机开关电源电原理图

电压时,T_1 初级侧电压等于 C_1 和 C_2 的中点电压,由于 C_1 和 C_2 的容量相同,因此,初级侧电压等于 110 V;当输入交流 110 V 电压时,T_1 初级侧经 S_1 直接接 110 V 两端。因此,两种电压工作方式下,T_1 初级侧电压均为 110 V。T_1 次级两个绕组的交流输出电压为 12 V,经 VD_7,VD_8 全波整流,C_{13} 滤波后输出约 15 V 的直流电压,为 SG3524 和推动电路提供工作电压。

3)主变换电路和推动电路:SG3524 单相 PWM 专用集成电路的 11 和 14 脚,输出两路相位差 180°的调宽脉冲分别送至 VT_3 和 VT_4 的基极,经 VT_3 和 VT_4 放大,T_3 和 T_4 耦合分别送至 VT_1 和 VT_2 的基极回路,控制 VT_1 和 VT_2 轮流导通。并保留一定宽度的死区间隔,以防止 VT_1 和 VT_2 同时导通。这样,由于 VT_1 和 VT_2 轮流通、断,就会在 T_5 次级各绕组上获得方波电压,再经输出整流及滤波网络后得到主机所需的 4 组电压。

C_4 和 R_5 为消振电路,其作用是滤除 T_5 初级回路中的尖峰高频干扰。C_3 是防止由于桥臂参数不完全对称而引起的 T_5 偏磁饱和现象。VD_1,VD_2 和 VD_5,VD_6 为保护二极管,VD_3,VD_4 为 VT_1,VT_2 基极保护二极管。在 VT_1,VT_2 由饱和转为截止时,T_3,T_4 次级绕组上感应的反向电压经过 R_{15},VD_3 或 R_6,VD_4 进行泄放,防止 VT_1,VT_2 发射被反向击穿,同时也可加速 VT_1 和 VT_2 由饱和到截止的转换,有效地防止共态导通的发生。

4)控制及保护电路:稳压电路由 R_{21},R_{22},R_{28},R_{29},RP_2 以及 SG3524 内误差放大器等组成,SG3524 的 16 脚输出的 +5 V 基准电压经 R_{21},R_{22} 分压后,为误差放大器的同相输入端 2 脚提供 2.5 V 的参考电平;+5 V 输出端经 R_{28},R_{29},RP_2 分压后作为输出电压反馈信号送至误差放大器的反相输入端 1 脚,若由于某种原因引起 +5 V 输出电压升高时,1 脚电压也随之升高,内部误差放大器的输出电压下降,此电压加到 PWM 脉宽调制器的反相输入端,控制脉宽调制器使 11 和 14 脚输出脉冲宽度变窄,相应地 VT_3,VT_4 和 VT_1,VT_2 导通时间变短,T_5 次级绕组上的方波脉冲变窄,经整流后所得平均电压下降,使得 +5 V 输出电压保持稳定。相反,若 +5 V 输出电压下降,1 脚电压也随之下降,内部误差放大器输出电压升高,此电压加到 PWM 脉宽调制器的反相输入端,控制脉宽调制器使 11 和 14 脚输出脉冲宽度变宽,相应地 VT_3,VT_4 及 VT_1,VT_2 导通时间变长,T_5 次级各绕组上的方波脉冲变宽,经整流后所得平均电压升高,使得 +5 V 输出电压保持稳定。

保护电路有过流保护和过压保护:过流保护电路由 T_2,BD_4,R_{30},R_{31},RP_1,VT_6 以及 NE555(2),VT_5,VD_{30} 等组成,如图 3.1.5 所示。当流经 T_5 初级也就是流经 T_2 初级的电流在正常工作范围内,可调节 RP_1 使 VT_6 处于临界放大状态。若由于某种原因引起 T_5 初级电流突增时,T_2 次级绕组电压经 BD_4 整流,C_{27} 滤波,RP_1 分压后使 VT_6 正偏而饱和导通,于是 C_{14} 上的电压经 VT_6 放电,使 NE555(2) 的 2 脚电位变低,3 脚输出高电平,使 VT_5 饱和导通,VD_{30} 导通,SG3524 的 9 脚被拉为低电平,此电平加到 PWM 调制器的反相输入端,使其 11 与 14 脚输出脉宽为零,于是 VT_3,VT_4 及 VT_1,VT_2 均截止,各路电压无输出,保护电路动作。当过流解除后过一定时间电路恢复正常工作状态。

过压保护电路由 VD_{21},R_{34},VT_7 及 NE555(2),VT_5,VD_{30} 等组成。当输出 +5 V 电源在正常范围时,VT_7 截止,保护电路不动作。若由于某种原因使输出电压超出正常范围时,VT_7 导通,C_{14} 放电,使 NE555(2) 的 2 脚电位变低,3 脚输出高电平,保护电路动作。

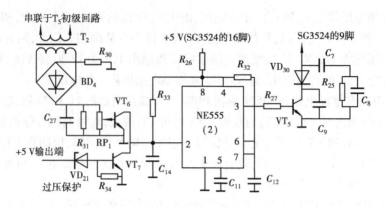

图 3.1.5　过流、过压保护电路

1.2　UPS 不间断电源

1.2.1　UPS 不间断电源的基本结构

不间断电源装置 UPS(Uninterruptible Power Systems),就是当交流输入电源发生异常或断电时,它还能继续向负载供电,并能保证供电质量,使负载用电不受影响。

随着电力半导体技术的发展,静止式不间断电源的应用日趋广泛,最初它采用工频方波逆变,通过谐波滤波,实现正弦电压输出。近十多年来,随着高速开关技术和全控器件的成熟,如功率 MOSFET 和 IGBT 的应用使得不间断电源朝着小型化、高频化方向发展,效率大大提高,性能更加完备。目前,在计算机网络系统、邮电通信、银行证券、电力系统、工业控制、医疗、交通以及航空等领域得到了广泛应用。

UPS 有很多种类,主要分为两大类三种形式:一类是后备式,另一类是在线式,还有一种介于两者之间的在线互动式。也可以以逆变技术来分,如双变换器式、交互式、铁磁阶振式。

后备式不间断电源(off line UPS,或称 back-up UPS),是一种结构简单、运行可靠性高的后备电源系统。它一般由逆变器、充电器、交流稳压器(AVR)、电源滤波器(EMI)、转换开关等构成,如图 3.1.6 所示。当市电正常时,市电经过输入电源滤波器(EMI),交流稳压器(AVR)后分为两路。一路通过转换开关,由输出端电源滤波器(EMI)输出;另一路经过充电器对后备电池充电。当市电异常时,启动逆变器,转换开关转向逆变器,UPS 将蓄电池提供的直流电能变换成稳压、稳频的交流电压。这种电源的特点是:当市电正常时,只通过交流稳压器直接供给负载,对市电噪音以及浪涌的抑制能力较差;存在转换时间;保护性能较差;但结构简单,体积小,重量轻,控制容易,成本低。

在线式 UPS 主要由整流器、逆变器、静态转换开关和后备电池等组成,如图 3.1.7 所示。当市电正常供电时,市电经滤波回路后,分为两个回路同时动作,一是经充电器对电池组充电,另一路则是经过整流器整流后,输入到逆变器,再经过逆变器的转换提供电力给负载使用。因此,在线式不间断电源系统的输出完全由逆变器来供应,其电压、波形频率由 UPS 本身控制,不论市电电力品质如何,其输出均是稳定而不受任何影响,具有稳压、稳频、净化和不间断等功

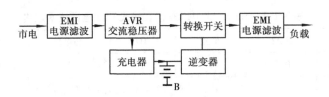

图 3.1.6　后备式不间断电源框图

能。这种电源的特点是：输出的电压经过 UPS 处理，输出电源品质较高；无转换时间；保护性能好，对市电噪音以及浪涌的抑制能力强；但结构复杂，成本较高。在线式不间断电源（on line UPS）目前有两种典型的形式，采用工频变压器在线式和高频链超小型在线式，具体介绍见后面应用实例。

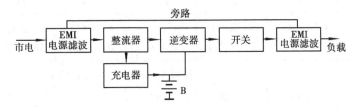

图 3.1.7　在线式不间断电源框图

在线互动式 UPS 的结构框图如图 3.1.8 所示，主要由交流稳压器、逆变器、充电器、蓄电池组和交流切换开关等组成。市电正常时经交流稳压器后直接输出给负载，同时，通过充电器给蓄电池组充电。当市电掉电时，逆变器则将电池能量转换为交流电输出给负载。这种电源的特点是：UPS 电池充电时间短；存在转换时间；保护性能介于在线式和后备式之间，对市电噪音以及浪涌的抑制能力较差；控制结构复杂，成本较高。

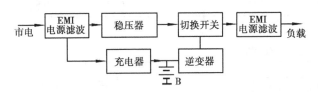

图 3.1.8　在线互动式不间断电源框图

图 3.1.9　Santak UPS 不间断电源外形图

1.2.2　Santak M2000 型在线式 UPS 不间断电源

Santak 在线式 UPS 不间断电源的外形结构如图 3.1.9 所示，其主要技术指标如表 3.1.1 所示。

Santak（山特）牌 M2000 型在线式 UPS 电源取消了第一代 UPS 电源中的电力变压器，逆变器输出驱动电路中的功率放大器件采用 IGBT 功率开关器件，构成在线式 UPS 电源，它的输出功率在 1~10 kVA 之间。其原理框图如图 3.1.10 所示。

当市电供电正常时，220 V 市电经输入滤波器、继电器 RY_1 的常开触点，被送到下述控制电路：

第一路：市电电源经充电器向标称端电压为 60 V 的蓄电池组（由 5 节 12 V/6 Ah 阀控免维护电池串联而成）提供幅值为 68 V 的充电电压，从而将蓄电池组置于浮充状态。

第二路：市电电源经整流滤波器变换成两路直流电源，其幅值分别为 310 V 和 -310 V。

表 3.1.1　Santak 牌 M2000 型在线式 UPS 电源技术规格

型　号	2022	2052	2072	2082	2092	2112
标称输出功率/kVA	0.5	1	2	3	6	10
市电输入范围	184 ~ 264 V(220, −16%, +20%)					
市电输入频率	50 Hz					
输出特性 电压稳定度	220 V ±2%					
频率稳定度	50 Hz ±0.5%(市电供电中断时)					
过载能力	150% 额定负载,维持 25 s					
蓄电池组 电压/V	24	60	120	144	240	240
电池组供电时间/min	4.5(满载) 10(半载)	8(满载) 20(半载)	10(满载) 25(半载)	8(满载) 20(半载)	7(满载) 18(半载)	7(满载) 17(半载)
充电时间	10 小时充至 90% 额定容量					
噪音/dB	<40	<45	<45	<50	<55	<55
通信接口	Nover11 接口 + RS232 接口					
工作温度/℃	0 ~ 40					
环境湿度	30% ~ 90%(不结露)					
重量/kg	11.5	25	45	55	95	165
尺寸(长宽高)/cm³	143 ×445 × 190	190 ×450 × 263	190 ×460 × 468	190 ×525 × 468	260 ×600 × 650	340 ×650 × 1 000

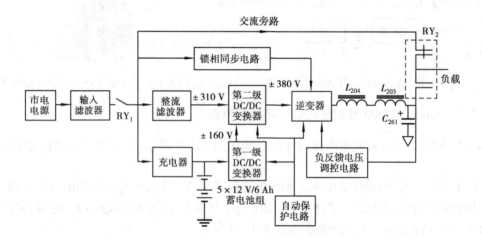

图 3.1.10　Santak 牌 M2052 型在线式 UPS 电源原理框图

±310 V直流电源被送到第 2 级 DC/DC 变换器的输入端。当市电供电中断时,由 60 V 蓄电池组经第 1 级 DC/DC 变换器处理后得到的 ±160 V 直流电源,也送到第 2 级 DC/DC 变换器的输入端。利用第 2 级 DC/DC 变换器将上述两种可能出现的幅值相差很大的直流电源统一变换成幅值为 ±380 V 的直流高压。直流高压电源被送到由 IGBT 管所组成的半桥驱动电路,将来自控制电路的正弦脉宽调制信号功率放大成具有相同调制波形的交变电源,该交变电源被直接送到由电感 L_{203} 和 L_{204} 及电容 C_{261} 组成的典型 T 型滤波器滤波后,得到正弦波电源。这路正弦波电源在被送到转换继电器 RY_2 的常开触点的同时,还经负反馈电压调控电路对逆变器进行控制,以便确保逆变器电源处于稳压输出状态。

第三路:市电电源经锁相同步电路对逆变器进行调控,以确保逆变器电源与市电电源的频率和相位都处于严格的同步跟踪状态。

第四路:市电电源直接经交流旁路供电通道送到转换继电器 RY_2 的常闭触点上。

(1)充电器电路

Santak 牌在线式 UPS 的蓄电池充电器电路如图 3.1.11 所示。该电路的主要任务是:将 220 V 的市电电源变成能对标称端电压为 60 V 的密封式免维护电池(5×12 V/6 Ah 电池组)提供幅值为 68 V 左右的直流稳压电源。市电电源分别经 CN17-1、CN17-2 插座输入,再经启动限流热敏电阻 NTC_{201} 和 NTC_{202},送到输入继电器 RY_1 的两个常开触点上。当用户闭合位于控制面板上的开关 K 后,RY_1 的两个常开触点就进入闭合状态。此时,市电电源经由 C_{223},L_{207},C_{224},共扼圈 L_{206},C_{244},C_{265} 及 C_{238} 所组成的低通滤波器,送到全波整流桥 RCE_{201}(S2W10GS)的

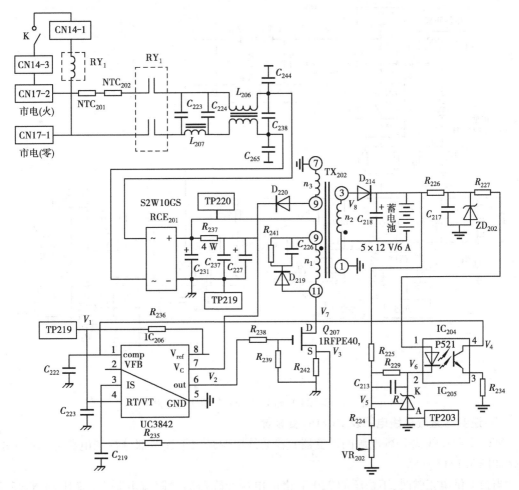

图 3.1.11　充电器电路

交流输入端。这样,就能在由 RCE_{201} 和滤波电容 C_{231} 所组成的整流滤波器的输出端得到幅值为 300 V 左右直流高压电源,并分两路去控制后级电路的正常运行。

经 R_{237},C_{237} 和 C_{227} 所组成的积分电路,向 IC_{206}(UC3842)的 7 脚馈送直流辅助电源。经高频变压器 TX_{202} 的原边绕组 n_1 送到 MOS 管 Q_{207}(1RFPE40)的漏极(D)上。C_{226},R_{241} 和 D_{219} 为阻容衰减电路,为抑制 Q_{207} 漏极上可能出现的尖峰干扰脉冲。

充电电路是以 UC3842 电流型脉宽调制组件为核心的开关电源所构成,自动稳压调控电路是由以 R_{225},R_{224},电位器 VR_{202} 和 IC_{205}(LM431)组成的电压负反馈调控电路。由串联在 MOS 管源极输出端的电流取样电阻 R_{242} 以及由 R_{235} 和 C_{219} 所组成的小时间常数积分电路共同组成充电器电源的输出电流负反馈通道。

(2)12 V 和 24 V 直流辅助电源

M2052 型在线式 UPS 内所用的 24 V 和 12 V 直流辅助电源电路如图 3.1.12 所示。其中的 12 V 直流辅助电源将负责向机内的各个控制组件馈送直流辅助电源。连接在 CN15-2 和 CN15-1 之间的幅值为 60 V 的蓄电池电源,经保险丝 F_{201} 分两路去控制后级电路的运行。

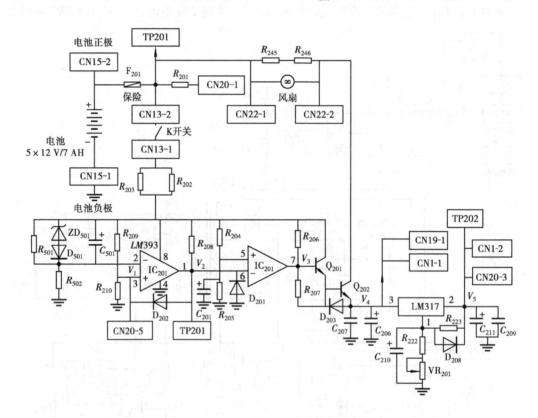

图 3.1.12　24 V 和 12 V 直流铺助电源电路

(3)逆变器直流总线电源及 DC/DC 变换器

M2052 型在线式 UPS 电源的逆变器直流总线电源是由下述两部分控制电路分别产生的。电路如图 3.1.13 所示。

当市电供电正常时,不稳压的 220 V 市电电源经降压启动限流电阻 NTC201 和 NTC202,RY1 的常开触点以及由 C_{233},L_{207},C_{224},L_{206},C_{238},C_{244} 和 C_{265} 所组成的 RFI/EM1 滤波器,保险丝

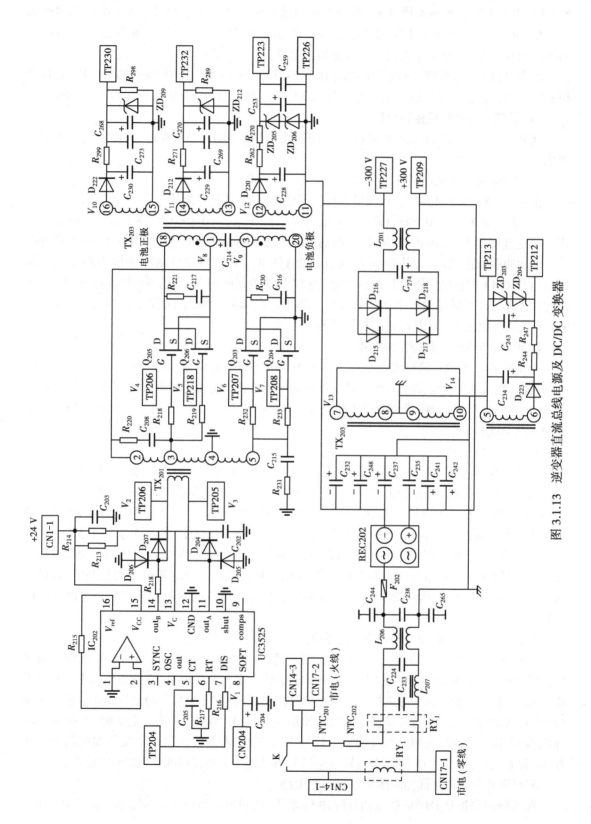

图 3.1.13　逆变器直流总线电源及 DC/DC 变换器

F_{202} 送到 REC202 全波整流桥整流,再经正电源滤波电容 C_{235},C_{241} 和 C_{242} 及负电源滤波电容 C_{237},C_{248} 和 C_{232} 所组成的双电源滤波电路滤波后,分别从 TP227 和 TP209 向第二级 DC/DC 变换器送出幅值为 ±300 V 左右的两路直流高压电源。

当市电供电不正常时,由以脉宽调制组件 SG3525(UC3525)为核心构成的 DC/DC 直流变换器电路,将幅值为 60 V 的蓄电池直流电源变换成两路幅值为 ±160 V 左右的直流电源。

(4)正弦脉宽调制级控制电路

M2052 型在线式 UPS 电源的正弦脉宽调制器电路如图 3.1.14 所示,主要由如下五部分组成:

1) 50 Hz 基准正弦波信号发生器

由 IC_{110}(NE555)及其周围元件组成自激多谐振荡器,其振荡周期为:

$$T = T_{充电} + T_{放电} = 0.693\big[(R_{165} + VR_{104} + R_{163}) \cdot C_{140}\big] + 0.693(R_{163} \cdot C_{140}) = 25 \ \mu s$$

用户可通过调整 VR_{104} 在 IC_{110}(NE555)的输出端 3 脚得到幅值为 12 V,周期为 25 μs 的脉冲串 V_1。V_1 脉冲串被送到双"二进制递增计数器"组件 IC_{111}(MC14520)的时钟输入端 1 脚。从 IC_{111} 的 Q_2 端 13 脚输出周期为 1.3 ms,幅值为 12 V 的控制脉冲串,被送到由厚膜组件 MIC8608 所组成的基准正弦波信号发生器的输入端 6 脚上。在 MIC8606 的 11 脚上得到幅值在 2.8 ~ 9.2 V 之间变化的 50 Hz 基准正弦控制信号 V_7。

2) 50 Hz 市电同步跟踪控制电路

为了使 UPS 电源在执行市电交流旁路电源供电与逆变器电源供电切换操作时是安全可靠的,要求在市电供电正常时,UPS 的逆变器电源应该与市电电源保持严格的同步跟踪的状态。为此,可通过使从 MIC8606 厚膜组件的 11 脚所输出的 50 Hz 基准正弦被信号 V_7 同步跟踪市电电源来达到此目的。

3) 三角波发生器

由于来自 IC_{110}(NE555)自激多谐振荡器组件输出端 3 脚的周期为 25 μs 的 V_1 控制信号不是方波脉冲串。为此,可先将 V_1 送到由 D 型触发器组件 IC_{111}(MC14520)的时钟输入端 1 脚上,在 IC_{111} 的 Q_0 端 3 脚可得到周期为 50 μs 的方波脉冲串 V_{13}。V_{13} 经 C_{114} 和 R_{125} 输入电路被馈送到由运算放大器组件 IC_{104}(TL072)及其周围元件所组成的三角波发生器的反相输入端 6 脚上。在此条件下,可从 IC_{104} 的输出端 7 脚上得到幅值在 2.6 ~ 9.4 V 之间变化的三角波控制信号 V_{14}。利用连接在 IC_{104} 的同相端 5 脚上的由 R_{128},R_{129},R_{131} 和 VR_{101} 所组成的控制电路,可以调节中心值为 6 V 的三角波的输出幅值,来确保逆变器正弦波电源的正半波和负半波的幅度对称。

4) 正弦脉宽调制脉冲(SPWM)发生器电路

来自 IC_{104} 输出端 7 脚的频率为 20 kHz 的三角波信号 V_{14},经 R_{122} 送到由电压比较器组件 IC_{103}(LM339)的同相端 5 脚上的同时,来自 IC_{104} 的输出端 1 脚的 50 Hz 正弦波信号 V_{16},经电阻 R_{124} 被馈送到比较器的反相端 4 脚上。这样,就能在比较器的输出端 2 脚上得到正弦脉宽调制(SPWM)脉冲串 V_{17}。V_{17} 被直接馈送到反相器组件 IC_{106}(CD4049)的输入端 9 脚上,在 IC_{106} 的输出端 10 脚上得到被反相处理过的控制信号 V_{18}。V_{18} 送入 IC_{106} 的另一个反相器电路的输入端 14 脚上,而在输出端 15 脚上得到另一路与 V_{18} 的相位正好相差 180° 的脉宽调制信号 V_{19}。

5) SPWM 脉宽调制脉冲的前沿延迟控制电路

在两路相位相差 180° 的脉宽调制脉冲 V_{18} 和 V_{19} 的输出电路中,D_{103},R_{106} 和 C_{103} 及 D_{102},R_{105}

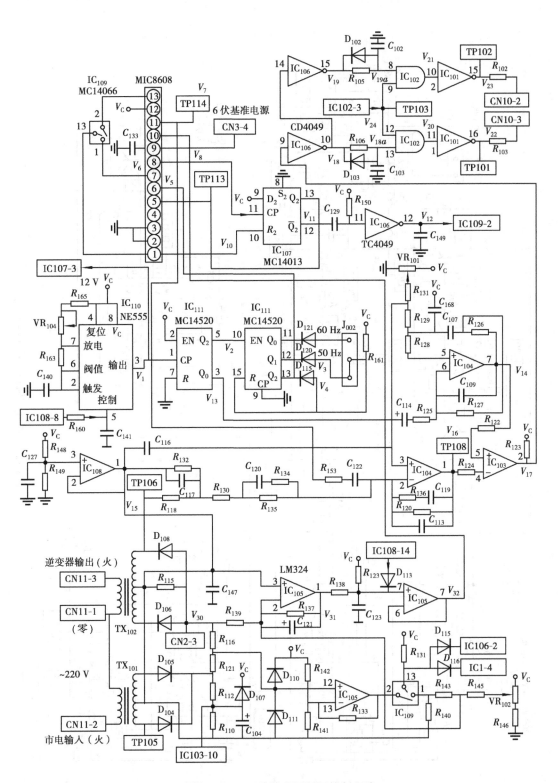

图 3.1.14　正弦脉宽调制级控制电路

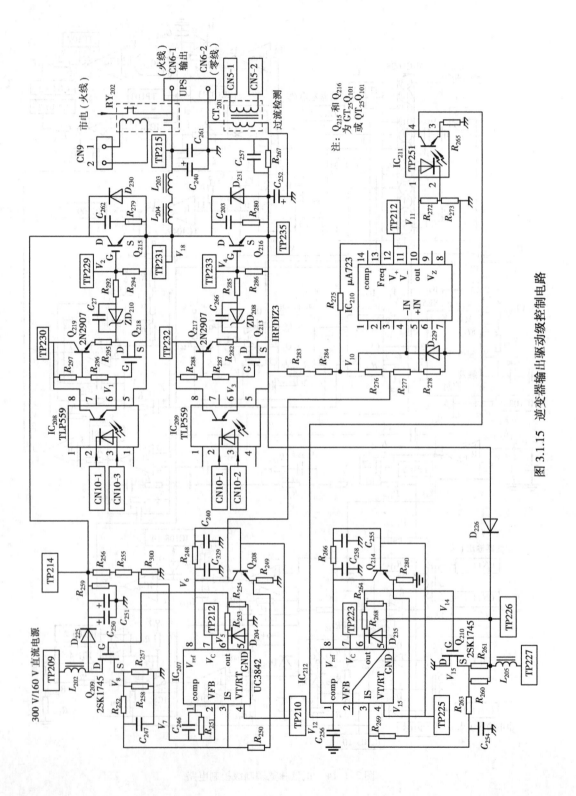

图 3.1.15 逆变器输出驱动级控制电路

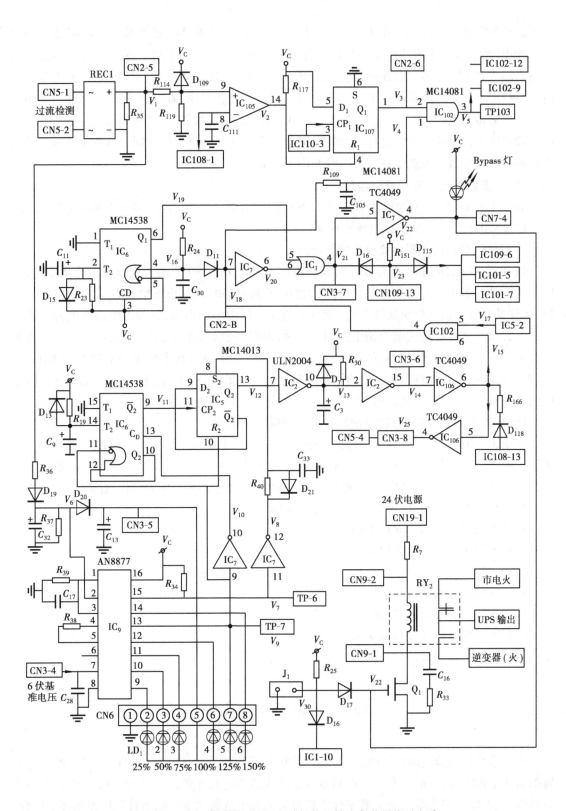

图 3.1.16 UPS 的延迟启动、自动保护及输出负载量指示电路

和 C_{102} 组成两路单向脉冲前沿延迟电路,用来将 V_{18} 和 V_{19} 脉冲变成前沿被积分电路延迟处理的脉冲串,然后被分别送到两输入与门组件 IC_{102}（MC14081）的 13 和 8 脚上。而 IC_{102} 的另两个输入端 9 和 12 脚,被同时连接到受控于 IC_{102} 的 3 脚的 TP_{103} 处。当 UPS 电源处于正常工作时,出现在 TP_{103} 处的控制信号 V_{24} 为 12 V 高电平。在此条件下,在这两个 IC_{102} 组件的输出端将得到前沿被延迟的 V_{20} 和 V_{21} 调制脉冲。V_{20} 和 V_{21} 被直接馈送到功率驱动门组件 IC_{101}（ULN2004）进行功率放大。这样,就可在 TP_{101} 和 TP_{102} 处分别得到两个同时具有脉冲前沿被延迟处理和被功率放大的脉宽调制驱动脉冲串 V_{22} 和 V_{23}。

（5）逆变器输出驱动级控制电路

如图 3.1.15 所示,M2052 型在线式 UPS 的逆变器驱动控制电路主要有两部分电路构成:

1）±390 V 稳压直流总线电源形成电路;

2）半桥驱动型逆变器功放及滤波器电路。

以 IC_{207},Q_{209},D_{225} 和 C_{250} 为核心构成一路输出电压为 +390 V 的升压型直流稳压电路,以 IC_{212},Q_{210},D_{226} 和 C_{252} 为核心构成另一路输出电压为 −390 V 的升压型负直流稳压电路。这样,送到逆变器半桥功放驱动器上的 ±390 V 直流稳压电源的电压,就与市电输入电源是否正常毫无关系。来自脉宽调制控制电路的两路脉冲前沿被延时处理过的、相位相差 180°的控制信号 V_{22} 和 V_{23} 经光电耦合器电路处理后,被分别送到位于逆变器半桥驱动电路中的 IGBT 管 Q_{215} 和 Q_{216} 的栅极上。被功率放大的脉宽调制型交变电源,再经由 L_{203} 和 L_{204} 及 C_{240} 和 C_{261} 所组成的滤波器后,即可得到纯正的 50 Hz,220 V 的稳压正弦波逆变器电源。

（6）UPS 的延迟启动、自动保护及输出负载量指示电路

如图 3.1.16 所示。设置自动保护电路的目的是,一旦在 UPS 电源的运行中,当遇到会造成逆变器、整流器、蓄电池组等关键部件可能被损坏的潜在故障因素时,应及时迅速地切断其相关控制信号的输入,将被保护的硬件置于关机状态,以免造成 UPS 的硬件故障进一步扩大。

在 M2052 型在线式 UPS 中所配置的保护电路有:

1）电池电压过低自动保护电路;

2）UPS 输出短路自动保护电路;

3）UPS 输出负载量百分比指示电路及过载输出控制电路;

4）UPS 的过流输出自动保护电路;

5）UPS 逆变器故障自动关机保护电路;

6）UPS 逆变器温升过高自动保护电路;

7）UPS 逆变器开机延迟 4 s 启动电路。

1.3　蓄电池充电装置

电力系统用直流电源是发电厂、电站用于断路器等开关操作和继电保护、控制、通信等装置的直流工作电源,一般由充电装置和蓄电池组成直流电源系统。自从半导体器件作为整流器件以来,直流电源系统经历了整流管整流器加饱和电抗器调压和晶闸管调压控制两个阶段,现在越来越多地采用高频开关电源作为充电电源的工作系统。

1.3.1　高频开关电源充电装置的特点

用高频开关电源代替晶闸管相控电源组成的充电装置,因其效率高、体积小、输出参数及动态特性好,并且调节控制方便,在电力系统和通信系统中得到了越来越广泛的应用。表 3.1.2 给出了这几种充电装置的主要性能指标比较。特别是高频开关电源充电装置在使用了单片机控制后,可以方便地对充电参数进行设置和控制,如果配以通信接口,与监控中心的上位机联网,可实现无人值守的"四遥"(即遥信、遥测、遥调、遥控)控制。

表 3.1.2　高频开关电源与相控整流电源充电装置性能比较

	器件工作频率/Hz	纹波系数/%	稳压精度/%	稳流精度/%	动态响应/ms	噪声/dB	效率/%	功率因数	重量比	体积比
高频开关电源	20～500 k	0.1～0.5	±(0.2～0.5)	±(0.2～0.5)	≤0.2	40～50	90	0.9	~0.1	~0.2
硅整流电源	50	2～5	2	2	>100	60	<40	0.5	>1	>1
晶闸管直流电源	50	2	1～2	1～2	>100	60	60～70	0.7	1	1

1.3.2　蓄电池充电类型及方式

蓄电池多用酸性(铅)蓄电池和碱性(镍镉)蓄电池,按充电类型可分为三类(以单体电压为 2 V 的酸性蓄电池为例)。

1)浮充电:是在蓄电池携带负载的同时,进行补充充电。浮充电压以 2.15 V/每格电池左右为宜,希望充电电压稳定度高一些。

2)均衡充电:对浮充电状态下的蓄电池,为了消除工作中产生的硫酸铅对电池的不良影响,隔 2～3 个月,要对电池作一次均衡充电。充电电压 2.26～2.40 V/每格电池,并保持几个小时,同时要搅拌电解液。

3)补充电:是对在交流断电情况下工作一段时间的蓄电池进行补充电能的充电。为缩短充电时间,先应短时以 2.4 V/每格快速充电,然后再恢复到 2.15 V/每格的浮充电。

按充电方式可分为四种:

1)稳流充电方式:以恒定的充电电流向蓄电池充电。该方式在充电初期没问题,但在充电后期,如不及时切断充电,则会过充电而损坏电池。

2)稳压充电方式:以恒定电压向蓄电池进行充电。该方式充电初期电流大,然后逐渐减小,能在较长时间内保持最佳充电状态,但要求整流器容量大。

3)准稳压充电方式:是采用增大电压调整率来限制电流的方式。

4)稳压稳流充电方式:在充电初期按稳流方式充电,当电池达到产生气体时,再按稳压方式充电。是采用较多的典型充电方式。

一般要求充电装置具有以下基本功能:

1)稳压精度要高,在浮充电时电压波动应 $< \pm 1.5\%$。

2)能方便地自动调节充电电压,从蓄电池放电完毕时的电压 1.7 ~ 1.8 V/每格,到均衡充电时的 2.26 ~ 2.4 V/每格。

3)输出电压-电流特性要具有限制过流的下垂特性,在 120% 额定电流时,电压下降。

1.3.3 JZ-Ⅲ型高频开关逆变整流充电机

JZ-Ⅲ型高频开关逆变整流充电机是哈尔滨九洲高技术集团公司电力电子设备厂的产品。主要适应于电力系统发电厂、变电站及工矿企事业单位的变、配电室直流电源蓄电池组的充电。它应用高频开关(500 kHz)逆变式整流原理和零电流开关技术,采用第二代 P-MOSFET 和 SG3525A 芯片及高频开关逆变式整流原理,取消了传统充电器中的工频变压器、电抗器和可控硅等器件,大大减少了体积,消除了可控硅因换向速度慢对保护产生的干扰信号,和对交流电源产生的电磁干扰,消除噪声,效率大于 85%,具有可靠性高,安全性好,使用方便,保护功能齐全等优点,尤其是对蓄电池寿命的影响,远远优于其他形式的充电器。

JZ-Ⅲ型高频开关逆变式充电机的主要技术指标及特点为:

1)输入电压:AC380 V $\pm 15\%$,50 Hz;

2)系统输出电压:DC220 V,110 V,48 V;

3)纹波系数: $< 1\%$;

4)稳流精度: $< 1\%$;

5)稳压精度: $< 1\%$;

6)效率: $> 85\%$,比传统充电器节能 40%;

7)噪音低: $\leqslant 30$ 分贝;

8)容量大:单机容量 10 kW,可实现多机按 $n + 1$ 方式并联充电;

9)体积小:仅为传统充电器的 1/4,5 W/英寸;

10)重量轻:仅为传统充电器的 1/6,1.5 kg/kW;

11)操作简单:不需现场调试,合上工作开关即可。

JZ-Ⅲ型高频开关逆变式充电机的主电路电原理图如图 3.1.17 所示。

其工作原理为:开机时,输入的三相交流电经过交流滤波后,进行工频全波整流,直流滤波,用 P-MOSFET 高频逆变,然后再经过高频整流和滤波,输出纹波系数 $< \pm 1\%$ 的高品质的直流电。当有输出时,经过莱姆公司生产的霍尔元件采样后,把直流电压信号、电流信号、电池充放电信号均反馈到逻辑选择回路,自动选择充电方式,LED 显示运行工作状态。

在正常运行时,充电器工作在浮充稳压状态,即充电器在向负载供电的同时,也向蓄电池浮充电。当交流电因故停电时,充电器停止工作,可由蓄电池以不间断方式供电。当交流自动恢复时,充电器以均衡充电方式充电,电池容量充满后,充电器又返回到浮充稳压状态。

充电程序:

1)初充电:新电池放 6 个月以后,投入使用前一般要电池充电和活化处理。把充电机面板开关 S_2 拨到手动位置,即可进行对电池初充电。初充电采用限流($I_0 = I_{oz}$)、恒压($V_0 = V_{oz}$)两阶段充电,即开始时恒流充电($I_0 = 0.1C_{10}(A)$),当达到 V_{OC}($V_{OC} = 2.35 \times n(V)$)时,便自动转入恒压方式充电。

2)自动充电:S_2 开关拨到自动位置时,即为自动充电状态。这时充电机工作在稳压限流运

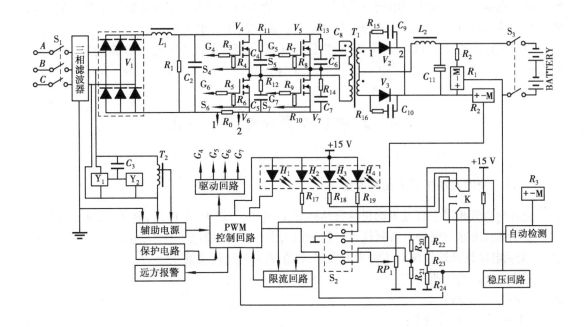

图 3.1.17　JZ-Ⅲ型高频开关逆变式充电机的主电路电原理图

行方式,它为经常负载提供电流的同时,也向电池浮充电。当电池组亏容或人为放电后,充电器自动转入主充状态,先以恒流 $I_0 = 0.1C_{10}(\mathrm{A})$ 充电,然后以恒压 $V_{\mathrm{OC}} = 2.35 \times n(\mathrm{V})$ 充电,当补充到额定容量后,便自动转入浮充工作状态 $V_0 = 2.25 \times n(\mathrm{V})$。事故放电后,由于采用精度极高的霍尔元件对电池放电电流进行采样,可以精确补充放电量,不需要人为计算和控制,保证了电池既不亏容,也不过充,大大延长了电池的使用寿命。其典型充电曲线如图 3.1.18 所示。

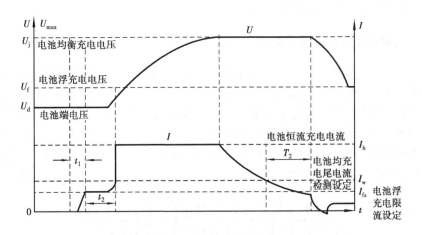

图 3.1.18　电池充电特性曲线

充电机操作过程:

首先合上交流输入开关 S_1,再合上 S_3,开机由启动电路决定。首先工作于均衡状态,均衡充电时,继电器 K 不动作,主充指示灯 H_4(红)亮。充电器恒流充电,当达到主充电压时自动转入恒压充电。当恒压主充电流下降到主充电流的 40% 以下时,由电流检测电器控制,自动转入浮充状态,继电器动作,同时浮充指示灯 H_3(蓝)亮,主充电完毕。

当已运行的直流系统浮充电流达到主充电流的 85% 以上时,电路将自动转达入主充状态。

1.4 电磁转差离合器调速装置

1.4.1 交流电动机调速基本原理

交流电动机相对于直流电动机具有结构简单,单机容量大,电压高,转速高,无整流子,惯量小,成本低,维修方便等一系列优点。随着电力电子技术、微电子技术、电动机和控制理论的发展,交流电动机调速系统有了很大的发展,正在成为调速传动的主流。

交流电动机的转速公式: $\quad n = 60f(1-s)/p$

式中 p——极对数;

f——供电电源频率;

s——转差率(同步电动机 $s=0$)。

因此,交流电动机有三种基本的调速方法:

1)改变极对数 p:变极对数调速属于此类型;

2)改变转差率 s:定子调压调速、转子串电阻调速、线绕转子电动机串级调速和双馈电动机调速、电磁转差离合器调速等调速方式属于此类型;

3)改变供电电源频率 f:变频变压调速和无换向器电动机调速属于这种类型。

交流电动机有异步电动机和同步电动机两大类,又各有不同的调速方法。下面仅介绍交流异步电动机转差离合器调速装置。

1.4.2 电磁转差调速电动机系统

电磁转差离合器调速系统由异步电动机、电磁转差离合器和晶闸管励磁电源,以及控制部分组成,如图 3.1.19 所示。其中晶闸管励磁电源功率较小,常用半波或全波晶闸管电路来控制转差离合器的励磁电流。电磁转差离合器调速装置的线路简单、运行可靠、价格低廉,对电网、电动机均无谐波影响。闭环控制时,调速范围达 $1:10$,精度为 2% 左右,但转差损耗大,效率低,负载端速度损失大(电动机同步转速的 80% ~ 85%),多应用于几百瓦 ~ 几百千瓦的一般工业传动和风机、泵类负载的节能传动。

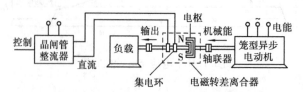

图 3.1.19 电磁转差调速电动机系统的组成

1.4.3 JD1ⅡA型电动机调速控制器

电磁调速电动机也叫滑差电动机,在工业生产中应用很多,特别是在玻璃、塑料编织、化工等行业用量很大。JD1ⅡA型电动机调速控制器主要用于这种电动机的速度控制,实现恒转矩无极调速。当负载为风机、泵类时,有明显的节电效果。

主要技术指标:

电源电压:220 V±10% 频率50~60 Hz;　　　　最大励磁电压:90 V;

可控电机功率:11~40 kW;　　　　　　　　　最大励磁电流:5 A;

测速发电机:三相中频电压转速比≥2 V/100 r/min;　转速变化率:≤2.5%;

调速范围:100~1 420 转/分;　　　　　　　稳速精度:≤1%。

电路工作原理:

调速控制器由主回路、转速调整、测速负反馈、触发电路等环节组成。JD1ⅡA型电动机调速控制器,其电原理图如图3.1.20所示。

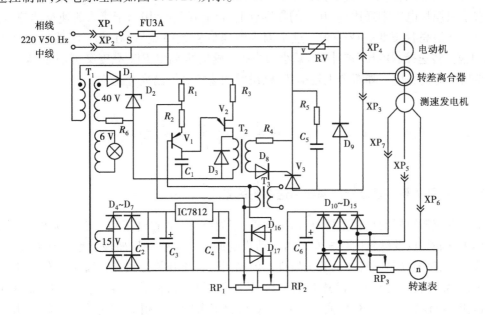

图3.1.20　JD1ⅡA型调速控制器电原理图

(1)工作原理

1)主回路

主回路控制转差离合器励磁线圈的电流。回路为:电源相线-XP$_1$-熔断器 FU-XP$_4$-转差离合器励磁线圈-XP$_3$-晶闸管 V$_3$-电源中线。D$_9$ 为续流二极管,用于泄放励磁线圈的储能。

2)转速调整与测速负反馈电路

变压器 T$_1$ 次级15 V电压经 D$_4$~D$_7$ 整流,三端稳压器 LM7812 稳压后,加到转速调整电位器 RP$_1$ 上,由 RP$_1$ 进行转速调整。测速发电机输出的三相电压经 D$_{10}$~D$_{15}$ 整流,形成与调速电机转速呈线性关系的直流电压,加到电位器 RP$_2$ 上,由 RP$_2$ 进行转速负反馈调整。从 RP$_1$ 和 RP$_2$ 两个电位器中心头间取得的"转速控制电压"送到触发电路,用于控制晶闸管的导通角,达到调节调速电动机转速的目的。

3）触发电路

触发电路由 D_1，D_2 整流削波电路，以及 V_1、V_2、脉冲变压器 T_2 等元件组成。经 R_1，R_2 和 V_1 给 C_1 恒流充电，三极管 V_1 的 I_C 随"转速控制电压"的变化而变化，因此，调整 RP_1 和 RP_2 都会改变 C_1 的充电速度。当 C_1 上的充电电压达到单结管 V_2 峰点电压 U_P 时，C_1 经 V_2 快速放电，T_2 输出尖脉冲，触发晶闸管导通。根据 C_1 充电速度的快慢，V_3 的导通角会有不同的变化，这就改变了调速电动机滑差离合器中励磁线圈的电流大小，从而调整受控电动机的转速。

（2）**调试方法**

在无电动机配合试验的情况下，可在接线座 XP_1，XP_2 上接 AC220 V；在 XP_3，XP_4 接一个白炽灯，用来代替电动机的励磁线圈；在 XP_6，XP_7 接一个 12 V 变压器，再经过开关 S 接到 220 V 电源，12 V 变压器可模拟测速发电机的输出电压，开关 S 的通断模拟测速电压是否加到调速控制器上。

测试时，先将开关 S 断开，然后通电，这相当于测速反馈信号没有接入，调整转速电位器 RP_1，白炽灯应有亮暗变化。白炽灯最亮时，白炽灯两端直流电压可有 90 V 左右。将 RP_1 的中心头置于白炽灯电压刚好达到 90 V 的临界点上，合上开关 S，相当于接入测速反馈信号，白炽灯应立即从最亮状态变暗或熄灭。这是因为测速信号经整流后，在 RP_2 两端生成直流电压，使得上述"转速控制电压"减小，I_{C1} 减小的缘故。这时再调整 RP_1 亮度又可增加，调整 RP_2 也可改变白炽灯的亮度。如符合上述描述，则说明调速控制器已完全正常。

1.5 无轨电车斩波调速装置

1.5.1 牵引负载用直流斩波调压调速系统的组成

牵引用直流斩波器的负载主要有：城市地铁、轻轨列车、工矿机车和城市无轨电车牵引电动机的调压、调磁，以及铁路内燃机车牵引电动机的调磁。牵引调压斩波器要求功率较大，多用晶闸管，特别是逆导晶闸管作为开关器件。但晶闸管直流开关必须带有辅助强迫换相电路，结构复杂，可靠性较差，近年来已逐步为 GTO 晶闸管所取代，简化了主电路结构。而 IGBT、IGCT 的应用，可使斩波器具有更高的工作频率和功率密度。牵引调磁斩波器以前多用 GTR 作开关器件，由于 GTR 自身的缺点，已趋于淘汰，而被 IGBT 所替代。

直流斩波调速系统由供电电源 U_S，输入滤波器 L_F，C_F，门控电路和直流斩波器，平板续流环节，负载电动机等组成，系统组成如图 3.1.21 所示。

1）输入滤波器：由电感 L_F 和电容器 C_F 组成，接在斩波器的输入端，用以减少电压和电流的脉动，以及对外的通信干扰。

2）斩波开关：是直流斩波器调速系统的核心和关键部件，由可控电力电子开关及其门控电路 MK 构成。开关受门控电路控制，实现对电动机电压的调节。

3）平波续流环节：由续流二极管 VD_X 和平波电抗器 L_P 构成。在斩波器关断时，平波电抗器释放磁能，经 VD_X 构成电动机电流的闭合通路，使牵引电动机电流连续。

4）负载电动机：是被调节的负载对象，通常采用串励牵引电动机。

5）检测和保护环节：其功能是对电流、电压、速度进行必要的检测，并对过电流、过电压、

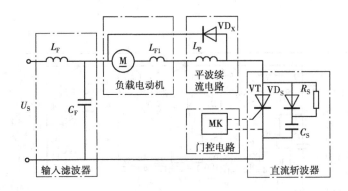

图 3.1.21　直流斩波调压调速系统

换相失败等故障进行保护。

6)其他辅助环节:是为实现某些功能而增加的,如消磁装置是为削弱电动机磁场而设,机组短接接触器是为减小斩波器热负荷而设。

1.5.2　无轨电车斩波牵引制动调速装置

无轨电车斩波牵引制动调速装置主要用于无轨电车的牵引加速、制动减速、滑行控制。其主电路如图 3.1.22 所示。技术条件为:

主电路额定电压:DC600 V,允许波动范围:500 ~ 750 V;

控制电路额定电压:DC24 V/12 V,允许波动范围:18 ~ 30 V/10 ~ 18 V;

控制电机功率:60 ~ 90 kW;

调速范围:1% ~ 98% 无级调速;

牵引工作电流:200 A,制动工作电流:150 A。

无轨电车斩波调速装置工作原理:

这是一款采用晶闸管构成的直流斩波调速系统。J_{15},J_1 为集电杆,从电车架空网线上引入600 V 直流电。

1)当电车手动控制开关打至前进挡位时,QZ 和 S_1,J_8 和 S_2 接通。同时正反线开关将 J_{15} 和 J_0,J_2 和 J_3 接通,斩波开关处于斩波位,并将 J_{21} 和 J_{16},J_0 和 J_{141} 接通。此时,直流电由集电杆 J_1 引入,经 K_0,J_2-J_3,二极管 D_0,滤波电感 L_0,刀闸 Q,QZ-S_1,牵引电机 MQ,J_8-S_2,螺旋二极管 D_4,励磁线圈 F_Q,300 A 电流表,反压电感 L_F,主晶闸管 S_Z 以及快速熔断器 RD_0,再经 J_0-J_{141},J_0-J_{15} 构成主回路,牵引电机启动,电车前进。

其中 S_Z,S_F,D_1,C_H,L_H,L_F 和 D_2 组成晶闸管逆阻型斩波器的主电路,S_F 为副晶闸管,用来控制输出电压的脉宽,C_H,L_H 为换流振荡环节。电路的工作过程如下:

①接通电源后,S_Z 和 S_F 均未导通,电源通过 D_1 向 C_H 充电,左 + 右 −,充电到 U_C = + E。

②S_Z 触发导通后,电源加到牵引电机 MQ 上,由于 D_1 的单向导电性,C_H 不能通过 S_Z,L_H 放电,因此,这一阶段斩波器向牵引电机 MQ 输出电压。

③需关断斩波器时,触发副晶闸管 S_F 导通,换流振荡电路 C_H,L_H 与 S_F 构成通路,C_H 通过 L_H,S_F 放电并反充电,但此时负载仍通过 S_Z 供电。

④当 C_H 上电压反充电至 U_C = − E(左 − 右 +)时,电容 C_H 又通过 S_Z 和 D_1 反向放电。当反向放电电流逐渐增大时,通过主、副晶闸管中的电流逐渐减小,直至 S_Z 和 S_F 同时关断,斩波器

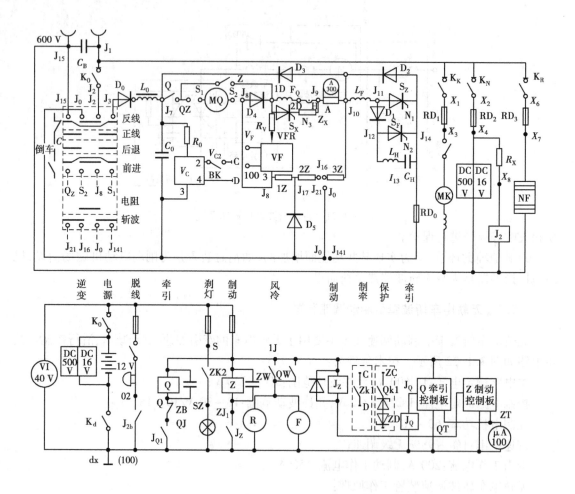

图 3.1.22　无轨电车斩波牵引制动调速装置主电路

停止输出。

　　控制副晶闸管 S_F 导通的时刻,就可控制输出电压的占空比,从而达到控制输出电压,调整电车车速的目的。

　　2)当电车手动控制开关打至后退挡位时,QZ 和 S_2,J_8 和 S_1 接通。同时正反线开关将 J_0 和 J_2,J_{15} 和 J_3 接通,斩波开关处于电阻位,并将 J_{16} 和 J_0 接通。此时,由于 J_0-J_{141} 断开,因此,斩波器未接入主回路,600 V 直流电是经过螺旋二极管 D_5 和电阻 1Z 加到牵引电机 MQ 上。

　　电路中,平板二极管 D_3 为续流二极管。Z 为制动接触器。C_0 为滤波电容。晶闸管 S_X 为消磁可控硅,消磁回路由励磁线圈 F_Q、电流变换器 H,S_X 和电阻 Z_X 组成,当电机停车时,能及时消除 F_Q 中的电流。VF 是电压变换器。VC 是滤波检测器。M_K 是气泵电机(1.5 或 1.9 kW),M_Q 是牵引电机(60 或 90 kW)。NF 是暖风机,J_Z 是制动继电器,J_Q 是牵引继电器。

第 **2** 章
电力电子装置的调试与故障处理

2.1 常用工具、仪器简介

2.1.1 万用表

万用表可以直接测量电流、电压、电阻等电气参数,具有快速、连续、操作简便、读数可靠、测量范围广、成本低、携带方便等特点,实用中获得广泛的应用。

数字式万用表由于采用了大规模集成电路,使得操作变得更简便,读数更精确,而且还具备了较完善的过压、过流等保护功能。下面以 DT830 型数字式万用表为例,介绍正确使用数字式万用表的方法。

(1) DT830 型数字万用表的面扳

DT830 型数字万用表的面板布置如图 3.2.1 所示。各部分作用为:

1)电源开关。

2)显示屏(LCD):最大显示 1999 或 –1999,具有自动调零及极性自动显示功能。

3)量程转换开关:开关周围用不同的颜色和分界线标出各种不同测量种类和量程。

4)输入插口:共有"10 A"、"COM"、"mA-VΩ"三个孔。注意,黑表笔始终插在"COM"孔内,红表笔则根据具体测量对象插入不同的孔内。面板下方还有"10 AMAX"或"MAX200 mA"和"MAX 750 V~1 000 V"标记,前者表示在对应的插孔间所测量的电流值不能超过 10 A 或 200 mA,后者表示所测交流电压不能超过 750 V,所测直流电压不能超过 1 000 V。

图 3.2.1 DT830 型数字
万用表面板图

5)h_{FE} 插口:测试晶体三极管的专用插口,测试时,将三极管的三个管脚插入对应的 e,b,c 孔内即可。

（2）DT830 型数字万用表的主要性能指标

1）直流电压:200 mV ~ 1 000 V ± (0.5% + 2 dgt);

2）交流电压:200 ~ 750 V ± (1.2% + 10 dgt);

3）直流电流:200 μA ~ 10 A ± (1.0% + 2 dgt);

4）电阻:200 Ω ~ 2 MΩ ± (0.8% + 2 dgt);

5）二极管测试:3 V/0.8 mA;

6）三极管测试:$V_{ce} \approx 3$ V,$I_b \approx 10$ μA

（3）DT830 型数字万用表的基本使用方法

1）电压测量

将红表笔插入"V·Ω"孔内,根据直流或交流电压合理选择量程。再把 DT830 型数字万用表与被测电路并联,即可进行测量。注意,不同的量程,测量精度也不同。例如,测量一节 1.5 V 的干电池,分别用"2 V","20 V","200 V","1 000 V"挡测量,其测量值分别为 1.552 V,1.55 V,1.6 V,2 V。所以不能用高量程挡测量小电压。

2）电流测量

将红表笔插入"mA"或"10 A"插孔,根据测量值的大小合理选择量程,再将 DT830 型数字万用表串入被测电路,即可进行测量。

3）电阻测量

将红表笔插入"V·Ω"孔内,合理选择量程,即可进行测量。

4）二极管的测量

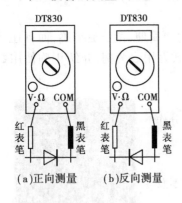

（a）正向测量　（b）反向测量

图 3.2.2　二极管的测量

将红表笔插入"V·Ω"孔内,量程开关转至标有二极管符号的位置,再把两根表笔按图 3.2.2 所示的方法连接二极管的两端。其中(a)为正向测量,若管子正常,则电压值为 0.5 ~ 0.8 V(硅管)或 0.25 ~ 0.3 V(锗管),图(b)是反向测量,若管子正常,将显示出"1",若损坏,将显示"000"。

5）h_{FE}值测量

根据被测管的不同类型,把量程开关转至"PNP"或"NPN"处,再把被测管的三个管脚插入相应的 e,b,c 孔内,此时,显示屏将显示出 h_{FE}值的大小。

6）电路通、断的检查

将红表笔插入"V·Ω"孔内,量程开关转至标有"·)))"符号处,让表笔触及被测电路,若表内蜂鸣器发出叫声,则说明电路是通的,反之,则不通。

（4）使用注意事项

1）仪表在使用或存放时,应避免高温(> 40 ℃)、寒冷(< 0 ℃)、阳光直射、高湿度及强烈振动环境。

2）交流电压挡只能直接测量低频(≤ 500 Hz)正弦波信号。

3）测量晶体管 h_{FE}值时,由于工作电压仅为 2.8 V,并未考虑 V_b 的影响,因此,测量值偏高,只是一个近似值。

4）在使用各电阻挡、二极管挡、通断挡时,红表笔接"V/Ω"插孔(带正电),黑表笔接

"COM"插孔。这与指针式万用表在各电阻挡时的表笔带电极性恰好相反,使用时应特别注意。

5)测量完毕,应立即关闭电源(OFF);若长期不用,则应取出电池,以免电池漏液。

2.1.2 数字转速表

以 DM6236P 数字转速表为例介绍其使用方法。

(1)DM6236P **数字转速表的主要性能指标**

DM6236P 数字转速表有光电式和接触式两种类型,其接触线速为公制。

1)显示器:5 位 16 mm(0.7″)液晶显示屏。

2)准确度:±(0.05% +1d),表示为 ±(读数的% +最低有效数位)。

3)采样时间:1.0 s(60 转/分以上)。

4)量程选择:自动切换。

5)有效距离:50 ~ 500 mm。

6)电源:4 节 5 号电池。

7)测试范围:2.5 ~ 99.999 rpm(转/分)光电转速方式;

    0.5 ~ 19.999 rpm (转/分)接触转速方式;

    0.05 ~ 1 999.9 m/min (米/分)接触线速方式(公制)。

8)分辨率:0.1 r/min(2.5 ~ 999.9 rpm),1 r/min(大于 1 000 rpm)。

9)记忆值:最大值/最小值/最后一个测量值。

10)测距:激光测试测距可达 2 m。

(2)**面板说明**

DM6236P 数字转速表的面板图如图 3.2.3 所示。

(3)**操作说明**

1)光电转速方式:

①在待测物体上贴一个反射标记。

②将功能选择开关拨至 rpm photo 挡,对于两用型转速表要取下接触配件。

③装好电池后,按下测试 TEST 按钮,使可见光束与被测目标成一条直线。

④待显示值稳定后(约 2 s),释放测试 TEST 钮。此时无任何显示,但测量结果的最大值、最小值和最后一个显示值均自动存储在仪表中。

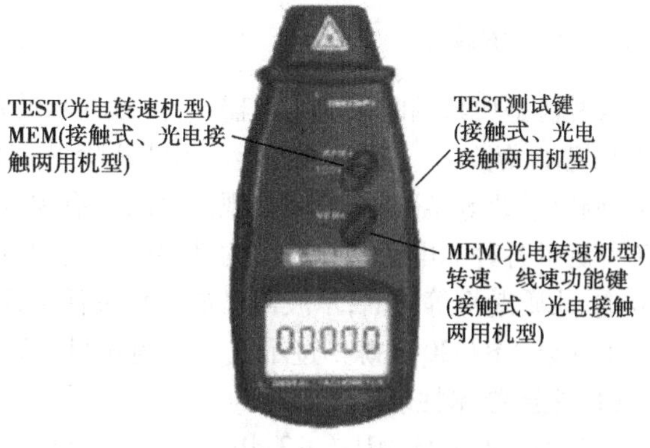

图 3.2.3 DM6236P 数字转速表面板图

⑤按下 MEM 记忆键,即可显示出最大值、最小值及最后测量值。

⑥测量结束。

2)接触转速方式:

①将开关拨至接触转速挡-rpm(接触式)/-rpm contact(两用型转速表),安装好接触配件。

②将接触橡胶头与被测物靠紧,并与被测物同步转动。

③按下测试 TEST 键开始测量,待显示值稳定后释放测试 TEST 按钮,测量值自动存储。

④按下 MEM 记忆键,即可显示出最大值、最小值及最后测量值。

⑤测量结束。

3）接触线速方式:

①将开关拨至接触线速挡-m/min(公制),换上线速测量配件。

②将线速配件与被测物紧靠,并与被测物同步转动。

③按下测试 TEST 按钮开始测量,待显示值稳定后释放测试 TEST 按钮,测量值自动存储。

④测量结束。

4）测量注意事项:

①反射标记:剪下 12 mm 方形的黏带,并在旋转轴上贴上一块。应注意非反射面积必须比反射面积要大;如果转轴明显反光,则必须先涂以黑漆或黑胶布,再在上面贴上反光标记;在贴上反光标记之前,转轴表面必须干净与平滑。

②低转速测量:为提高测量精度,在测量很低的转速时,建议用户在被测物体上均匀地多贴上几块反射标记。将显示器上的读数除以反射标记数,即可得到实际的转速值。

③如果在很长一段时间内不使用该仪表,请将电池取出,以防电池腐烂而损坏仪表。

5）记忆功能说明:

当释放测量按钮时,显示器无任何显示,但测量期间的最大值、最小值及最后一个测量值都自动存储在仪表中。无论何时,只要按下记忆按钮,测量值就显示出来,先显示数字,后显示出英文符号,交替显示。其中"UP"代表最大值,"dn"代表最小值,"LA"代表最后一个值。每按一次记忆按钮,则显示另一个记忆值。

6）更换电池:

①当电池电压约 5 V 时,显示器右边将出现"▭▭"符号,需要更换电池。

②打开电池盖,取出电池。依照电池盒中极性标注,正确装上电池。

2.1.3　示波器

示波器是典型的时域测量仪器,它可以在示波器屏幕上直接观测到被测信号 f(t)随时间 t 变化的规律,例如正弦信号的波形。示波器除可直接测量被测信号的电压、频率、周期、时间、相位、调幅系数等参数,亦可间接观测电路的有关参数及元器件的伏安特性;利用传感器,示波器还可测量各种非电量甚至人体的某些生理现象,所以在科学研究、航空航天、工农业生产、医疗卫生、地质勘探等方面,示波器已成为最灵活多用的电子仪器。

下面以 YB4320 双踪四迹示波器为例介绍示波器的使用。

（1）主要技术性能

1）带宽:DC ~ 25 MHz(-3 dB)。

2）Y 轴偏转系数:5 mV/div ~ 5 V/div,按 1-2-5 步进,共 10 挡,(量程)(1 mV/diV ~ 1 V/div,在 ×5MAG)。

3）上升时间:≤17.5 ns。

4）最大输入电压:300 V(DC + AC 峰值),经探头 400 V(DC + AC 峰值)。

5）扫描方式:×1、×5、×l、×5 交替扫描。

6）扫描时间系数:(0.1 μs/div ~ 0.2 s/div) ±5%,按 1-2-5 步进,共 20 挡。

7）触发源:内触发(INT),CH2 触发,电源触发,外触发。

8）触发方式分为:自动,常态,交替,TV-V,TV-H。

9）X-Y 工作方式:在 X-Y 工作方式中,CH1 为 X 轴,CH2 为 Y 轴。

10）Z 轴最大输入电压:30V(DC + AC 峰值),最大频率≤1 kHz。

11）输出电平:0.5V(±2%)。

12）频率:1 kHz ±2% 。

13）电源:AC220 V ±10% 。

（2）YB4320 双踪四迹示波器的面板示意图

YB4320 双踪四迹示波器的前面板图如图 3.2.4 所示。

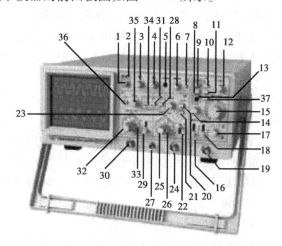

图 3.2.4　YB4320 双踪四迹示波器的面板示意图

1—电源开关;2—电源指示灯;3—亮度旋钮;4—聚焦旋钮;5—光迹旋转按钮;
6—刻度旋钮;7—校准信号开关;8—交替扩展控制键;9—扩展控制键;
10—触发极性按钮;11—X-Y 控制键;12—扫描微调控制键;13—光迹分离控制键;
14—水平位移旋钮;15—扫描时间因数选择开关;16—触发方式选择开关;17—触发电平旋钮;
18—触发极性选择开关;19—触发输入端;20—CH2 信号放大 5 倍按钮;21—CH2 极性开关;
22—CH2 耦合选择开关;23—CH2 垂直位移旋钮;24—CH2 输入端;25—CH2 垂直微调旋钮;
26—CH2 衰减器开关;27—接地柱;28—CH2 选择按钮;29—CH1 耦合选择开关;
30—CH1 输入端;31—叠加按钮;32—CH1 垂直微调旋钮;33—CH1 衰减器开关;
34—CH1 选择按钮;35—CH1 垂直位移旋钮;36—CH1 信号放大 5 倍按钮;37—交替触发按钮

（3）YB4320 双踪四迹示波器的基本操作说明

1）主机电源

①电源开关(POWER):按下电源开关,电源指示灯亮。

②亮度旋钮(INTENSITY):接通电源之前将该旋钮逆时针方向旋转到底。

③聚焦旋钮(FOCUS):配合亮度旋钮可调节波形的清晰度。

④光迹旋钮(TRACE ROTATION):用于调节光迹与水平刻度线平行。

⑤刻度照明旋钮(SCALE ILLUM):用于调节屏幕刻度亮度。

2）垂直方向部分

①通道 1 输入端 CH1 INPUT(X):用于垂直方向 Y1 的输入。在 X-Y 方式时作为 X 轴信号输入端。

②通道 2 输入端 CH2 INPUT(Y):用于垂直方向 Y2 的输入。在 X-Y 方式时作为 Y 轴信号输入端。

③耦合选择开关(AC-GND-DC):选择垂直放大器的耦合方式。

④交流(AC):电容耦合方式,用于观测交流信号。

⑤接地(GND):输入端接地,可提供示波器接地参考电平。

⑥直流(DC):直接耦合,用于观测直流或观察频率变化极慢的信号。

⑦衰减器开关(VOLT/DIV):用于选择垂直偏转因数。如果使用 10:1 的探头,计算时应将幅度 ×10。

⑧垂直微调旋钮(VARIBLE):用于连续改变电压偏转灵敏度,正常情况下应将此旋钮顺时针旋到底。将旋钮反时针旋到底,垂直方向的灵敏度下降 2.5 倍以上。

⑨CH1 ×5 扩展、CH2 ×5 扩展(CH1 ×5MAG、CH2 ×5MAG):按下此键,垂直方向的信号扩大 5 倍,最高灵敏度变为 1 mV/div。

⑩垂直移位(POSITION):分别调节 CH1,CH2 信号光迹在垂直方向的位置。

⑪垂直方式工作按钮(VERTICAL MODE):选择垂直方向的工作方式。

A. 通道 1 选择(CH1):按下 CH1 按钮,屏幕上仅显示 CH1 的信号。

B. 通道 2 选择(CH2):按下 CH2 按钮,屏幕上仅显示 CH2 的信号。

C. 双踪选择(DUAL):同时按下 CH1 和 CH2 按钮,屏幕上会出现双踪并自动以断续或交替方式同时显示 CH1 和 CH2 端输入的信号。

D. 叠加(ADD):显示 CH1 和 CH2 端输入信号的代数和。

⑫CH2 极性开关(INVRT):按下此按钮时,CH2 显示反相电压值。

3)水平方向部分

①扫描时间因数选择开关(TIME/DIV):共 20 挡,在 0.1 μs/div ~ 0.2 s/div 范围选择扫描时间因数。

②X-Y 控制键:选择 X-Y 工作方式,Y 信号由 CH2 输入,X 信号由 CH1 输入。

③扫描微调控制键(VARIBLE):正常工作时,此旋钮顺时针旋到底处于校准位置,扫描由 TIME/DIV 开关指示。将旋钮反时针旋到底,扫描减慢 2.5 倍以上。

④水平移位(POSITION):用于调节光迹在水平方向的位置。

⑤扩展控制键(MAG ×5):按下此键,扫描因数 ×5 扩展。扫描时间是 TIME/DIV 开关指示数值的 1/5。将波形的尖端移到屏幕中心,按下此按钮,波形部分扩展 5 倍。

⑥交替扩展(ALT-MAG):按下此键,工作在交替扫描方式,屏幕上交替显示输入信号及扩展部分,扩展以后的光迹可由光迹分离控制键移位。同时使用垂直双踪(DUAL)方式和水平(ALT-MAG)可在屏幕上同时显示四条光迹。

4)触发(TRIG)

①触发源选择开关(SOURCE):选择触发信号,触发源的选择与被测信号源有关。

A. 内触发(INT):适用于用 CH1 或 CH2 的输入信号作为触发信号的情况。

B. 通道触发(CH2):用于用 CH2 的信号作为触发信号的情况,如比较两个信号的时间关系等用途。

C. 电源触发(LINE):电源成为触发信号,用于观测与电源频率有时间关系的信号。

D. 外触发(EXT):以外触发输入端(EXT INPUT)输入的信号为触发信号。当被测信号不适于作触发信号等特殊情况,可用外触发。

②交替触发(ALT TRIG):在双踪交替显示时,触发信号交替来自 CH1,CH2 两个通道,用于同时观测两路不相关信号。

③触发电平旋钮(TRIG LEVEL):用于调节被测信号在某一电平触发同步。

④触发极性选择(SLOPE):用于选择触发信号的上升沿或下降沿触发,分别称为 + 极性或 − 极性触发。

⑤触发方式选择(TRIG MODE):

A. 自动(AUTO):扫描电路自动进行扫描。在无信号输入或输入信号没有被触发同步时,屏幕上仍可显示扫描基线。

B. 常态(NORM):有触发信号才扫描,无触发信号屏幕上无扫描基线。

C. TV-H:用于观测电视信号中行信号波形。

D. TV-V:用于观测电视信号中场信号波形。在触发信号为负同步信号时,TV-H 和 TV-V 同步。

⑥校准信号(CAL):提供 1 kHz,$0.5V_{p\text{-}p}$ 的方波作为校准信号。

⑦接地柱(⊥):接地端。

(4)**使用方法**

1)测量前的准备工作

①检查电源电压,将电源线插入交流插座(在后面板,该插座下端装有熔丝),设定下列控制键的位置。

A. 电源(POWER):弹出。

B. 亮度旋钮(INTENSITY):逆时针旋转到底。

C. 聚焦(FOUCS):中间。

D. AC-GND-DC:接地(GND)。

E. (×5)扩展键:弹出。

F. 垂直工作方式(VERTICAL MODE):CH1。

G. 触发方式(TRIG MODE):自动(AUTO)。

H. 触发源(SOURCE):内(INT)。

I. 触发电平(TRIG LEVEL):中间。

J. TIME/DIV:0.5 ms/div。

K. 水平位置:×5MAG、ALT-MAG 均弹出。

②打开电源,调节亮度和聚焦旋钮,使扫描基线清晰度较好。在后面板有 Z 轴输入端(Z AXIS INPUT),加入正信号可使辉度降低,加入负信号使辉度增加。常态下 $5V_{p\text{-}p}$ 的信号能产生明显的调辉。

③一般情况下,将垂直微调(VARIBLE)和扫描微调(VARIBLE)旋钮处于"校准"位置,以便读取"Volts/div"和"Time/div"的数值。

④调节 CH1 垂直移位,使扫描基线设定在屏幕的中间,若扫描基线光迹略微倾斜,调节光迹旋转旋钮使光迹与水平刻度线相平行。

⑤校准探头。将探头针接到 CAL 输出连接器上,如出现图 3.2.5(c)、(d)所示情况,可将探头上的可调电容器调至最佳补偿值。

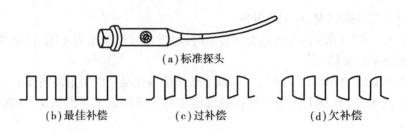

图 3.2.5 标准探头及校准

2)信号测量的步骤

①将被测信号输入到示波器通道输入端。注意输入电压不可超过 400 V(DC + ACV_{p-p})。

A. 使用探头测量大信号时,必须将探头衰减开关拨到 ×10 位置,此时输入信号缩小到原值的 1/10,实际的 Volts/div 值为显示值的 10 倍。测量低频小信号时,可将探头衰减开关拨到 ×1 位置。

B. 如果要测量波形的快速上升时间或高频信号,必须将探头的接地线接在被测量点附近,减小波形的失真。

②按照被测信号参数的测量方法不同,选择各旋钮的位置,使信号正常显示在荧光屏上,记下一些读数或波形。

③根据记下的读数进行分析、运算、处理,得到测量结果。

3)输出的信号

由后面板通道 1 输出(CH1 OUT)端,可提供 50 Hz ~ 5 MHz 的输出信号。

2.1.4 数字式示波器

TDS220 数字式示波器具有 100 MHz 带宽,2 通道输入,每个通道具有 1 GS/s 采样率和2 500点记录长度等特点。

(1)主要技术性能

1)带宽:100 MHz。

2)通道数:2 ch。

3)同步最大采样率/通道:1 GS/s。

4)单通道最大采样率:1 GSa/s。

5)最大记录长度:2 500 pt/sec。

6)位数:8 bits。

7)最低主时基:5 ns/div。

8)最高主时基:5 s/div。

9)时基精度:0.01%。

10)触发源:外置,内置。

11)最小垂直灵敏度:10 mV/div。

12)最大垂直灵敏度:5 V/div。

13)上升时间:3.5 ns。

14)输入阻抗:1 Mohm。

15)输入耦合:AC,DC,GND。

16）触发模式：Auto，Edge，Normal，Single，Video。

17）显示类型：CRT Monochrome。

（2）TDS220 数字示波器的控制面板

TDS220 数字示波器的控制面板如图 3.2.6 所示。可划分为以下几个区：

1）显示区

显示区除了显示波形以外，还包括了许多有关波形和仪器控制设置的细节。如图 3.2.7 所示。

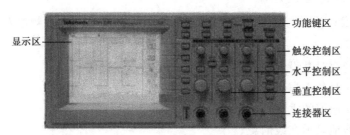

图 3.2.6　TDS220 数字示波器面板图

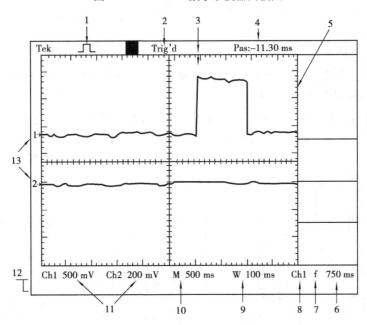

图 3.2.7　TDS200 数字示波器的显示区

①不同的图形表示不同的获取方式：

⊓⌐为取样方式；⊓⊓为峰值检测方式；⊓⌐为平均值方式。

②触发状态表示下列信息：

▢ Armed：示波器正采集预触发数据，此时所有触发将被忽略。

Ⓡ Ready：所有预触发数据均已被获取，示波器已准备就绪接收触发。

Ⓣ Trig'd：示波器已检测到一个触发，正在采集触发后信息。

Ⓡ Auto：示波器处于自动方式并正采集无触发下的波形。

□ Scan：示波器以扫描方式连续采集并显示波形数据。

● Stop：示波器已停止采集波形数据。

③指针表示触发水平位置，水平位置控制按钮可调整其位置。

④读数显示触发水平位置与屏幕中心线的时间偏差，在屏幕中心处为0。

⑤指针表示触发电平。

⑥读数表示触发电平的数值。

⑦图标表示的所选触发类型：

∫上升沿触发；＼下降沿触发；⌒行同步视频触发；▄场同步视频触发。

⑧触发源指示。

⑨读数表示视窗时基设定值。

⑩读数表示主时基设定值。

⑪读数显示了通道的垂直标尺系数。

⑫显示区短暂地显示在线信息。

⑬在屏指针表示所显示波形的接地基准点。如果没有表明通道的指针，就说明该通道没有被显示。

2）垂直控制钮

如图3.2.8（a）所示。

①通道1、通道2及光标1、光标2位置：在垂直方向上定位波形。当光标被打开且光标菜单被显示时，这些旋钮用来定位光标。

②通道1、通道2菜单：通道输入菜单可用来选择并打开或关闭通道显示。

③电压/分度（通道1、通道2）：选择已校正的标尺系数。

④MATH菜单：显示波形数学操作菜单，并可用来打开或关闭数学波形。

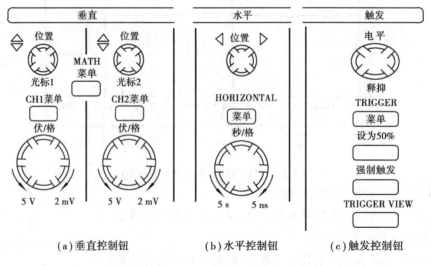

（a）垂直控制钮　　（b）水平控制钮　　（c）触发控制钮

图3.2.8　TDS200数字示波器的控制钮

3）水平控制钮

如图3.2.8（b）所示。

①POSITION(位置):调整所有通道的水平位置及数学波形。这个控制钮的解析度根据时基而变化。

②秒/格:为主时基或窗口时基选择水平标尺系数。当视窗扩展被允许时,调整秒/格旋钮将通过改变窗口时基而改变窗口宽度。

4)触发控制钮

如图3.2.8(c)所示。

①LEVEL(电平)和HOLD OFF(释抑):该控制钮具有双重作用。作为边沿触发电平控制钮,用于设定触发信号必要的振幅,以便进行获取。作为释抑控制钮,用于设定接收下一个触发事件之前的时间值。

②TRIGGER MENU(触发功能菜单):显示触发功能菜单。

③SET LEVEL TO 50%:触发电平设定在触发信号幅值的垂直中点。

④FORCE TRIGGER(强触发):不管是否有足够的触发信号,都会自动启动获取。当采样停止时,此按钮无效。

⑤TRIGGER VIEW(触发源观察):按住触发源观察钮后,屏幕显示触发源波形,取代通道原显示波形。该按钮可用来查看触发设置,如触发耦合等对触发信号的影响。

5)功能键

如图3.2.9所示。

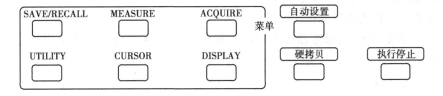

图3.2.9 TDS200数字示波器的功能键

①SAVE/RECALL(储存/调出):显示储存/调出功能菜单,用于仪器设置或波形的储存/调出。

②MEASURE(测量):显示自动测量功能菜单。

③DISPLAY(显示)显示功能菜单。

④CURSOR(光标):显示光标功能菜单。光标打开并且显示光标功能菜单时,垂直位移控制钮调整光标位置,离开光标功能菜单后,光标仍保持显示(除非关闭),但不能进行调整。

⑤UTILITY(辅助功能):显示辅助功能菜单。

⑥ACQUIRE(采样设置):采样系统功能按键。用于调出采样设置菜单,调整采样方式。

⑦AUTOSET(自动设置):自动设置仪器各项控制值,以产生适合观察的输入信号显示。

⑧HARDCOPY(硬拷贝):启动打印操作,但需要相关的扩展模块。

⑨RUN/STOP(起动/停止):起动/停止波形获取。

6)连接器

如图3.2.10所示。

①PROBE COMP(探极补偿器):电压探极补偿器的输出与接地。用来调整探极与输入电路的匹配。

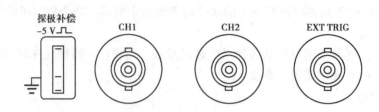

图 3.2.10　TDS200 数字示波器的连接器

②CH1(通道 1)、CH2(通道 2):通道波形显示的输入连接器。

③EXT TRIG(外部触发):外部触发源的输入连接器。使用触发功能菜单来选择触发源。

(3)应用实例

电路如图 3.2.11 所示,观察电路中幅值与频率未知的信号,迅速显示和测量信号的频率、周期和峰-峰值。

1)使用自动设置

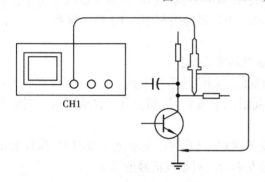

图 3.2.11　TDS200 数字示波器应用实例

欲迅速显示信号,按以下步骤操作:

①将通道 1 的探头连接到信号源。

②按下自动设置按钮,示波器将自动设置垂直、水平和触发控制。手工调整这些控制使波形显示达到最佳。

2)进行自动测量

示波器对于大多数显示信号进行自动测量。欲测量信号频率、周期和峰-峰值,按以下步骤进行:

①按下 MEASUSE 按钮以显示测量菜单。

②按下顶部菜单按钮以选择信源。

③选择 CH1 进行上述三种测量。

④按下顶部菜单按钮选择类型。

⑤按下第一个 CH1 菜单框按钮选择频率。

⑥按下第二个 CH1 菜单框按钮选择周期。

⑦按下第三个 CH1 菜单框按钮选择峰-峰值。

频率、周期和峰-峰值的测量结果将显示在菜单中,并被周期性的修改。

2.2　直流调速变流器的调试

晶闸管直流调速系统是采用晶闸管变流装置供电,并配合各种调节器实现直流电动机调速的电力拖动自动控制系统。直流电动机的调速公式为:

$$n = \frac{U}{C_e \Phi} - \frac{R}{C_e C_T \Phi^2} T$$

式中　U——电枢电压；

　　　R——电枢电路总电阻；

　　　Φ——电动机磁通；

　　　C_e——电动势常数；

　　　C_T——转矩常数；

　　　T——电动机转矩。

改变电枢回路的电阻 R,外加电压 U 或磁通 Φ 都能达到调速的目的,但用的最多的是改变电枢电压的晶闸管直流调速系统。该调速方式属于恒转矩调速,并在空载或负载转矩变化时,也能得到稳定转速。通过电压正反向变化,电动机能平滑地起动和工作在四个象限,能实现回馈制动,而且控制功率小,效率高,配上各种调节器可组成性能指标较高的调速系统,故这种系统在不可逆的生产机械上得到广泛应用。

双闭环无差调节不可逆晶闸管直流调速系统广泛用于冶金、化工、轧钢、造纸等行业,它由晶闸管整流系统、电枢调节系统、运转控制系统、故障保护系统、操作指示系统和电源系统等组成,如图 3.2.12 所示。

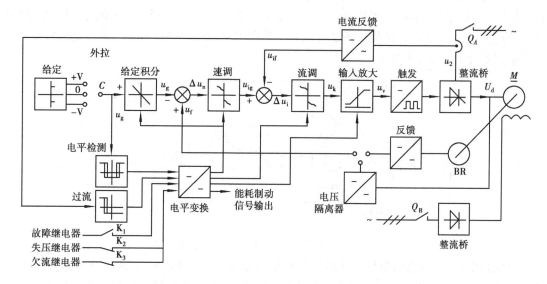

图 3.2.12　不可逆直流传动装置系统框图

1)晶闸管整流系统:包括整流变压器、三相全控桥、移相触发装置和平波电抗器等。

2)电枢调节系统:包括电流调节闭环和转速调节闭环。

3)运转控制环节:由电平检测器和电平变换器组成。

4)故障保护环节:包括电枢电流过流保护,电机失励磁保护,调节系统失稳压保护等。

2.2.1　晶闸管直流调速系统的调试

为了保证晶闸管直流调速系统能安全可靠地运行,并达到预定的技术指标,具有良好的调速性能,除和设计、制造有密切关系外,在很大程度上还取决于对装置的调试。

一般调试应遵循:先查线,后通电;先弱电,后强电;先单元,后系统;先开环,后闭环;先内环,后外环;先励磁,后电枢;先基速,后高速;先静态,后动态的原则。

以双闭环无差调节不可逆晶闸管直流调速系统为例,其调试内容及步骤包括:

1)调试前准备:包括检查整流变压器一、二次接线,电抗器及负载等连线是否正确,检查各电源开关、状态开关等所处位置是否正确。按要求接入试验电源和电阻性轻负载,对可逆系统,应先将并桥暂时断开。

2)操作、继电部分的检查:送电后,操作各开关按钮,各继电器、接触器、开关、指示灯等应动作正确灵活,指示正确,无不正常声响和气味。

3)控制系统电源的检查:包括对控制系统各直流电源和同步电源的检测,特别应检测同步电源 + A, − A, + B, − B, + C, − C 的相位。

4)运转控制及锁零环节的调试:包括给定电平检测,输出电平检测(可逆系统),电平变换和调节器锁零电路的调试。

5)逻辑控制部分的调试:包括逻辑信号检测环节的调试,以及运算、延时电路和电子开关、电流给定极性开关的调试。

6)电枢整流部分的调试:电枢整流部分是整个系统的核心,是系统调整的基础,其框图如图 3.2.13 所示。对这部分的整定尤其要求严格、准确,包括:整流器的定相,对称度的调整,最小控制角 $\alpha_{\min}$ 的限制(不可逆系统 $\alpha_{\min}=15°$,可逆系统 $\alpha_{\min}=30°\sim35°$),最小逆变角 $\beta_{\min}$ 的限制(一般 $\beta_{\min}=30°\sim35°$),以及开环整流试验。当调整移相控制电压 u_K 时,输出电压应在 $0\sim u_{d\max}$ 间连续、平稳变化,无跳变。

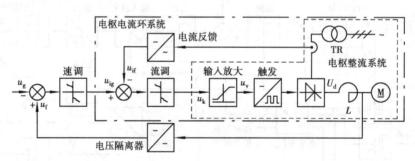

图 3.2.13　电枢整流、电流环及电压环系统框图

7)电枢电流环的调试:电枢电流环由可控整流系统、电流调节器、电流检测及反馈环节等组成,见图 3.2.13。电流环为双环系统的内环,调试时,应先进行静态整定,然后再进行动态测试及调整。以静态调整为主,动态校正环节的整定,以系统不振荡为原则。

8)电枢电压环的调试:是双环调速系统的外环,见图 3.2.13。有电压闭环和速度闭环两种闭环方式。在调试时,应先进行电压闭环试验,正常后再进行速度闭环试验。电压闭环试验,一般只作静态特性调整,不作动态调整,只要系统不振荡即可。

9)磁场整流系统的检测:对固定励磁系统,只要测量励磁电压正常即可。

10)保护系统:该部分的调整试验,应以动作可靠、基本准确为原则,但有些部分应反复试验,以确保安全。

11)速度闭环的调试:系统各环节调整正常后,可接入电动机负载进行速度闭环试验,包括:静态调整(调节速度给定,电机转速范围调整)和动态调整(应保证调速系统有足够的稳定裕度)。

在作系统调整时,应使内环时间常数尽可能小,给外环留下较大的调整裕度,一般电流环响应时间为 20 ms 以内,外环响应时间在 200～300 ms 左右。具体调试过程,限于篇幅,不再赘述。

2.2.2　现场调试

一般晶闸管直流调速系统的现场调试顺序和内容如下:

1)查线:主要检查现场外部接线,校核相应柜内线,绝缘板之间的连线。

2)空操作:空操作各控制开关和电源开关,检查接触器,继电器,风机等动作顺序。

3)定相:检查各交流电源相序,电压值,触发同步电源与晶闸管交流电源的相位关系。

4)调节回路控制单元检查调整:包括交流控制电源和交流稳压电源;电源单元;给定指令;调节单元;逻辑控制单元;隔离变换单元,保护信号单元;移相触发单元及脉冲板的动静态特性,参数,限幅值及动作值等。

5)励磁回路检查调整:先开环,后闭环。包括磁通模拟;乘法器;满磁和弱磁的动特性;过、欠励磁保护整定;对于强迫通风电机要启动通风机。

6)空载升压(电阻负载)检查调整:接入触发信号,检查整流特性;反并联工作检查;升压弱磁特性;电压隔离器输出特性检查;低压低电动势动作整定;过压、接地保护整定。

7)开环低速空转:在具备通风,润滑条件下,电动机以 10% 的基速运行 0.5 h,检查电动机换相,振动及旋转方向,安装质量;整定转速、反馈极性数值,反馈信号脉动情况;检查电流反馈极性等。

8)低压大电流整定电流环:不加励磁,电动机堵转(其他整定可将电枢短路),开环整定电流反馈值和极性;闭环调整特性;无环流零电流动作值整定;过流保护,过流继电器整定;快速开关整定。开动强制通风电机通风;在额定和过载电流条件下,通电时间要尽量短;注意防止电动机因剩磁突然启动。

9)单向基速闭环:粗调调节器参数,保证系统稳定;注意空载电流断续情况,升速后加电势记忆信号。

10)可逆基速闭环:调整两方向系统特性一致,使给定积分器跟随特性过零平滑,精调系统动特性。

11)可逆高速闭环:调整两方向系统特性一致,使基速以上系统稳定,在某一转速稳定点加阶跃给定精调动特性,注意电动机运转状况,检查超速保护动作。

12)与主控台联调:空载条件下,调联动,单动,点动,紧急停车,各种保护动作。

13)负荷试车:精调系统带负荷的动特性,如动静态调速精度,恢复时间;记录整定各种运行数据。

现场调试情况,限于篇幅,在此不再赘述。

2.3　变频器的调试

变频器调试的基本步骤有:空载检验,基本参数的调试,带电机空载运行和系统联动统调等。

2.3.1 变频器的空载通电检验

在接通电源前,首先要检查变频器的输入、输出端是否符合说明书要求。然后将变频器电源输入端接漏电保护开关,接地端接地。再检查变频器显示窗的出厂显示是否正常,熟悉变频器的操作键,一般的变频器均有运行(RUN)、停止(STOP)、编程(PROG)、数据确认(DATA-PENTER)、增加(UP、▲)、减少(DOWN、▼)等6个键,如图3.2.14所示。有的变频器还有监视(MONITORPDISPLAY)、复位(RESET)、微动(JOG)、移位(SHIFT)等功能键。

2.3.2 变频器基本参数的调试

主要是根据工艺要求、电动机参数、负载性质,预调变频器基本参数。

对于全数字型变频器,调试工作全部集中在变频器面板上触摸键盘的功能码设定。只要将主控回路线路接好,关键参数

图3.2.14 变频器的面板图

计算准确,调整工作比模拟电路要方便得多。变频器的主要参数分为基本参数和辅助参数两大类,详细参数设定情况应参考变频器的使用说明。

1)基本参数有:最大频率(Hz),基本频率(Hz),额定输出电压(V),偏差频率(Hz),频率限定(Hz),加减速时间(s),频率信号增益(%),转矩提升和电子热过载保护(%)。

2)辅助参数有:加/减速模式,电动机噪声降低,过载早期报警信号(%),驱动/制动转矩限定(%),启动频率(Hz),电动机极数,瞬时故障电源再启动,欠电压报警和转差频率补偿控制(Hz)。

变频器部分参数的设定原则和计算如下:

1)最大频率f_{max}、基本频率f_{BASE}和额定电压 U:这三个参数的设定主要取决于电动机参数和工艺要求,其中基本频率和额定电压由电动机参数决定,最大频率由工艺要求和电动机性能决定。基频以下调速是恒转矩调速,基频以上调速是恒功率调速。最高频率要考虑电动机轴承机械强度等因素的影响。

2)转矩提升:该功能主要是补偿低频段的转矩特性。在负载能平稳起动的原则下,应尽量调低些,否则在低频轻载时励磁太大,容易引起电动机严重发热。补偿原理如下:由异步电动机的机械特性表达式

$$T = \frac{2T_m}{s_m/s + s/s_m}$$

可知,决定机械特性的参数为T_m和s_m(T_m为最大转矩,s_m为临界转差率)。由于

$$T_m = \frac{M_1 p U_1^2}{4\pi f_1 [r_1 + \sqrt{r_1^2 + (x_1 + x_2)^2}]}$$

式中 M_1——定子相数;

p——极对数。

故当f_1很高时,一次侧r_1可忽略,上式变为

$$T_{\mathrm{m}} = \frac{M_1 p U_1^2}{4\pi f_1 (x_1 + x_2)} = \frac{M_1 P}{8\pi^2 (L_1 + L_2)} \left(\frac{U_1}{f_1}\right)^2$$

对于恒转矩调速有：$U_1/f_1 =$ 常数，故 T_{m} 也恒定，即在理想情况下，T_{m} 不随调速深度而变化（见图 3.2.15 中实线）。但实际上，在低频段由于电动机感抗 $x_1 + x_2$ 的减小，使得 r_1 不能忽略，T_{m} 将随 f_1 降低而减小，其特性如图 3.2.15 中虚线所示。由上式可知 $T_{\mathrm{m}} \propto U_1^2$，故在低频段，可以通过提升电压 U_1 使 T_{m} 乃至 T 提升，以改善低频段的转矩特性，达到理想的工作曲线。但转矩提升量过大会导致电动机的运行噪声增大，因此，应选择刚好满足起动要求，转矩提升量又较小的曲线。

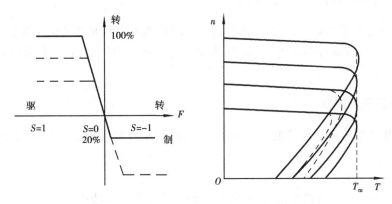

图 3.2.15　U_1/f_1 为常数时交流电动机机械特性

3）变频器的加减速时间：应按系统的加/减速时间整定，通常用频率设定信号上升/下降来调整加减速时间。加速时需限制频率上升率，以防止过电压，加速时间设定要求：将加速电流限制在变频器过电流容量以下，不至因过流而引起跳闸；减速时间设定要求：防止平滑电路电压过大，不会因过压失速而使变频器跳闸。加减速时间可根据负载计算出来，但调试中常采取按负载和经验先设定较长的加减速时间，通过起/停电动机观察有无过电流、过电压报警；然后将加减速设定时间逐渐缩短，以运转中不发生报警为原则。

4）电子式热过载保护：本功能为保护电动机过热而设置。电子热保护设定值：

$$I_{\mathrm{el}} = \frac{I_{\mathrm{mN}}}{I_{\mathrm{mvn}}} \times 100\%$$

式中　I_{mN}——电动机额定电流；

I_{mvn}——变频器额定电流。

5）转矩限定功能：有驱动转矩限定和制动转矩限定两种。该功能可对加减速和恒速运行时的冲击负载恢复特性有显著改善，可实现自动加速和减速控制。驱动转矩大对起动有利，一般设置在 80%～100% 为妥。制动转矩设定数值越小，其制动力越大，适合急减速的场合，但制动转矩数值设置过大，会出现过压报警现象。使用此功能后，即使错误地选择了加、减速时间，逆变器也会适当自动延长加速和减速，同时保持转矩限定水平。

6）加减速模式：又称加减速曲线选择。一般变频器有线性、非线性和 S 三种曲线，通常大多选择线性曲线；非线性曲线适用于变转矩负载，如风机等；S 曲线适用于恒转矩负载，其加减速变化较为缓慢。设定时可根据负载转矩特性，选择相应曲线。

7）频率限定：即变频器输出频率的上下限值。频率限制是为防止误操作或外接频率设定信号源出故障时,引起输出频率过高或过低,以防设备损坏的一种保护功能。在应用中按实际情况设定即可。此功能还可作限速使用。

8)偏差频率:当频率由外部模拟信号(电压或电流)进行设定时,用此功能可调整当频率设定信号最低时,输出频率的高低。

9)频率设定信号增益:用于解决外部设定信号电压与变频器内电压不一致的问题。

10)转差频率补偿控制功能:该功能可以补偿因负载波动引起的电动机转差变化,从而可得到良好的机械特性曲线。

2.3.3 变频器带电机空载运行调试

将变频器设置为键盘操作模式,按运行键、停止键,观察电机是否能正常地启动、停止。熟悉变频器运行发生故障时的保护代码,观察热保护继电器的出厂值,观察过载保护的设定值,需要时可以修改。

2.3.4 系统联动调试

在完成变频器单体调整及带电动机空运转后,进行系统联动调试。系统联动调试的主要步骤:

1)将变频器接入系统。

2)调节 4~20 mA 电流指令信号,使之对应最低转速和最高转速。

3)通过相应的功能码调整转速表、电压表等指示值,使之与实际参数相对应。

4)进行起、停(灯)及声、光报警等信号试验。

5)带 50%~100% 负载试运行,根据试运行情况,对加减速时间、转矩提升、转矩限定、转差频率补偿等关键参数进行再调整。

联动调试情况限于篇幅,在此不做过多叙述。

2.4　故障诊断和处理原则

2.4.1 电力电子电路故障诊断方法

电路系统丧失规定功能的现象谓之电路故障。故障诊断就是从故障现象出发,通过反复测试、逻辑分析与判断,逐步找出故障的过程。故障诊断的关键是提取故障的特征,即反映故障症状的信号,也就是反映设备与系统故障种类、部位与程度的综合量。

电力电子电路的实际运行表明,大多数故障表现为功率开关器件的损坏,其中以功率开关器件的开路和直通最为常见。电力电子电路的故障诊断与一般的模拟电路、数字电路的故障诊断存在较大差别,故障征兆的信息仅存在于发生故障之前的数十毫秒之内,因此,需要实时监视、在线诊断;另外电力电子电路的功率已达数千千瓦,模拟电路、数字电路诊断中采用的有些方法,如改变输入看输出的方法不再适用,只能以输出波形来诊断电力电子电路是否有故障及何种故障。

电力电子电路故障可分为结构性故障和参数性故障。结构性故障主要表现为由功率器件的损坏造成主电路结构改变。参数性故障主要表现为元件参数的偏移,造成装置特性偏离了正常特性。

电力电子电路故障诊断通常有以下几个过程:

1)故障症状分析:故障的症状就是电力电子设备特性的改变与偏离。正确地识别与评价故障症状,可以对故障进行准确地描述,从而确定故障的性质,是设备故障,还是设备性能下降,还是人为操作不当引起。

2)确定故障范围:就是确定有故障的功能模块。系统的功能框图给出了设备中各电路的功能关系,是故障分析的主要信息来源。

首先要对设备做仔细检查,主要寻找不十分正常的元件,如熔断丝有否熔断,元器件有无烧毁、发黑、变色,连接导线有无断开、松动等。另外,通过全面的直观检查,还可以熟悉功能模块和部件的位置。

其次,要检查设备的电源系统是否正常。

然后进行故障电路分割,其思路是利用功能框图或电原理图,把故障确定到某一功能模块。分割技术的关键是找出一些合适的分割点,通过对这些分割点的测试,就可知道故障大致是在哪两个分割点之间。但分割点的选取,则需要仔细研究功能框图或电原理图,以及正确的逻辑推理和操作设备的知识。

还可以采用功能模块替换的方法来迅速诊断故障的范围。但前提条件是:其他功能模块是无故障的,否则,有可能使新的功能模块遭到致命的损坏。

3)查找故障电路,确定故障位置:就是利用测试仪器检测故障功能模块的关键测试点的电压及波形。因为这些关键测试点的电压及波形,包含了许多故障的信息,从中可以大致判断故障的类型及部位。例如,三相全控桥电路中,在晶闸管桥臂发生不导通故障(包括晶闸管开路、快熔熔断、触发脉冲丢失),同时假定最多有两只桥臂发生了故障的前提条件下,故障类型有:

0 类故障:没有晶闸管故障,正常运行。

1 类故障:只有 1 只晶闸管故障。又可细分为 6 种故障元,即 $T_1 \sim T_6$ 故障。

2 类故障:接到同一相电压的 2 只晶闸管故障。又可细分为 3 种故障元,T_1-T_4,T_2-T_5,T_3-T_6 故障。

3 类故障:同一半桥中 2 只晶闸管故障,可细分为 6 种故障元,即 T_1-T_3,T_3-T_5,T_5-T_1,T_2-T_4,T_4-T_6,T_6-T_2 故障。

4 类故障:交叉 2 只晶闸管故障,可细分为 6 种故障元,即 T_1-T_2,T_2-T_3,T_3-T_4,T_4-T_5,T_5-T_6,T_6-T_1 故障。

这五种故障的典型 u_d 波形的特点是:在一定的触发角 α 时,同一类故障中不同故障元情况下,u_d 波形形状相同,只是时间平移。因此,整流桥输出端的直流脉动电压 u_d 是一个关键测试点,通过检测 u_d 波形可以诊断出当前故障属于哪一类。然后再诊断具体的故障元。

必要时,还可采用系统开环试验、分段注入信号等手段,以使故障现象尽可能多地暴露出来,逐步缩小故障范围,最后找到故障元。

4)故障消除:严格讲故障消除不是故障诊断的一部分,但确是使设备恢复正常所必需的。故障消除应注意:

①替换故障元的新器件的性能应与原器件完全相同,或采用性能更好的器件。

②如果故障是二次性的,在没有找到产生故障的根源之前,不要匆忙更换器件,最好在第

一次更换器件时,就能找到确切的故障根源。

2.4.2　电力电子电路故障检测的一般方法

故障诊断分为故障检测、故障定位和故障识别三级。故障检测就是判断电路是否存在故障,故障定位是要求判断出各故障所在的子电路、组件或元件,而故障识别则是要求确定故障元件的参数值。

电力电子电路故障诊断应按照:先观察,后检测;先主电路,后控制电路;先功能模块,后单元电路;先开环,后闭环的原则进行。

电力电子装置通常由主电路和控制部分构成。下面以三相全控桥为例介绍故障检测的一般方法。

（1）主电路故障诊断

整流装置中最容易损坏的器件是功率器件。功率器件故障可分为直通故障和开路故障。当某功率器件直通时,其等效电阻 R 近似为零;当某功率器件开路时,其等效电阻 R 非常大。

功率器件故障的检测方法有:电流检测法和电压检测法两种。电流检测法是通过测量通过功率器件的电流,实现功率器件的故障检测。电压检测法是通过测量功率器件的端电压,实现功率器件的故障检测。

1）电流检测法

在图 3.2.16 所示的晶闸管三相全控桥中,设电感电流 I_d 连续,则通过晶闸管 VT 的电流 i_t 为周期 20 ms,脉宽 120°的矩形波。若某晶闸管 VT 开路,则通过该晶闸管 VT 的电流为零,即 $i_t = 0$。若晶闸管直通,则该晶闸管中 i_t 的持续时间超过 120°/周期,且有时流过反向电流。

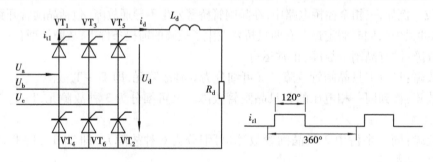

图 3.2.16　晶闸管三相全控桥电路

电流测量可采用霍耳电流传感器,如图 3.2.17 所示。晶闸管状态与逻辑量 $S_p S_n$ 的关系如表 3.2.1。由表 3.2.1 可导出基于电流检测法的功率器件故障诊断方法,见表 3.2.2。

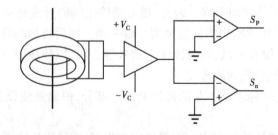

图 3.2.17　霍耳电流传感器测量电流

表 3.2.1　晶闸管状态与逻辑量 S_p,S_n 的关系

器件状态	S_p	S_n
阻　　断	"0"	"0"
正向导电	"1"	"0"
反向导电	×	"1"

表 3.2.2　基于电流检测法的功率器件故障诊断方法

S_p	S_n	诊断结果
恒"0"	恒"0"	开路
有时为"1"	恒"0"	正常
×	有时为"1"	直通

2）电压检测法

图 3.2.18 给出晶闸管端电压波形,一个周期中,其中有 120°期间电压近似为零,其他时间晶闸管承受正向或反向阻断电压。图 3.2.19 和图 3.2.20 给出晶闸管电压检测电路。晶闸管状态与电压检测电路输出之间的关系如表 3.2.3 所示,基于电压检测法的故障诊断归纳于表 3.2.4。

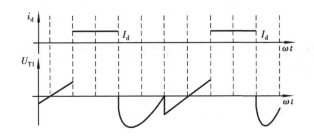

图 3.2.18　晶闸管端电压波形

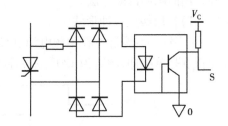

图 3.2.19　晶闸管电压检测电路一

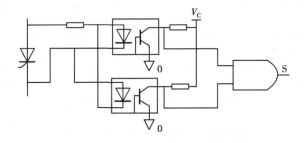

图 3.2.20　晶闸管电压检测电路二

表 3.2.3　器件状态与检测状态输出

器件状态	S
导　电	1
阻　断	0

表 3.2.4　基于电压检测法的故障诊断法

S	诊断结果
有时为"1"	正常
恒为"0"	开路
恒为"1"	直通

3）串联晶闸管故障检测

对于图 3.2.21(a)所示串联晶闸管的故障检测,电压检测法要优于电流检测法。这是因为:在检测开路故障时,电流检测法无法确定是哪一个晶闸管开路,而电压检测法则可定位故障晶闸管。在检测直通故障时,电流检测法无法检测是哪个晶闸管发生直通故障,而电压检测

则可以确定是哪一个晶闸管发生直通故障。

4) 并联晶闸管故障检测

对于图 3.2.21(b)所示并联晶闸管的故障检测，电流检测法要优于电压检测法。这是因为：在检测开路、直通故障时，电流检测法可以确定并联晶闸管中任一晶闸管的开路或直通故障，而电压检测法则无法检测晶闸管的开路故障，只能检测到直通故障，但却无法定位到具体的晶闸管。

(2)脉冲故障诊断方法

常见的脉冲故障有四种：缺脉冲、多脉冲、相序错、脉冲间距错。

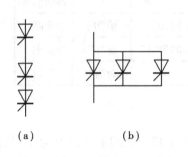

(a)　　　　　(b)

图 3.2.21　串联晶闸管和并联晶闸管

脉冲故障诊断方法较多，主要根据脉冲形式及诊断要求选择相应的诊断方法，下面介绍几种有用的脉冲诊断方法。

1) 常用触发脉冲形式

①宽脉冲：宽脉冲在中频电源、电解槽整流器中是常用的，其波形如图 3.2.22 所示。其脉冲特点是单脉冲，脉宽为 120°，相邻脉冲重叠 60°。

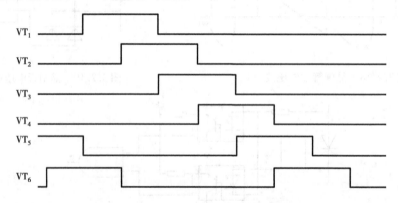

图 3.2.22　宽脉冲的整流触发脉冲序列

②双窄脉冲：双窄脉冲已普遍在整流装置中应用，波形如图 3.2.23 所示。其脉冲特点是双窄脉冲的脉冲间距为 60°，脉宽约为 5°~10°，两相邻脉冲重叠。

③双窄互补脉冲：所谓互补是把整流桥的触发脉冲加到逆变桥上，同时把逆变桥的触发脉冲加到整流桥上，主要应用在无换向器电机调速系统。其脉冲特点是在 120°导通区内，有两个以上窄脉冲同时出现。

2) 脉冲故障诊断方法——相加法

将 6 路触发脉冲分别对应一个数据字节的 $D_0 \sim D_5$ 位，D_6，D_7 位缺省为"0"，则构成一个脉冲字 $P = D_7D_6D_5D_4D_3D_2D_1D_0$。然后在 7/6 个周期，即在 420°内对脉冲字逐位进行逻辑加，即 $S = S + P$，若某路脉冲存在，则 S 字节的对应位必为 1，否则为 0。

相加法适用于任何一种触发脉冲，故障定位精确，可以确定指出是哪一路脉冲发生故障，程序较简单。但缺点是只能诊断缺脉冲。

3) 脉冲故障诊断方法——状态次序法

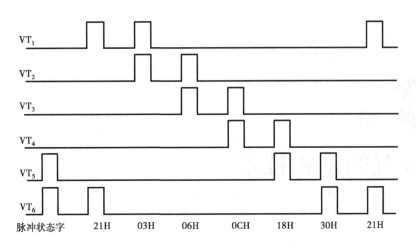

图 3.2.23　双窄脉冲的整流脉冲序列

状态次序法的诊断思想是按相序检查脉冲。对于一个具体的触发电路而言,其脉冲的状态和次序是确定的。因此,本方案的实质是在一个完整的脉冲周期内,验证采样脉冲字 P 的状态次序和已知的状态次序是否一致。以六路双窄脉冲为例,$VT_1 \sim VT_6$ 对应 $D_0 \sim D_5$,$D_6 D_7$ 位缺省为 0,有脉冲为 1,无脉冲为 0,对应的状态字如图 3.2.23 所示。从图中可以看出,脉冲状态依次出现次序为:

00H-03H-00H-06H-00H-0CH-00H-18H-00H-30H-00H-21H-00H-03H

这是理想的状态次序,实际上由于电路上的干扰和采样的随机性,有可能采样到脉冲的边缘上,因此实际触发脉冲状态次序如图 3.2.24 所示。在主状态次序基础上,会出现其他状态,称子状态。

状态次序法对宽脉冲、双窄脉冲、双窄互补脉冲三种脉冲均适用。能够诊断缺脉冲、多脉冲、相序错三种故障,故障可以定位到某两路。程序设计的时候可建立两张表,

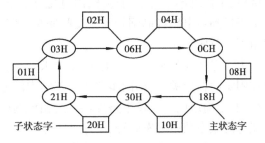

图 3.2.24　六路双窄脉冲对应的状态字转换图

主状态字放在表 TAB_1 中,子状态字放在 TAB_2 中,数据表示如下:

TAB_1:21H,03H,06H,0CH,18H,30H

TAB_2:01H,02H,04H,08H,10H,20H

4)脉冲故障诊断方法——间距法

间距法是建立在状态次序法基础上的,它除了核对脉冲状态次序之外,还测量两个脉冲状态字的间距,对三相六路触发脉冲而言,其脉冲间距为 60°。因此和上面两种诊断法相比,该方法最为严密。它适用于宽脉冲和双窄脉冲,能够诊断缺脉冲、多脉冲、相序错、脉冲间距错这四种故障。

第 **3** 章
变流装置的定相技术

━━

3.1　同步定相的概念

在调试或检修变流装置时,常会遇到:单独检查晶闸管主电路时,线路正确,元件完好;单独检查触发电路时,各点输出脉冲正常,调节 U_K ,脉冲移相也符合要求。但主电路与触发电路连接后,工作就不正常了,直流输出电压 u_d 波形不规则、不稳定,移相调节不起作用。这大多是由于送到主电路各晶闸管的触发脉冲与其阳极电压之间相位没有正确对应,造成晶闸管控制角不一致所致。

为了保证变流装置工作正常,就要求触发脉冲和加于晶闸管的电压之间必须保持频率一致和固定的相位关系,即同步关系。其实现的方法是:通过同步变压器的不同接法或再配合阻容移相,正确地向各触发电路提供特定相位的同步信号电压,才能确保变流装置中各晶闸管能按规定的顺序获得触发脉冲,有序地工作。这种正确选择同步信号电压相位,以得到不同相位同步信号电压的方法,称为变流装置的同步定相。

要实现同步定相,首先应将触发电路的同步变压器与主电路整流变压器接在同一电网,以保证电源频率一致。其次应根据主电路的形式选择合适的触发电路。然后再依据整流变压器的连线组别、主电路的形式以及负载性质确定触发电路的同步电压。再用"钟点法"确定同步变压器的连线组别(或配合阻容移相),得到所要求相位的同步信号电压。最后用双踪或四踪示波器对实际触发电路进行定相观测和调试。

3.2　确定同步变压器连线组别的方法

一般通常采用钟点法确定同步变压器连线组别,钟点法就是:以整流变压器 ZB 和同步变压器 TB 的原边线电压矢量作为时钟的长针,并始终指在 12 点上,副边线电压矢量为短针,即钟表的时针。短针所指的时数就表示了原、副边线电压的相位差,也就表示了变压器绕组的连线组别。因为 ZB 和 TB 的原边绕组都在同一电源上,频率相同,这样,不同的组别也就反映了两者副边线电压存在的相位差。

由于同步变压器次级电压要分别接到各触发电路,需要有公共接地端,所以同步变压器副边绕组必须采用星形接法,即同步变压器只能有 Y/Y,△/Y 两种形式的 12 种接法,即△/Y-1,Y/Y-2,△/Y-3,Y/Y-4,△/Y-5,Y/Y-6,△/Y-7,Y/Y-8,△/Y-9,Y/Y-10,△/Y-11 和 Y/Y-12 接法。确定同步变压器接法的步骤为:

　1)根据主电路形式、触发电路形式和移相范围,来确定同步电压与对应晶闸管阳极电压之间的相位关系。

　2)根据整流变压器 ZB 的实际连线或钟点数,以电网某线电压(原边绕组线电压)作为参考矢量,画出整流变压器 ZB 的副边电压,也就是晶闸管阳极电压的矢量。再根据步骤 1 所确定的同步电压与晶闸管阳极电压的相位关系,画出同步相电压与同步线电压矢量。

　3)根据同步变压器 TB 副边线电压矢量位置,确定同步变压器 TB 的钟点数和连接法。

为简化,只要先确定一只晶闸管触发电路的同步电压,然后根据其余晶闸管阳极电压的顺序,依次安排其余触发电路的同步电压即可,也就是将同步变压器的一组副边绕组电压 u_{Ta},u_{Tb},u_{Tc} 分别接 VT_1,VT_3,VT_5 晶闸管的触发电路,另一组副边绕组电压 $u_{T(-a)}$,$u_{T(-b)}$,$u_{T(-c)}$ 分别接到 VT_4,VT_6,VT_2 晶闸管的触发电路,即可使触发脉冲与主电路保持同步。

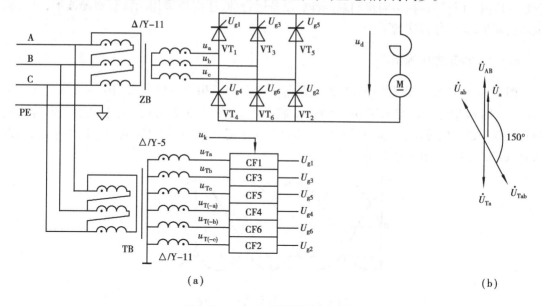

图 3.3.1　三相全控桥的同步定相

以三相全控桥可逆系统为例,如图 3.3.1(a)所示,若整流变压器的连接组别为△/Y-11,采用 NPN 晶体管的锯齿波同步触发电路。首先画整流变压器△/Y-11 连接组的矢量图,原边线电压矢量 $\dot{U}_{AB}$、相电压矢量 $\dot{U}_a$ 指在 12 点,副边线电压矢量 $\dot{U}_{ab}$ 指在 11 点。其次根据触发电路的特性画同步电压矢量图,由锯齿波移相触发电路的工作原理可知,锯齿波上升段的起点,对应于同步信号的负半周起点,也就是说要求同步信号电压滞后于晶闸管阳极电压 180°。故同步相电压 $\dot{U}_{Ta}$ 与 $\dot{U}_a$ 差 180°,同步线电压 $\dot{U}_{Tab}$ 与 $\dot{U}_{ab}$ 差 180°,如图 3.3.1(b)所示。然后,确定同步变压器的连线组别,由电压矢量图可知,$\dot{U}_{Tab}$ 与 $\dot{U}_{AB}$ 相差 150°,指在 5 点,所以同步变压器的连线组别应为△/Y-5。最后,确定各锯齿波触发电路的同步电压,三相全控桥共阴组三只晶闸管阳极承受电压为 u_a,u_b,u_c,共阳组三只晶闸管阴极承受电压分别为 $-u_a$、$-u_b$、$-u_c$ 才能导通,所以,共阳组同步变压器的连线组别应为△/Y-11。晶闸管与对应阳(阴)极电压和同步电压的关系如表3.3.1所示。

表 3.3.1　晶闸管承受电压与同步电压的关系

被触发晶闸管	VT_1	VT_3	VT_5	VT_4	VT_6	VT_2
晶闸管阳(阴)极电压	u_a	u_b	u_c	$-u_a$	$-u_b$	$-u_c$
同步信号电压	u_{Ta}	u_{Tb}	u_{Tc}	$u_{T(-a)}$	$u_{T(-b)}$	$u_{T(-c)}$

3.3　示波器定相的方法

对于图3.3.1(a)所示电路,采用"钟点法"确定接线方案后,由于部件参数分散或名牌不清楚等原因,往往还存在不同步问题,所以,设备运行前,还需要采用示波器观测波形,进行调试达到同步,其操作方法如下。

3.3.1　确定主电源相序

图3.3.1可知,三相全控桥式整流电路的主电路的三相交流电源的相序应为 $u_a \rightarrow u_b \rightarrow u_c \rightarrow u_a$,…,即 u_b 相滞后 u_a 相120°,u_c 相滞后 u_b 相120°,如图3.3.2所示。任意两相波形的交点与其中每相邻近的过零点之间相隔30°。当设备初次运行时,实际电源的相序往往错乱,因此需要进行相序调整,其方法如下:

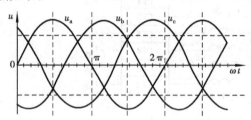

图 3.3.2　三相交流电源相序

1)主电路负载开路,触发电路关闭。

2)适当调整示波器垂直位置旋钮,使 CH1 和 CH2 光迹重合于 0 V,然后再将耦合选择开关置于 AC。另将扫描模式置于 AUTO,触发源置于 INT,扫描时间选择为 0.2 ms,垂直衰减器置于 5 V。

3)将 CH1 探头地夹接整流变压器二次侧绕组中心点,CH1 探头接在电源标有 u_a 相的端子。调节示波器水平位置和微调旋钮,使波形原点位于屏幕最左端,并使正弦波的半个周期在屏幕上占据6格,相当于30°/格。

4)再将 CH2 探头接到电源 u_b 相端子(地夹可以不接)。若显示如图3.3.3(a)所示波形,即 CH2 的波形比 CH1 的波形滞后120°,可知 CH1 测得 u_a 相波形,CH2 所测为 u_b 相波形。否

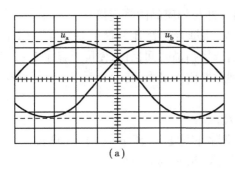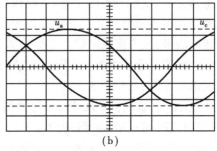

（a）　　　　　　　　　　　　　（b）

图 3.3.3　用示波器测整流变压器二次侧电源相序

则,波形如图 3.3.3(b)所示,则 CH2 测到的是 u_c 相。此时,应将 u_c 与 u_b 调换。

3.3.2　校对同步信号与主电源之间的相位关系

同步变压器二次侧通常有两种接法,一是单星接法,可输出信号 u_{Ta},u_{Tb},u_{Tc};二是双星接法,可输出信号 $+u_{Ta}$, $-u_{Ta}$, $+u_{Tb}$, $-u_{Tb}$, $+u_{Tc}$, $-u_{Tc}$;输出电压为 6 ~ 30 V。图 3.3.1(a)为双星接法。为了调整触发电路,需要测量同步信号与主电源电压之间的相位差。

1)主电路分离,仅同步变压器 TB 带电。

2)适当调节示波器:先将耦合选择开关置于 GND,调整垂直位置旋钮,使 CH1 和 CH2 光迹重合于 0 V,然后再将耦合选择开关置于 AC。另将扫描模式置于 AUTO,触发源置于 INT,扫描时间选择为 0.2 ms,垂直衰减器置于 2 V。

3)测量同步变压器二次电压的相序:若同步变压器 TB 输出 u_{Ta},u_{Tb},u_{Tc} 时,将 CH1 探头地夹连接 TB 二次共用端 N,CH1 探头接 u_{Ta},调节衰减器开关使正弦波幅值适当,再把 CH2 探头接 u_{Tb}。若波形与图 3.3.3(a)相似,则 CH2 所测实为 u_{Tb};若同图 3.3.3(b),则 CH2 所测相是同步信号 u_{Tc}。若同步变压器输出 $+u_{Ta}$, $-u_{Ta}$, $+u_{Tb}$, $-u_{Tb}$, $+u_{Tc}$, $-u_{Tc}$ 时,按上述步骤,先检测 u_{Ta},u_{Tb},u_{Tc},再重测一次 $-u_{Ta}$, $-u_{Tb}$, $-u_{Tc}$,波形也与图 3.3.3 相仿。

4)将 CH1 地夹换接到主电源中心端,适当调整 CH1 的衰减器开关。再将 CH2 地夹接同步变压器二次侧星点 N 端,CH2 的探头接 u_{Ta},示波器屏上显示第二个正弦波,如图 3.3.4 所示。读出第二个正弦波 u_{Ta} 与 u_a 的相位差值,即主电路晶闸管 VT₁ 施加的阳极电压 u_a 与触发脉冲 u_{g1} 对应的同步信号的相位差,图 3.3.4 中 u_a 相超前同步信号 u_{Ta}30°。其他相依次再测。

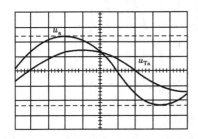　　　　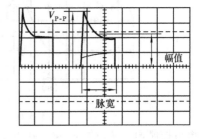

图 3.3.4　测同步电源与主电源相位差　　　　图 3.3.5　测触发电路输出脉冲波形

3.3.3　测量触发电路输出脉冲波形

以双窄脉冲为例说明如何测量脉冲宽度、强触发峰值、平台电压以及前沿上升时间。

1)主电路分闸,仅触发电路工作,各路输出脉冲与相应晶闸管连接。

2)先调整示波器垂直位置旋钮使光迹为 0 V,将耦合选择开关置于 DC;再将 CH1 探头地夹接某路脉冲负极,探头接该路脉冲正极。适当选择扫描时间挡位,使屏上显示 1~2 个脉冲。再调节垂直衰减器并锁住微调,以便能够观察到脉冲前沿最大值。

3)读取脉冲参数:参见图 3.3.5。

①脉冲宽度 = 扫描时间(μs/格)×脉冲格数。

例如:当扫描时间 = 50 μs,脉冲约占 2 格,则脉冲宽度 = (50 μs×2) = 100 μs。

②脉冲强触发前沿 V_{P-P} 值 = 垂直衰减器挡位(V/格)×幅值格数。

例如:当垂直衰减器挡位 = 2 V,幅值占 3.8 格时,则 V_{P-P} = (2 V×3.8) = 7.6 V;脉冲平台幅值 = (2×2.2) V = 4.4 V。

③脉冲上升沿时间(近似值) = 前沿上升起点到最大值的格数×扫描时间(μs/格)。

例如:扫描时间×格数 = (50×0.2)μs = 10 μs。

3.3.4 测量触发脉冲顺序及对称度

图 3.3.1 中主电路的晶闸管导通顺序应为:$VT_1→VT_2→VT_3→VT_4→VT_5→VT_6→VT_1\cdots$,对应的触发脉冲顺序为 $U_{g1}→U_{g2}→U_{g3}→U_{g4}→U_{g5}→U_{g6}→U_{g1}$,每路脉冲依次滞后其前一相 60°,在控制电压 U_K 的作用下,各相触发脉冲的移相角及移相范围应一致。

1)关断主电路,仅触发电路工作,有脉冲输出。

2)调整示波器垂直位置旋钮,使 CH1 与 CH2 光迹重合于 0 V。再置耦合选择开关为 AC,垂直衰减器挡位为 1 V,扫描时间为 0.2 ms,扫描模式为 AUTO,触发源置于 INT。

3)将 CH1 探头地夹接同步变压器二次星点 N,CH1 探头接 u_{Ta},并调整 u_{Ta} 的半个周期为 3 格(60°/格),幅值适可。

4)再将 CH2 探头地夹接 U_{g1} 负极,CH2 探头接 U_{g1} 正极,调节垂直衰减器使 U_{g1} 幅值适可,记录脉冲在屏上的位置,并观察脉冲的宽度,如图 3.3.6(a)所示。若脉冲宽度过窄或过宽,可调节触发电路有关电位器,使之达到要求。再用 CH2 测量 U_{g2} 脉冲,如图 3.3.6(b),脉冲宽度应和 U_{g1} 相同。依次测量 U_{g3},U_{g4},U_{g5} 及 U_{g6},6 路脉冲应依次滞后 60°,脉冲宽度应相同。

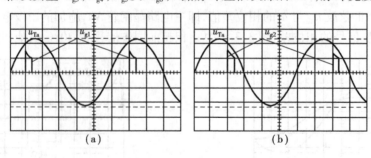

图 3.3.6 测量触发脉冲的顺序及对称度

再将控制电压 U_K 改变一次,并重复以上过程。若达到要求,表明触发脉冲的顺序正确,且对称度良好。

3.3.5　整定控制信号最小和最大时晶闸管移相控制角及移相范围

不同的系统,要求最小控制信号对应的控制角 α 也不同,但最大控制信号对应的控制角 α 等于或略小于 $0°$。例如三相全控桥式电路,对于不可逆系统,为减小虚假电压,可将 α 整定在 $120°\sim150°$ 以内;对于有环流或逻辑无环流系统,应将 α 整定在略大于 $90°$;对于错位无环流系统,应将 α 整定在 $180°$;中频电源的 α 通常整定在 $150°$。控制角 α 一般由改变触发器的偏压值予以调整。

1)主电路分断。控制电路正常工作,脉冲输出与晶闸管连接,调节控制电位器能使脉冲移动。

2)调整示波器垂直位置旋钮,使 CH1 与 CH2 光迹重合于 0 V。再置耦合选择开关为 AC,垂直衰减器挡位为 1 V,扫描时间为 0.2 ms,扫描模式为 AUTO,触发源置于 INT。

3)为防止在测试主电路与控制电路中出现短路,特用同步信号替代主电源信号作为定相参考信号,若已测出 u_{Ta} 滞后 $u_{\mathrm{a}}30°$ 时,可将 CH1 探头地夹接同步变压器二次侧的 N 端,CH1 探头接 u_{Ta},并使屏上波形半周期为 6 格,$30°/$ 格。

4)将 CH2 探头地夹接输出脉冲 U_{g1} 的负极,CH2 探头接 U_{g1} 正极,调节 CH2 的垂直衰减器挡位使脉冲幅值合适。先调节控制旋钮使控制电压 U_{K} 最小,对应于主电路运行时,输出电压 $U_{\mathrm{d}}=0$,或处于逆变状态,如中频电源,$\alpha=150°$,若 α 大于或小于 $150°$,则要调整偏置电压,使 $\alpha=150°$。再旋转控制旋钮到最大即控制电压 U_{K} 最大,并略回调 $3°\sim5°$,使脉冲移动到 $\alpha=0°$,对应于 u_{Ta} 的 $60°$,即 u_{a} 相波形的 $30°$,如图 3.3.7 所示。

此时,还可以兼顾调整电路保护功能,观察保护动作后,脉冲移动的范围是否满足设计要求。

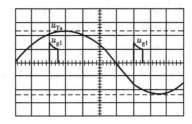

图 3.3.7　整定移相控制角及移相范围

3.3.6　定相整机调试

1)整机工作,串联白炽灯作为负载。示波器耦合选择开关置 AC。CH1 地夹接 U_{d} 负极,探头接 U_{d} 正极。改变 α,输出电压如图 3.3.8 所示。

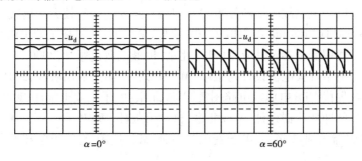

$\alpha=0°$　　　　　　　　$\alpha=60°$

图 3.3.8　整机输出波形

2)当输出电压 U_{d} 的幅值不整齐时,再调整对应的触发单元,使波形幅值相同。

3)调节控制旋钮从最小到最大,白炽灯由暗变亮。

4)连接电机负载,重复以上步骤,使输出波头齐平。

参考文献

[1] 贺益康,潘再平.电力电子技术基础[M].杭州:浙江大学出版社,2001.

[2] 张立.现代电力电子技术基础[M].北京:高等教育出版社,2001.

[3] 郝万新.电力电子技术[M].北京:化学工业出版社,2002.

[4] 黄俊,王兆安.电力电子变流技术[M].北京:机械工业出版社,2001.

[5] 徐以荣,冷增祥.电力电子技术基础[M].南京:东南大学出版社,2003.

[6] 华伟,周文定.现代电力电子器件及其应用[M].北京:北京交通大学出版社,清华大学出版社,2002.

[7] 李序葆,赵永健.电力电子器件及其应用[M].北京:机械工业出版社,2003.

[8] 李宏.电力电子设备用器件与集成电路应用指南[M].北京:机械工业出版社,2001.

[9] 王兆安,张明勋.电力电子设备设计和应用手册[M].北京:机械工业出版社,2002.

[10] 栗书贤.电力电子技术实验[M].北京:机械工业出版社,2004.

[11] 李良荣.现代电子设计技术[M].北京:机械工业出版社,2004.

[12] 张森,张正亮等.MATLAB 仿真技术与实例[M].北京:机械工业出版社,2004.

[13] 薛定宇,陈阳泉.基于 MATLAB/Simulink 的系统仿真技术与应用[M].北京:清华大学出版社,2002.

[14] 高泽涵.电子电路故障诊断技术[M].西安:西安电子科技大学出版社,2001.

[15] Muhammad H. Rashid.电力电子技术手册[M].北京:机械工业出版社,2003.

[16] 韩安荣.通用变频器及其应用[M].北京:机械工业出版社,2000.

[17] 何希才.新型开关电源设计与维修[M].北京:国防工业出版社,2001.

[18] 李成章.现代 UPS 电源及电路图集[M].北京:电子工业出版社,2001.

[19] 王瑞华.脉冲变压器设计[M].北京:科学出版社,1987.

[20] 电子变压器专业委员会.电子变压器手册[M].沈阳:辽宁科学技术出版社,1998.